NLP 大模型详解：
基于 LangChain、RAGs 与 Python

[美] 利奥尔·加齐特　等著

郝艳杰　译

清华大学出版社
北京

内 容 简 介

本书详细阐述了与NLP大模型相关的基本解决方案，主要包括自然语言处理领域探索，线性代数、概率和统计学，释放机器学习在自然语言处理中的潜力，进行有效文本预处理以实现最佳NLP性能，利用传统机器学习技术增强文本分类能力，重新构想文本分类，揭开大语言模型的神秘面纱，访问大语言模型的强大功能，大语言模型推动的高级应用和创新，分析大语言模型和人工智能的过去、现在和未来趋势，来自世界级专家的观点和预测等内容。此外，本书还提供了相应的示例、代码，以帮助读者进一步理解相关方案的实现过程。

本书适合作为高等院校计算机及相关专业的教材和教学参考书，也可作为相关开发人员的自学用书和参考手册。

北京市版权局著作权合同登记号 图字：01-2024-4707

Copyright © Packt Publishing 2024.First published in the English language under the title Mastering NLP from Foundations to LLMs.
Simplified Chinese-language edition © 2025 by Tsinghua University Press.All rights reserved.

本书中文简体字版由Packt Publishing授权清华大学出版社独家出版。未经出版者书面许可，不得以任何方式复制或抄袭本书内容。

本书封面贴有清华大学出版社防伪标签，无标签者不得销售。
版权所有，侵权必究。举报：010-62782989，beiqinquan@tup.tsinghua.edu.cn。

图书在版编目（CIP）数据

NLP大模型详解：基于LangChain、RAGs与Python /（美）利奥尔·加齐特等著；郝艳杰译. -- 北京：清华大学出版社, 2025.6. -- ISBN 978-7-302-69247-8
Ⅰ. TP391；TP181
中国国家版本馆CIP数据核字第2025UH9461号

责任编辑：贾小红
封面设计：刘　超
版式设计：楠竹文化
责任校对：范文芳
责任印制：杨　艳

出版发行：清华大学出版社
网　　址：https://www.tup.com.cn，https://www.wqxuetang.com
地　　址：北京清华大学学研大厦A座　　邮　编：100084
社 总 机：010-83470000　　邮　购：010-62786544
投稿与读者服务：010-62776969，c-service@tup.tsinghua.edu.cn
质量反馈：010-62772015，zhiliang@tup.tsinghua.edu.cn

印 装 者：三河市君旺印务有限公司
经　　销：全国新华书店
开　　本：185 mm×230 mm　　印　张：20.25　　字　数：387千字
版　　次：2025年6月第1版　　印　次：2025年6月第1次印刷
定　　价：119.00元

产品编号：108405-01

本书献给我的父母、我的兄弟姐妹和我的孩子们。

最重要的是，献给我的妻子 Alla，她的支持和信任为本书的创作铺平了道路。

谢谢你们！

—— Lior

谨以此书献给我亲爱的父母 Abbas 和 Fereshteh，你们坚定不移的支持和鼓励是我人生旅程的基石。你们对我无尽的爱和信任激发了我的抱负，并引导我走过人生的起起落落。

谨以此书献给我尊敬的教授和导师，Ashok Srinivasan 教授、Majid Afshar 博士、Lior Gazit 以及 Natalia Summerville 博士，你们的智慧、指导和不懈奉献，塑造了我的思想，拓宽了我的视野。你们的教诲照亮了我的道路，激发了我对知识的渴望和对探索的热情。

正是在父母、教授和导师的共同影响下，我今天才站在这里，怀着谦卑且感激之心，开始这项创作事业。你们的无价贡献不仅培育了我的才智，也塑造了我的性格，对此我深表感谢。这本书反映了我积累的经验教训、克服的挑战和经历的成长，这一切都归功于你们对我坚定不移的支持和信任。

—— Meysam Ghaffari

译 者 序

自从 2023 年 ChatGPT 一鸣惊人并崛起于网络之后，人人都在谈论大语言模型，探索它的多样化应用，思考它的未来发展。甚至有人将 2023 年视为人工智能元年，在此之后，全球互联网大厂都在为此贡献智慧，纷纷推出了自己的大语言模型产品，例如华为"盘古"大模型、百度"文心一言"、阿里巴巴"通义千问"、腾讯"混元"大模型、字节跳动"豆包"、科大讯飞星火大模型、Google Gemini、Anthropic Claude 和 Meta LLaMA 等。

本书从自然语言处理这一底层技术出发，清晰描绘了大语言模型开发的渊源。从介绍与自然语言处理和机器学习相关的线性代数、概率和统计学基础开始，本书探索了数据清洗、特征选择和特征工程技术；阐释了数据集的训练/验证/测试拆分、超参数调整、集成模型、不平衡数据集、N-gram 和 Word2Vec 等概念；演示了具体的文本预处理步骤、TF-IDF 和 LDA 应用；介绍了 Transformer 架构的基本原理，这也是众多大语言模型的基础。

从第 7 章"揭开大语言模型的神秘面纱：理论、设计和 Langchain 实现"开始，本书阐释了大语言模型兴起的缘由（海量数据参与训练、使用大量参数以学习复杂模式、能够生成更加连贯和多样化的文本以及更善于理解上下文和进行推断等），讨论了大语言模型面临的挑战，例如需要大量计算资源、可能由于训练的数据而产生偏见、模型的稳定可靠性受到质疑（如可能产生幻觉等），以及模型的可解释性问题等。

除此之外，大语言模型还有一个很大的问题，那就是用于训练它的数据很可能过时。例如，某个大语言模型是使用截至 2023 年年底的数据训练的，那么当它回答任何有关 2024 年数据的问题时，只能回答不知道或进行推理，而无法提供真实数据。本书详细介绍了为解决这一问题而提出的解决方案，那就是检索增强生成（retrieval-augmented generation，RAG），结合使用 LangChain 技术，大语言模型可以实现更好的自定义和长期有效性，确保它们能够适应不断变化的世界。

在翻译本书的过程中，为了更好地帮助读者理解和学习，本书的大量术语采用了中英文对照的形式，这样的安排不但方便读者理解书中的代码，而且有助于读者通过网络查找和利用相关资源。

本书由郝艳杰翻译，黄进青也参与了本书部分翻译工作。由于译者水平有限，书中难免有疏漏和欠当之处，在此诚挚欢迎读者提出任何意见和建议。

序

　　自然语言处理（natural language processing，NLP）致力于解决一个令人困惑的问题——人类和计算机这两个截然不同的实体如何真正地相互交流？人类语言是社会和生物进化的复杂且不完美的产物。它充满了不合逻辑的例外、微妙的细微差别和多层次的抽象思维。相比之下，计算机通过数学模型进行交流，无论数学模型多么复杂，都遵循一套合乎逻辑且可验证的规则。随着数字系统在人类活动中发挥越来越大的作用，它们必须能够正确地从人类所说的词语中解读出他们真正想要表达的意思。

　　本书是实现这一目标的重要资源。这本书是为从事文本工作的技术专业人士撰写的，无论你是自然语言处理领域的初学者还是经验丰富的专家，都能从本书的阅读中受益。自然语言处理堪称本世纪最艰巨的挑战之一，而本书正是为这一挑战制定了实用策略，它绘制了穿越自然语言处理和大语言模型（large language model，LLM）复杂领域的详细路线图，引导你从基本概念的学习攀登到当代人工智能的顶峰。

　　本书充分汲取了 Gazit 在快节奏金融领域的深厚经验和 Ghaffari 在医疗保健领域的创新 NLP 开发经验，因此，本书在技术深度和实际相关性之间实现了罕见的平衡。两位作者的专业知识相结合，造就了这本理论知识丰富、实践见解可靠的佳作。每位作者的独特影响力都丰富了本书的内容——Gazit 阐释了他在使用机器学习（machine learning，ML）解决方案推动企业成长方面的见解，而 Ghaffari 则提出了将机器学习技术应用于社会公益的人性化方法。

　　在基础数学和统计学的讲解方面，Gazit 和 Ghaffari 采用了一种从基本原理逐步过渡到高级应用的教学策略，确保读者能够清晰地看到学习和理解的路径，从而为后期自然语言处理复杂算法的理解打下坚实基础。

　　随着叙述的深入，本书深入探讨了机器学习模型的工程。你将得到有关模型构建、应用以及拟合与泛化之间微妙平衡的指导。

　　本书对文本预处理的探索非常彻底，为你提供了一些必要的工具，以便有效地为自然语言处理任务准备数据。

　　本书的核心内容是大语言模型，作者以细致入微的专业知识为你揭开了大语言模型的神秘面纱。作者阐述了大语言模型崛起的理论基础、发展挑战和突破，引导你思考这些强大技术的发展方向。

本书还就如何设置和访问大语言模型提供了实用建议，为你提供了在工作中利用这些模型的可行途径。掌握这些内容之后，你就可以将高级模型集成到自己的实际用例中，使得这项对某些人堪称艰巨的任务变得不再神秘。

本书深入探讨了 RAG 和 LangChain 等先进技术的功能，让对此感兴趣的读者一窥人工智能管理日益复杂任务的自动化未来。这种讨论不仅具有教育意义，而且还颇具启发意义，它描绘了大语言模型在提高性能和促进更大创新方面的潜力。

本书以一系列专家访谈作为结尾，提供了这一领域的多种视角，介绍了各个行业的实际应用，展示了自然语言处理和大语言模型正在推动的广泛变革——这为技术专家提供了详细的路线图，让他们能够在未来发挥重要作用。总之，对于任何想在大语言模型领域占有一席之地的人士来说，本书都是必读之作。

Asha Saxena

企业家、教授和人工智能战略专家

简介：https://ashasaxena.com/about-bio/

前　　言

本书将深入介绍自然语言处理（natural language processing，NLP）技术，从机器学习（machine learning，ML）的数学基础开始，一直到高级自然语言处理应用，例如大语言模型（large language model，LLM）和 AI 应用。

作为学习体验的一部分，你将掌握线性代数、优化、概率和统计知识，这些知识对于理解并实现机器学习和自然语言处理算法至关重要。此外，你还将探索一般的机器学习技术并了解它们与自然语言处理的关系。

在学习如何执行文本分类（即根据文本内容为文本分配标签或类别）任务之前，你将学习文本数据的预处理操作，包括为分析工作清洗和准备文本的方法。

最后，本书还将讨论大语言模型的理论、设计和应用等高级主题，探讨自然语言处理的未来趋势，介绍专家对该领域未来的看法。为了增强你的实践技能，你还将学习如何解决自然语言处理业务问题并提供解决方案。

本书读者

本书面向技术人员，包括深度学习和机器学习研究人员、注重实践的自然语言处理从业者、机器学习/自然语言处理教育者以及 STEM 学科学生。在项目中使用文本的专业人士和现有的自然语言处理从业者也将在本书中找到大量有用的信息。

掌握初级机器学习知识和 Python 基本操作将帮助你充分利用本书。

内容介绍

本书包含 11 章，各章内容如下。

第 1 章"自然语言处理领域探索"，介绍自然语言处理的定义和历史演变、自然语言机器处理的一般策略、自然语言处理和机器学习的协同效应，以及对语言模型的理解等，它们也是后续章节将要讨论的主题。

第 2 章"掌握与机器学习和自然语言处理相关的线性代数、概率和统计学"，该章分为

3个部分。第一部分介绍理解本书后续章节内容所需的线性代数基础知识；第二部分介绍特征值和特征向量；最后一部分介绍与机器学习相关的概率基础知识。

第3章"释放机器学习在自然语言处理中的潜力"，讨论可用于解决自然语言处理问题的机器学习中的不同概念和方法。我们将介绍数据清洗、特征选择和特征工程等技术和方法，了解常见的机器学习模型，阐释模型欠拟合和过拟合、数据集拆分、超参数调整、集成模型和不平衡数据集等概念。

第4章"进行有效文本预处理以实现最佳NLP性能"，通过实际问题示例介绍各种文本预处理步骤（包括小写处理、删除特殊字符和标点符号、删除停用词、拼写检查和纠正、词形还原和词干提取、命名实体识别和标记化等）。我们将根据要解决的问题场景解释哪些步骤适合哪些需求。本章示例提供了完整的Python流程。

第5章"利用传统机器学习技术增强文本分类能力"，介绍文本分类的类型（包括监督学习、无监督学习和半监督学习），阐释独热编码的概念，演示TF-IDF和LDA应用，并提供一个完整的Jupyter Notebook示例。

第6章"重新构想文本分类：深度学习语言模型研究"，介绍与深度学习神经网络相关的基础知识，包括不同的神经网络架构和语言模型。本章详细介绍Transformer架构，比较BERT和GPT等语言模型，并提供一个完整的Jupyter Notebook自然语言处理-深度学习系统设计示例。

第7章"揭开大语言模型的神秘面纱：理论、设计和Langchain实现"，阐释开发和使用大语言模型背后的动机，以及在开发过程中面临的挑战。本章介绍最新的模型设计（包括GPT-4、LLaMA和RLHF等），帮助你全面了解大语言模型的理论基础和实际应用。

第8章"访问大语言模型的强大功能：高级设置和RAG集成"，将指导你设置基于API和开源大语言模型的应用程序，并深入研究通过LangChain实现的提示工程和RAG。本章还提供了使用Python设置LangChain管道的示例。

第9章"前沿探索：大语言模型推动的高级应用和创新"，深入探讨如何使用RAG和LangChain增强大语言模型性能，介绍使用链的高级方法、自动Web源检索、压缩提示、降低API使用成本、多代理框架等。本章提供了多个Python Notebook示例，每个示例都给出了一些实际用例的高级解决方案。

第10章"乘风破浪：分析大语言模型和人工智能的过去、现在和未来趋势"，深入探讨大语言模型和人工智能对技术、文化和社会的变革性影响，讨论计算能力进步、大数据集的意义以及大语言模型在商业及其他领域的发展、目的和社会影响。

第11章"独家行业见解：来自世界级专家的观点和预测"，通过与法律法规、学术研究和行业高管等专业人士的对话，深入探讨未来的自然语言处理和大语言模型趋势；通过他们的专业视角，可以了解人工智能技术发展的挑战和机遇、专业实践和道德考量等。

充分利用本书

本书所有代码均以 Jupyter Notebook 的形式呈现。所有代码均使用 Python 3.10.X 开发，预计也适用于更高版本。本书涵盖的软件/硬件和操作系统需求如表 P.1 所示。

表 P.1　本书涵盖的软件/硬件和操作系统需求

本书涵盖的软件/硬件	操作系统需求
通过以下方式之一访问 Python 环境： ● 访问 Google Colab，可通过任何设备上的任何浏览器免费轻松访问（推荐） ● 一个 Python 的本地/云开发环境，能够安装公共包并访问 OpenAI 的 API	Windows、macOS 或 Linux
足够的计算资源，如下所示： ● 之前推荐使用的 Google Colab 包括一个免费的 GPU 实例 ● 如果选择不使用 Google Colab，则本地/云环境应该有一个 GPU，以用于本书中的几个代码示例	

本书中的代码示例具有多样化的用例，对于某些高级大语言模型解决方案，你将需要一个 OpenAI 账户，这样你才能使用 API 密钥。

下载示例代码文件

本书的代码包已经在 GitHub 上托管，网址如下：

https://github.com/PacktPublishing/Mastering-NLP-from-Foundations-to-LLMs

如果代码有更新，则也会在现有 GitHub 存储库上更新。

全书包括若干个 Notebook 示例，它们提供了专业级解决方案，这些 Notebook 的所属章节和文件名如表 P.2 所示。

表 P.2　各章 Notebook 示例文件列表

章序号	Notebook 文件名
4	Ch4_Preprocessing_Pipeline.ipynb Ch4_NER_and_POS.ipynb
5	Ch5_Text_Classification_Traditional_ML.ipynb

续表

章序号	Notebook 文件名
6	Ch6_Text_Classification_DL.ipynb
8	Ch8_Setting_Up_Close_Source_and_Open_Source_LLMs.ipynb Ch8_Setting_Up_LangChain_Configurations_and_Pipeline.ipynb
9	Ch9_Advanced_LangChain_Configurations_and_Pipeline.ipynb Ch9_Advanced_Methods_with_Chains.ipynb Ch9_Completing_a_Complex_Analysis_with_a_Team_of_LLM_Agents.ipynb Ch9_RAGLlamaIndex_Prompt_Compression.ipynb Ch9_Retrieve_Content_from_a_YouTube_Video_and_Summarize.ipynb

本书约定

本书中使用了许多文本约定。

（1）有关代码块的设置如下所示：

```
import pandas as pd
import matplotlib.pyplot as plt
# Load the record dict from URL
import requests
import pickle
```

（2）当我们希望你注意代码块的特定部分时，相关行或项目将以粗体显示：

```
qa_engineer (to manager_0):
  exitcode: 0 (execution succeeded)
  Code output:
  Figure(640x480)
programmer (to manager_0):
  TERMINATE
```

（3）术语或重要单词首次出现时，在括号内保留其英文原文，方便读者对照查看。示例如下：

互信息（mutual information）是衡量两个随机变量相互依赖性的指标。在特征选择中，它量化了特征提供的有关目标变量的信息。该方法的核心是计算每个特征与目标变量之间的互信息，最终选择互信息得分最高的特征。

（4）本书还使用了以下两个图标。

注意　表示警告或重要的注意事项。

提示　表示提示或小技巧。

关于作者

Lior Gazit 是一位技术精湛的机器学习专业人士，在组建和领导使用机器学习推动业务增长的团队方面有着成功的经验。他是自然语言处理专家，成功开发了创新的机器学习管道和产品。他拥有硕士学位，并在同行评审的期刊和会议上发表过文章。作为金融行业机器学习小组的高级主管和新兴初创公司的首席机器学习顾问，Lior 是业界受人尊敬的领导者，拥有丰富的知识和经验可供分享。Lior 充满热情和灵感，致力于使用机器学习推动其组织的积极变革和发展。

Meysam Ghaffari 是一位资深数据科学家，在自然语言处理和深度学习方面拥有深厚的背景。他目前在纪念斯隆-凯特琳癌症中心（Memorial Sloan Kettering Cancer Center，MSKCC）工作，专门开发和改进针对医疗保健问题的机器学习和自然语言处理模型。他在机器学习领域拥有超过 9 年的经验，在自然语言处理和深度学习领域拥有超过 4 年的经验。他获得了佛罗里达州立大学的计算机科学博士学位、伊斯法罕理工大学的计算机科学-人工智能硕士学位以及伊朗科技大学的计算机科学学士学位。在加入 MSKCC 之前，他还曾在威斯康星大学麦迪逊分校担任博士后研究员。

关于审稿人

Amreth Chandrasehar 是云、人工智能/机器学习工程、可观察性、自动化和站点可靠性工程（Site Reliability Engineering，SRE）领域的工程负责人。过去几年中，Amreth 在各个组织的云迁移、生成式 AI、AI 运维（AIOps）、可观察性和机器学习应用方面发挥了关键作用。Amreth 还是 Conduktor Platform 的共同创建者，以及多家公司可观察性方面的技术/客户顾问委员会成员。Amreth 还共同创建并开源了服务健康仪表板工具 Kardio.io。Amreth 曾受邀在多个重要会议上发言，并获得过多个奖项。

"感谢我的妻子 Ashwinya 和儿子 Athvik 在我审阅本书期间的耐心和支持。"

Shivani Modi 是一位数据科学家，拥有丰富的机器学习、深度学习和自然语言处理背景，拥有哥伦比亚大学硕士学位。她的职业生涯涵盖了在 IBM、SAP、C3 AI 的工作经历，以及在 Konko AI 的领导职位，主要研究可扩展的 AI 模型和创新的大语言模型工具。Shivani 致力于合乎道德的人工智能应用并提供该领域的指导，倡导技术的社会效益，这一点从她的顾问角色中可见一斑。她即将开展的项目旨在提高开发人员的大语言模型利用率，同时优先考虑安全性和效率。

目　　录

第 1 章　自然语言处理领域探索 ··· 1
1.1　本书目标读者 ··· 1
1.2　自然语言处理的定义 ·· 2
1.3　NLP 的历史和演变 ·· 2
1.4　自然语言机器处理的初步策略 ·· 3
1.5　成功的协同效应——自然语言处理与机器学习的结合 ····································· 6
1.6　自然语言处理中的数学和统计学简介 ·· 7
1.7　理解语言模型——以 ChatGPT 为例 ·· 9
1.8　小结 ·· 9
1.9　问答 ··· 10

第 2 章　掌握与机器学习和自然语言处理相关的线性代数、概率和统计学 ················· 12
2.1　线性代数简介 ··· 12
    2.1.1　标量和向量的基本运算 ··· 13
    2.1.2　矩阵的基本运算 ·· 15
    2.1.3　矩阵定义 ··· 16
    2.1.4　行列式 ·· 16
2.2　特征值和特征向量 ··· 18
    2.2.1　寻找特征向量的数值方法 ·· 18
    2.2.2　特征值分解 ·· 19
    2.2.3　奇异值分解 ·· 20
2.3　机器学习的概率基础 ·· 21
    2.3.1　统计独立 ··· 22
    2.3.2　离散随机变量及其分布 ·· 23
    2.3.3　概率密度函数 ··· 23
    2.3.4　最大似然估计 ··· 25
    2.3.5　单词预测 ··· 27
    2.3.6　贝叶斯估计 ·· 29
2.4　小结 ··· 29
2.5　延伸阅读 ··· 30
2.6　参考文献 ··· 31

第 3 章 释放机器学习在自然语言处理中的潜力 32

- 3.1 技术要求 32
- 3.2 数据探索 32
  - 3.2.1 数据探索的意义 33
  - 3.2.2 数据探索常用技术 33
- 3.3 数据可视化 34
- 3.4 数据清洗 35
  - 3.4.1 处理缺失值 35
  - 3.4.2 删除重复项 36
  - 3.4.3 数据标准化和转换 37
  - 3.4.4 处理离群值 37
  - 3.4.5 纠正错误 38
- 3.5 特征选择 39
  - 3.5.1 筛选方法 39
  - 3.5.2 包装器方法 42
  - 3.5.3 嵌入方法 42
  - 3.5.4 降维技术 45
- 3.6 特征工程 48
  - 3.6.1 特征缩放 48
  - 3.6.2 特征构建 49
- 3.7 常见的机器学习模型 52
  - 3.7.1 线性回归 52
  - 3.7.2 逻辑回归 53
  - 3.7.3 决策树 54
  - 3.7.4 随机森林 56
  - 3.7.5 支持向量机 58
  - 3.7.6 神经网络和 Transformer 59
- 3.8 模型欠拟合和过拟合 62
  - 3.8.1 欠拟合和过拟合简介 62
  - 3.8.2 偏差-方差权衡 63
  - 3.8.3 欠拟合和过拟合的改进 65
- 3.9 拆分数据 67
  - 3.9.1 训练-测试拆分 67
  - 3.9.2 k 折交叉验证 67
  - 3.9.3 时间序列数据拆分 68
- 3.10 超参数调整 69
- 3.11 集成模型 71

  3.11.1 装袋法 71
  3.11.2 提升法 72
  3.11.3 堆叠法 73
  3.11.4 随机森林 74
  3.11.5 梯度提升 74
 3.12 处理不平衡数据 76
  3.12.1 SMOTE 77
  3.12.2 NearMiss 算法 78
  3.12.3 成本敏感型学习 79
  3.12.4 数据增强 80
 3.13 处理相关数据 81
 3.14 小结 82
 3.15 参考文献 82

第4章 进行有效文本预处理以实现最佳 NLP 性能 83
 4.1 技术要求 83
 4.2 小写处理 84
 4.3 删除特殊字符和标点符号 84
 4.4 停用词删除 85
 4.5 拼写检查和纠正 85
 4.6 词形还原 86
 4.7 词干提取 86
 4.8 命名实体识别 87
 4.9 词性标注 89
  4.9.1 基于规则的方法 90
  4.9.2 统计方法 90
  4.9.3 基于深度学习的方法 91
 4.10 正则表达式 92
  4.10.1 验证输入 93
  4.10.2 文本操作 93
  4.10.3 文本清洗 94
  4.10.4 解析 95
 4.11 标记化 96
 4.12 文本预处理流程解释 97
  4.12.1 文本预处理 97
  4.12.2 命名实体识别和词性标注 99
 4.13 小结 100

第 5 章 利用传统机器学习技术增强文本分类能力 ·············· 101

- 5.1 技术要求 ·············· 102
- 5.2 文本分类的类型 ·············· 102
- 5.3 监督学习 ·············· 103
  - 5.3.1 朴素贝叶斯 ·············· 104
  - 5.3.2 逻辑回归 ·············· 104
  - 5.3.3 支持向量机 ·············· 104
- 5.4 无监督学习 ·············· 104
  - 5.4.1 聚类 ·············· 105
  - 5.4.2 LDA ·············· 105
  - 5.4.3 词嵌入 ·············· 105
- 5.5 半监督学习 ·············· 105
  - 5.5.1 标签传播 ·············· 106
  - 5.5.2 协同训练 ·············· 106
  - 5.5.3 半监督学习应用举例 ·············· 106
- 5.6 使用独热编码向量表示进行句子分类 ·············· 107
  - 5.6.1 文本预处理 ·············· 107
  - 5.6.2 词汇构建 ·············· 108
  - 5.6.3 独热编码 ·············· 108
  - 5.6.4 N-gram ·············· 109
  - 5.6.5 模型训练 ·············· 109
- 5.7 使用 TF-IDF 进行文本分类 ·············· 110
  - 5.7.1 TF-IDF 计算的数学解释 ·············· 110
  - 5.7.2 TF-IDF 应用实例 ·············· 111
- 5.8 使用 Word2Vec 进行文本分类 ·············· 113
  - 5.8.1 CBOW 和 skip-gram 架构的数学解释 ·············· 113
  - 5.8.2 使用 Word2Vec 进行文本分类的具体步骤 ·············· 114
  - 5.8.3 模型评估 ·············· 115
  - 5.8.4 混淆矩阵 ·············· 117
  - 5.8.5 过拟合和欠拟合 ·············· 118
  - 5.8.6 超参数调整 ·············· 119
  - 5.8.7 文本分类应用中的其他问题 ·············· 120
- 5.9 主题建模——无监督文本分类的一个特殊用例 ·············· 122
  - 5.9.1 LDA 的工作原理和数学解释 ·············· 122
  - 5.9.2 LDA 应用示例 ·············· 123
- 5.10 用于文本分类任务的真实机器学习系统设计 ·············· 125
  - 5.10.1 商业目标 ·············· 125

目录

- 5.10.2 技术目标 ······ 125
- 5.10.3 初步高层系统设计 ······ 126
- 5.10.4 选择指标 ······ 126
- 5.10.5 探索 ······ 127
- 5.10.6 实现机器学习解决方案 ······ 128
- 5.11 Jupyter Notebook 中用于文本分类任务的机器学习系统设计 ······ 129
  - 5.11.1 商业目标 ······ 129
  - 5.11.2 技术目标 ······ 129
  - 5.11.3 工作流程 ······ 130
  - 5.11.4 代码设置 ······ 130
  - 5.11.5 收集数据 ······ 130
  - 5.11.6 处理数据 ······ 130
  - 5.11.7 预处理 ······ 131
  - 5.11.8 初步数据探索 ······ 131
  - 5.11.9 特征工程 ······ 131
  - 5.11.10 探索新的数值特征 ······ 132
  - 5.11.11 拆分为训练集/测试集 ······ 132
  - 5.11.12 初步统计分析及可行性研究 ······ 132
  - 5.11.13 特征选择 ······ 134
  - 5.11.14 迭代机器学习模型 ······ 134
  - 5.11.15 生成所选模型 ······ 135
  - 5.11.16 生成训练结果——用于设计选择 ······ 135
  - 5.11.17 生成测试结果——用于展示性能 ······ 135
- 5.12 小结 ······ 136

第 6 章 重新构想文本分类：深度学习语言模型研究 ······ 137
- 6.1 技术要求 ······ 138
- 6.2 了解深度学习基础知识 ······ 138
  - 6.2.1 神经网络的定义 ······ 139
  - 6.2.2 使用神经网络的动机 ······ 139
  - 6.2.3 神经网络的基本设计 ······ 141
  - 6.2.4 神经网络常用术语 ······ 142
- 6.3 不同神经网络的架构 ······ 146
- 6.4 训练神经网络的挑战 ······ 149
- 6.5 语言模型 ······ 151
  - 6.5.1 半监督学习 ······ 152
  - 6.5.2 无监督学习 ······ 152

		6.5.3 自监督学习 ···	152
		6.5.4 迁移学习 ···	153
	6.6	Transformer 详解 ··	155
		6.6.1 Transformer 的架构 ···	155
		6.6.2 Transformer 的应用 ···	156
	6.7	了解有关大语言模型的更多信息 ··	156
	6.8	训练语言模型的挑战 ··	157
	6.9	语言模型的具体设计 ··	158
		6.9.1 BERT 简介 ···	158
		6.9.2 对 BERT 进行微调以完成文本分类任务 ···························	160
		6.9.3 GPT-3 简介 ···	162
		6.9.4 使用 GPT-3 的挑战 ··	163
	6.10	Jupyter Notebook 中的自然语言处理-深度学习系统设计示例 ········	163
		6.10.1 商业目标 ···	163
		6.10.2 技术目标 ···	163
		6.10.3 工作流程 ···	164
		6.10.4 深度学习 ···	164
		6.10.5 格式化数据 ···	165
		6.10.6 评估指标 ···	165
		6.10.7 Trainer 对象 ··	165
		6.10.8 微调神经网络参数 ···	165
		6.10.9 生成训练结果——用于设计选择 ·································	166
		6.10.10 生成测试结果——用于展示性能 ·······························	166
	6.11	小结 ··	166
第 7 章	揭开大语言模型的神秘面纱：理论、设计和 LangChain 实现 ················	168
	7.1	技术要求 ··	169
	7.2	语言模型简介 ···	169
		7.2.1 n-gram 模型 ··	169
		7.2.2 隐马尔可夫模型 ··	170
		7.2.3 循环神经网络 ···	170
	7.3	大语言模型脱颖而出的原因 ···	171
	7.4	开发和使用大语言模型的动机 ···	171
		7.4.1 提高性能 ···	171
		7.4.2 更广泛的泛化能力 ···	172
		7.4.3 小样本学习 ···	173
		7.4.4 理解复杂语境 ···	174

		7.4.5 多语言能力	174
		7.4.6 类似人类写作风格的文本生成	175
7.5	开发大语言模型面临的挑战		176
	7.5.1	数据量	176
	7.5.2	计算资源	177
	7.5.3	偏见风险	177
	7.5.4	模型的稳定可靠性	178
	7.5.5	可解释性和调试	178
	7.5.6	环境影响	178
7.6	Transformer 模型的优点		179
	7.6.1	速度	179
	7.6.2	可扩展性	179
	7.6.3	长距离依赖关系	180
7.7	最新大语言模型的设计和架构		180
	7.7.1	GPT-3.5 和 ChatGPT	180
	7.7.2	ChatGPT 的训练过程	180
	7.7.3	RLHF	181
	7.7.4	生成响应	183
	7.7.5	系统级控制	183
	7.7.6	ChatGPT 中 RLHF 的逐步流程	183
	7.7.7	GPT-4	188
	7.7.8	LLaMA	189
	7.7.9	PaLM	189
	7.7.10	RLHF 的开源工具	192
7.8	小结		193
7.9	参考文献		193

第 8 章 访问大语言模型的强大功能：高级设置和 RAG 集成 195

8.1	技术要求		196
8.2	设置大语言模型应用——基于 API 的闭源模型		197
	8.2.1	选择远程大语言模型提供商	197
	8.2.2	在 Python 中通过 API 实现 GPT 的远程访问	197
8.3	提示工程和启动 GPT		198
	8.3.1	启动 GPT	199
	8.3.2	尝试使用 OpenAI 的 GPT 模型	201
8.4	设置大语言模型应用——本地开源模型		202
	8.4.1	开源和闭源的区别	202
	8.4.2	Hugging Face 的模型中心	203

8.4.3　选择模型 ······ 203
　8.5　通过 Python 获得 Hugging Face 大语言模型 ······ 204
　8.6　探索先进的系统设计——RAG 和 LangChain ······ 205
　　　8.6.1　LangChain 的设计理念 ······ 206
　　　8.6.2　未预先嵌入的数据 ······ 208
　　　8.6.3　链 ······ 208
　　　8.6.4　代理 ······ 208
　　　8.6.5　长期记忆和参考之前的对话 ······ 210
　　　8.6.6　通过增量更新和自动监控确保持续相关性 ······ 211
　8.7　在 Jupyter Notebook 中查看简单的 LangChain 设置 ······ 211
　　　8.7.1　业务场景假设 ······ 211
　　　8.7.2　使用 Python 设置 LangChain 管道 ······ 212
　8.8　云端大语言模型 ······ 213
　　　8.8.1　AWS ······ 213
　　　8.8.2　Microsoft Azure ······ 215
　　　8.8.3　GCP ······ 216
　　　8.8.4　关于云服务的结论 ······ 217
　8.9　小结 ······ 217

第 9 章　前沿探索：大语言模型推动的高级应用和创新 ······ 218
　9.1　技术要求 ······ 218
　9.2　使用 RAG 和 LangChain 增强大语言模型性能 ······ 219
　　　9.2.1　使用 Python 的 LangChain 管道——通过大语言模型增强性能 ······ 220
　　　9.2.2　付费大语言模型与免费大语言模型 ······ 220
　　　9.2.3　应用高级 LangChain 配置和管道 ······ 221
　　　9.2.4　安装所需的 Python 库 ······ 221
　　　9.2.5　设置大语言模型 ······ 221
　　　9.2.6　创建 QA 链 ······ 222
　　　9.2.7　以大语言模型为"大脑" ······ 222
　9.3　使用链的高级方法 ······ 223
　　　9.3.1　向大语言模型询问一个常识性问题 ······ 223
　　　9.3.2　要求大语言模型以特定的数据格式提供输出 ······ 223
　　　9.3.3　实现流利的对话 ······ 224
　9.4　自动从各种网络来源检索信息 ······ 227
　　　9.4.1　从 YouTube 视频中检索内容并进行总结 ······ 227
　　　9.4.2　安装、导入和设置 ······ 228
　　　9.4.3　建立检索机制 ······ 228
　　　9.4.4　审阅、总结和翻译 ······ 228

9.5 压缩提示和降低 API 成本···230
 9.5.1 压缩提示···230
 9.5.2 进行压缩提示实验并评估利弊···································231
 9.5.3 代码设置···232
 9.5.4 收集数据···232
 9.5.5 大语言模型配置···232
 9.5.6 实验··233
 9.5.7 分析上下文压缩的影响···233
9.6 多代理框架···234
 9.6.1 多个大语言模型代理同时工作的潜在优势·····················234
 9.6.2 AutoGen 框架···235
 9.6.3 完成复杂分析——可视化结果并得出结论······················237
 9.6.4 对实验意义的可视化分析···237
 9.6.5 团队任务中的人工干预···240
 9.6.6 审查实验结果并形成合理的结论·································240
 9.6.7 关于多代理团队的总结···243
9.7 小结···243

第 10 章 乘风破浪：分析大语言模型和人工智能的过去、现在和未来趋势 ············245
10.1 围绕大语言模型和人工智能的关键技术趋势·······················245
10.2 计算能力——大语言模型背后的发展引擎··························246
 10.2.1 意义——为进步铺平道路··246
 10.2.2 价值——扩大潜力和效率··246
 10.2.3 影响——重塑数字交互和洞察力································247
 10.2.4 从自然语言处理的角度看计算能力的未来发展···············247
10.3 大型数据集及其对自然语言处理和大语言模型的不可磨灭的影响········250
 10.3.1 意义——训练、基准测试和领域专业知识·····················251
 10.3.2 价值——稳健性、多样性和效率································251
 10.3.3 影响——民主化、熟练度和新问题·····························251
 10.3.4 自然语言处理中数据可用性的未来······························252
10.4 大语言模型的演变——意义、价值和影响··························255
 10.4.1 意义——开发更大更好的大语言模型的动机··················255
 10.4.2 价值——大语言模型优势··255
 10.4.3 影响——改变科技发展和人机交互格局·······················256
 10.4.4 大语言模型设计的未来···256
10.5 自然语言处理和大语言模型中的文化趋势··························264
10.6 商业世界中的自然语言处理和大语言模型··························264

  10.6.1 业务领域 ·· 265
  10.6.2 客户互动和服务 ·· 268
  10.6.3 人工智能的影响推动管理变革 ·· 269
  10.6.4 首席人工智能官的出现 ·· 271
 10.7 人工智能和大语言模型引发的行为趋势——社会层面 ·························· 273
  10.7.1 个人助理变得不可或缺 ·· 273
  10.7.2 轻松沟通，消除语言障碍 ··· 273
  10.7.3 授权决策的伦理影响 ·· 274
  10.7.4 道德和风险——人们对人工智能实现的担忧日益加剧 ················ 275
  10.7.5 未来展望——道德、监管、意识和创新的融合 ·························· 276
 10.8 小结 ··· 277

第 11 章 独家行业见解：来自世界级专家的观点和预测 ······························· 279
 11.1 专家介绍 ·· 279
  11.1.1 Nitzan Mekel-Bobrov 博士 ·· 279
  11.1.2 David Sontag 博士 ··· 280
  11.1.3 John D. Halamka 医学博士和理学硕士 ·· 280
  11.1.4 Xavier Amatriain 博士 ·· 280
  11.1.5 Melanie Garson 博士 ··· 281
 11.2 我们的问题和专家的回答 ··· 281
  11.2.1 Nitzan Mekel-Bobrov 博士 ·· 281
  11.2.2 David Sontag ·· 284
  11.2.3 John D. Halamka ·· 287
  11.2.4 Xavier Amatriain ·· 292
  11.2.5 Melanie Garson ·· 294
 11.3 小结 ··· 297

第 1 章 自然语言处理领域探索

本书旨在帮助专业人士将自然语言处理（natural language processing，NLP）技术应用到他们的工作中，无论他们是在从事 NLP 项目还是在其他领域（例如数据科学）中使用 NLP。本书的目的是向你介绍自然语言处理领域及其底层技术，包括机器学习（machine learning，ML）和深度学习（deep learning，DL）。

本书强调数学基础（例如线性代数、统计和概率）以及优化理论的重要性，这些对于理解自然语言处理中使用的算法是必不可少的。本书还附有 Python 代码示例，可让你预先练习、实验并生成书中介绍的一些开发成果。

本书将讨论自然语言处理面临的挑战，例如理解单词的上下文和含义、单词之间的关系以及对标记数据的需求。

本书还将介绍自然语言处理的最新进展，包括 BERT 和 GPT 等预训练语言模型，以及大量文本数据的可用性，这些都提高了自然语言处理任务的性能。

本书将讨论语言模型对自然语言处理领域的影响，包括提高自然语言处理任务的准确率和有效性、开发更先进的自然语言处理系统以及让更广泛人群能够使用等。

本章包含以下主题：
- 自然语言处理的定义
- NLP 的历史和演变
- 自然语言机器处理的初步策略
- 成功的协同效应——自然语言处理与机器学习的结合
- 自然语言处理中的数学和统计学简介
- 理解语言模型——以 ChatGPT 为例

1.1 本书目标读者

本书的目标读者是那些需要在项目中处理文本的专业人士，这可能包括自然语言处理从业者（初学者也在此列）以及那些不以通常方式处理文本者。

1.2 自然语言处理的定义

NLP 是人工智能（artificial intelligence，AI）的一个领域，专注于计算机与人类语言之间的交互。它涉及使用计算技术来理解、解释和生成人类语言，使计算机能够自然而有意义地理解和响应人类的输入。

1.3 NLP 的历史和演变

对 NLP 历史的探索将让我们进入一段迷人的时光之旅，它最早可以追溯到 20 世纪 50 年代，因为正是在那个年代，艾伦·图灵（Alan Turing）等先驱为此做出了重大贡献。图灵的开创性论文 *Computing Machinery and Intelligence*（计算机器与智能）引入了图灵测试（Turing test）的概念，为未来在 AI 和 NLP 领域的探索奠定了基础。这一时期标志着符号 NLP 的诞生，其特点是使用基于规则的系统（rule-based system），例如 1954 年著名的乔治城实验（Georgetown experiment），该实验雄心勃勃地试图通过将俄语内容翻译成英语来解决机器翻译问题。有关该实验的详细信息，可访问：

https://en.wikipedia.org/wiki/Georgetown%E2%80%93IBM_experiment

乔治城实验引起了广泛的关注，成为机器翻译历史上最具影响力的实例之一，在当时引发了一股兴奋和乐观的狂潮，但事实证明，该项目的进展非常缓慢，直至最后不了了之。这也揭示了人类语言理解和生成的复杂性。

20 世纪 60 年代和 70 年代见证了早期自然语言处理系统的发展，该系统展示了机器使用有限的词汇和知识库进行类似人类交互的潜力。这个时代还见证了概念本体的创建，这对于以计算机可理解的格式构建现实世界的信息至关重要。

基于规则的系统的局限性导致了 20 世纪 80 年代后期科学家们的转向，他们开始转向统计 NLP 范式，这也得益于机器学习的进步和计算能力的提高。

这种转变使得机器从大型语料库中更有效地学习成为可能，大大推进了机器翻译和其他自然语言处理任务的发展。这种范式转变不仅代表了技术和方法的进步，而且还强调了自然语言处理中语言学方法的概念演变。

在摆脱预定义语法规则的僵化机制之后，这种转变采用了语料库语言学（corpus linguistics），这种方法允许机器通过大量接触文本来"感知"和理解语言。这种方法反映了对语言的更加经验化和数据驱动的理解,其中的模式和含义来自实际的语言使用而不是理论构造,从而实现了更加细致入微和灵活的语言处理能力。

进入 21 世纪,网络的出现提供了大量数据,促进了无监督和半监督学习算法的研究。

2010 年,神经网络自然语言处理的出现带来了突破,深度学习技术开始占据主导地位,在语言建模和解析方面提供了前所未有的准确性。这个时代的特点是 Word2Vec 等复杂模型的发展和深度神经网络的普及,推动 NLP 朝着更自然以及更有效的人机交互的方向发展。随着我们继续推进这些进步,NLP 站在了人工智能研究的最前沿,其历史反映了人们对理解和复制人类语言细微差别的不懈追求。

近年来,NLP 还被广泛应用于医疗保健、金融和社交媒体等众多行业,用于自动化决策和增强人机之间的沟通。例如,NLP 已用于分析客户反馈、从医疗文档中提取信息、在不同语言之间翻译文档以及搜索大量帖子等。

1.4 自然语言机器处理的初步策略

自然语言机器处理的传统方法通常是先进行文本预处理(text preprocessing)——文本准备(text preparation),然后应用机器学习方法。

文本预处理是自然语言处理和机器学习应用中必不可少的步骤,其操作主要是清洗和转换原始文本数据,使其成为机器学习算法可以轻松理解和分析的形式。

预处理的目标是消除噪声和不一致之处,并使数据标准化,使其更适合高级自然语言处理和机器学习方法。

预处理的一个主要好处是它可以显著提高机器学习算法的性能。例如,删除停用词(即没有太多含义的常用词,如英语的"the"和"is",中文的"哎呀"和"哦"等)可以帮助降低数据的维度,使算法更容易识别模式。

以下面的句子为例:

```
I am going to the store to buy some milk and bread.
```

删除停用词后,得到以下内容:

```
going store buy milk bread.
```

在上述例句中,停用词"I""am""to""the""some"和"and"不会给句子增加任何额外的含义,可以删除而不会改变句子的整体含义。

需要强调的是,停用词的删除需要根据具体目标进行量身定制,因为删除某个词在某种情况下可能微不足道，但在另一种情况下却可能有很大影响。

此外，词干提取（stemming）和词形还原（lemmatization，指将单词简化为其基本形式）可以帮助减少数据中唯一单词的数量，从而使算法更容易识别它们之间的关系。下文将更详细地解释这些操作。

以下面的句子为例：

```
The boys ran, jumped, and swam quickly.
```

在应用词干提取之后，将每个单词简化为其词根或词干形式，忽略单词时态或派生词缀，可得到以下内容：

```
The boy ran, jump, and swam quick.
```

词干提取可将文本简化为其基本形式。在上述示例中，"ran" "jumped"和"swam"分别简化为"ran" "jump"和"swam"。

可以看到，"ran"和"swam"没有变化，这是因为词干提取通常会产生接近其词根形式但不完全是词典基本形式的单词。此过程有助于降低文本数据的复杂性，使机器学习算法更容易匹配和分析模式，而不会因同一单词的变体而陷入困境。

以下面的句子为例：

```
The boys ran, jumped, and swam quickly.
```

词形还原将考虑单词的形态分析，旨在返回单词的基本形式或词典形式（称为词根），在应用词形还原之后，这样得到的是以下内容：

```
The boy run, jump, and swim quickly.
```

可以看到，词形还原可将"ran" "jumped"和"swam"准确地转换为"run" "jump"和"swim"。也就是说，此过程考虑了每个单词的词性，确保在语法和语境意义上还原为恰当的基本形式。

与词干提取不同，词形还原可以更精确地还原基本形式，确保处理后的文本仍然有意义且上下文是准确的。这提高了自然语言处理模型的性能，使它们能够更有效地理解和处理语言，降低数据集的复杂性，同时保持原始文本的完整性。

预处理的另外两个重要方面是数据规范化（data normalization）和数据清洗（data cleaning）。数据规范化包括将所有文本转换为小写、删除标点符号以及标准化数据格式。这有助于确保算法不会将同一单词的不同变体视为单独的实体，从而导致结果不准确。

数据清洗包括删除重复或不相关的数据，以及纠正数据中的错误或不一致之处。这在大型数据集中尤其重要,因为手动清洗既耗时又容易出错。自动预处理工具可以帮助快速识别和消除错误,使数据更可靠,便于分析。

图 1.1 描绘了一个全面的预处理流程。我们将在第 4 章中介绍此代码示例。

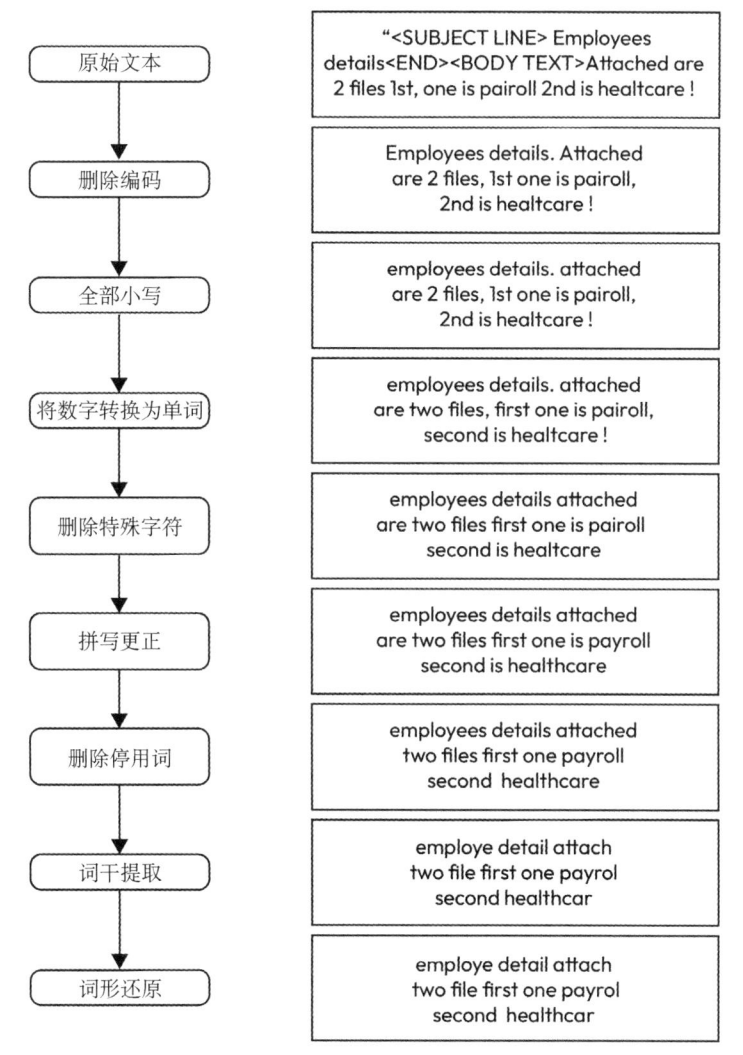

流程步骤	文本示例
原始文本	"<SUBJECT LINE> Employees details<END><BODY TEXT>Attached are 2 files 1st, one is pairoll 2nd is healtcare!"
删除编码	Employees details. Attached are 2 files, 1st one is pairoll, 2nd is healtcare!
全部小写	employees details. attached are 2 files, 1st one is pairoll, 2nd is healtcare!
将数字转换为单词	employees details. attached are two files, first one is pairoll, second is healtcare!
删除特殊字符	employees details attached are two files first one is pairoll second is healtcare
拼写更正	employees details attached are two files first one is payroll second is healthcare
删除停用词	employees details attached two files first one payroll second healthcare
词干提取	employe detail attach two file first one payrol second healthcar
词形还原	employe detail attach two file first one payrol second healthcar

图 1.1 全面的预处理流程

总之,文本预处理是自然语言处理和机器学习应用中的重要步骤,它可以通过消除噪声和不一致之处并标准化数据来提高机器学习算法的性能。

在自然语言处理任务中，数据准备和数据清洗起着至关重要的作用。通过在预处理上投入时间和资源，可以确保数据质量高，并为高级自然语言处理和机器学习方法做好准备，从而获得更准确、更可靠的结果。

在准备好文本数据之后，接下来要做的就是为其拟合机器学习模型。

1.5 成功的协同效应——自然语言处理与机器学习的结合

机器学习（ML）是人工智能的一个分支，它指的是训练算法从数据中学习，让算法无须明确编程即可做出预测或决策。机器学习正在推动许多不同领域的进步，例如计算机视觉、语音识别，当然还有 NLP。

如果你深入研究机器学习的具体技术，则会发现 NLP 中使用的一种特殊技术是统计语言建模（statistical language modeling），它涉及在大型文本语料库上训练算法以预测给定单词序列的可能性。这有广泛的应用，例如语音识别、机器翻译和文本生成。

另一项重要技术是深度学习，它是机器学习的一个子领域，涉及在大量数据上训练人工神经网络。深度学习模型——例如卷积神经网络（convolutional neural network，CNN）和循环神经网络（recurrent neural network，RNN）已被证明适用于语言理解、文本摘要和情感分析等自然语言处理任务。

图 1.2 描绘了 AI、ML、DL 和 NLP 之间的关系。

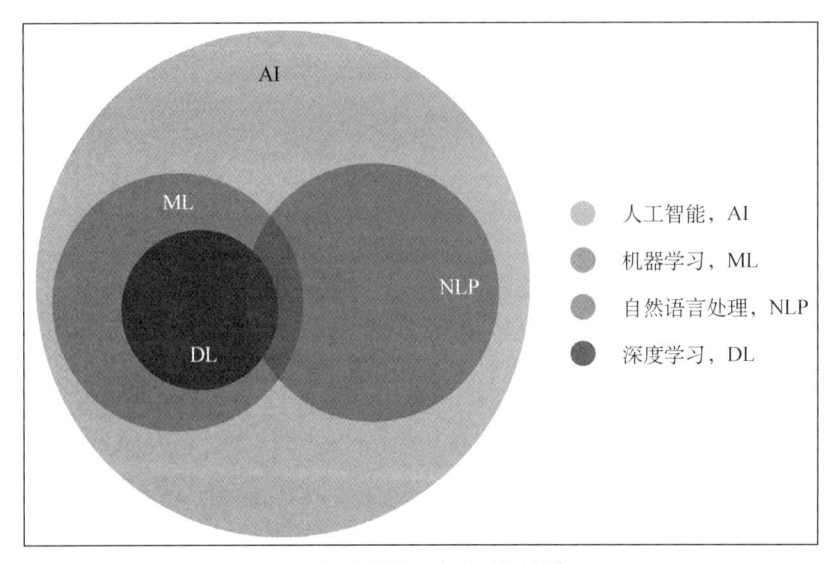

图 1.2　不同学科之间的关系

1.6 自然语言处理中的数学和统计学简介

NLP 和机器学习的坚实基础是算法所基于的数学知识。具体来说，关键基础是线性代数、统计和概率以及优化理论。第 2 章将介绍理解这些主题所需的关键概念。本书将提供各种方法和假设的证明和论证。

NLP 的挑战之一是处理人类语言产生的大量数据。这包括理解上下文、单词的含义以及它们之间的关系。为了应对这一挑战，研究人员开发了各种技术，例如嵌入（embedding）和注意力（attention）机制，它们分别以数字格式表示单词的含义并可以帮助识别文本中最关键的部分。

NLP 的另一个挑战是需要已标记的数据，因为手动注释大型文本语料库既昂贵又耗时。为了解决这个问题，研究人员开发了可以从未标记的数据中学习的无监督和弱监督方法，例如聚类（clustering）、主题建模（topic modeling）和自监督学习（self-supervised learning）。

总体而言，NLP 是一个快速发展的领域，有可能改变我们与计算机和信息进行交互的方式。它的应用非常广泛，从聊天机器人（chatbot）、语言翻译、文本摘要（text summarization）到情感分析（sentiment analysis），都可以看到它的身影。使用统计语言建模和深度学习等机器学习技术对于开发这些系统至关重要。还有一些研究正在进行中，它们将解决剩余的挑战，例如理解上下文和处理缺乏已标记数据的问题。

NLP 领域最重大的进步之一是预训练语言模型的开发，例如 bidirectional encoder representations from transformers（BERT）和 generative pre-trained transformer（GPT）。这些模型都已经在大量文本数据上进行了训练，并且可以针对特定任务（例如情感分析或语言翻译）进行微调。

Transformer 是 BERT 和 GPT 模型背后的技术，它使机器能够更有效地理解句子中单词的上下文，从而彻底改变了 NLP。与以前线性处理文本的方法不同，Transformer 可以并行处理单词，通过注意力机制捕捉语言中的细微差别。这使它们能够辨别每个单词相对于其他单词的重要性，大大增强了模型掌握复杂语言模式和细微差别的能力，并为自然语言处理应用程序的准确性和流畅性树立了新标准。这促进了自然语言处理应用程序的创建，并提高了各种自然语言处理任务的性能。

图 1.3 详细说明了 Transformer 组件的功能设计。

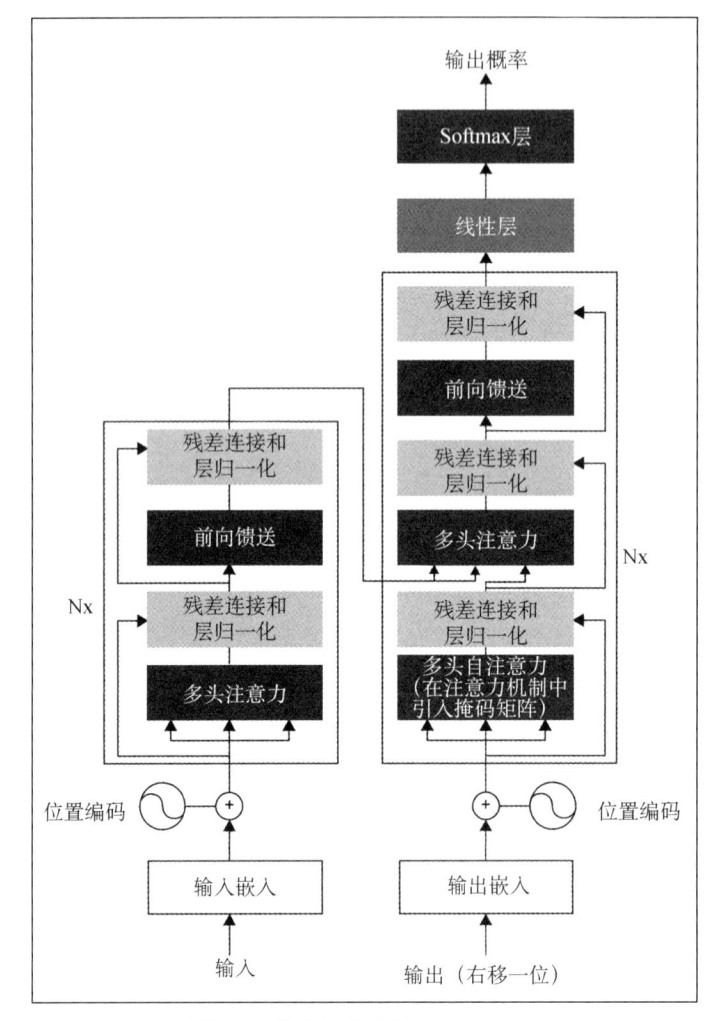

图 1.3　模型架构中的 Transformer

NLP 的另一个重要发展是大量带注释的文本数据的可用性增加，这使得训练更准确的模型成为可能。此外，无监督和半监督学习技术的发展使得在较少量的标记数据上训练模型成为可能，从而有可能将自然语言处理应用于更广泛的场景。

语言模型对自然语言处理领域产生了重大影响。语言模型改变该领域的关键方式之一是提高自然语言处理任务的准确率和有效性。例如，许多语言模型都经过大量文本数据的训练，使它们能够更好地理解人类语言的细微差别和复杂性。这提高了语言翻译、文本摘要和情感分析等任务的性能。

语言模型改变自然语言处理领域的另一种方式是，它能够开发更先进、更复杂的自然语言处理系统。例如，某些语言模型（如 GPT）可以生成类似人类写作风格的文本，这为自然语言生成和对话系统开辟了新的可能性。其他语言模型（如 BERT）则提高了问答、情感分析和命名实体识别等任务的性能。

语言模型也改变了这一领域，让更多人能够接触到它。随着预训练语言模型的出现，开发人员现在可以轻松地针对特定任务微调这些模型，而不需要大量的标记数据或从头开始训练模型的专业知识。这使得开发人员可以更轻松地构建自然语言处理应用程序，并导致基于自然语言处理的新产品和服务激增。

总体而言，语言模型通过提高现有自然语言处理任务的性能、推动更先进的自然语言处理系统的开发，以及使更广泛的人群能够使用 NLP，在推动自然语言处理领域的发展方面发挥了关键作用。

1.7 理解语言模型——以 ChatGPT 为例

大名鼎鼎的 ChatGPT 是 GPT 模型的一个变体，由于其能够生成类似人类写作风格的文本而变得流行，可用于广泛的自然语言生成任务，例如聊天机器人系统、文本摘要和对话系统。

它受欢迎的主要原因是其高质量的输出以及生成与人类书写的文本难以区分的文本的能力。这使得它非常适合需要自然发音文本的应用程序，例如聊天机器人系统、虚拟助手和文本摘要。

此外，ChatGPT 已在大量文本数据上进行预训练，因此能够理解人类语言的细微差别和复杂性。这使其非常适合需要深入理解语言的应用程序，例如问答和情感分析。

此外，通过提供少量与特定任务相关的数据，ChatGPT 可以针对特定用例进行微调，这使其用途更广泛，适用于各种场景。如今，ChatGPT 及其类似产品已广泛应用于行业、研究和个人项目，包括客户服务聊天机器人、虚拟助手、自动内容创建、文本摘要、对话系统、问答和情感分析等。

总体而言，ChatGPT 生成高质量、类似人类写作风格的文本的能力及其针对特定任务进行微调的能力使其成为众多自然语言生成应用的热门选择。

1.8 小　　结

本章引导你探索了自然语言处理领域，它是人工智能的一个子领域。

我们强调了数学基础（例如线性代数、统计和概率以及优化理论）的重要性，这些知识对于理解自然语言处理中使用的算法是必不可少的。

本章还讨论了自然语言处理面临的挑战，例如理解单词的上下文和含义、它们之间的关系以及对已标记数据的需求。

我们介绍了自然语言处理的最新进展，包括预训练语言模型（例如 BERT 和 GPT）以及大量文本数据的可用性，这提高了自然语言处理任务的性能。

我们谈到了文本预处理的重要性，因为你需要了解数据清洗、数据规范化、词干提取和词形还原在文本预处理中的重要性。

此外，我们还讨论了自然语言处理和机器学习的结合如何推动该领域的进步，并成为自动化任务和改善人机交互的越来越重要的工具。

学习完本章之后，你将能够理解 NLP、ML 和 DL 技术的重要性，了解自然语言处理的最新进展，包括预训练语言模型。你还将了解文本预处理的重要性以及它如何在自然语言处理任务的数据准备和数据清洗中发挥关键作用。

在下一章中，我们将介绍机器学习的数学基础。这些基础知识将贯穿整本书。

1.9 问　　答

（1）什么是自然语言处理（NLP）？
- 问：人工智能领域中 NLP 的定义是什么？
- 答：NLP 是 AI 的一个子领域，专注于使计算机能够以对人类用户自然且有意义的方式理解、解释和生成人类语言。

（2）自然语言机器处理的初步策略。
- 问：预处理在 NLP 中有何重要性？
- 答：预处理（包括删除停用词、应用词干提取或词形还原等任务）对于清洗和准备文本数据从而提高机器学习算法在自然语言处理任务上的性能至关重要。

（3）NLP 与机器学习（ML）的协同作用。
- 问：机器学习如何促进自然语言处理的进步？
- 答：机器学习，尤其是统计语言建模和深度学习等技术，通过使算法能够从数据中学习、预测词序列以及更有效地执行语言理解和情感分析等任务，推动了自然语言处理的发展。

（4）自然语言处理中的数学和统计学简介。
- 问：为什么数学基础在自然语言处理中很重要？

- 答：线性代数、统计学和概率等数学基础对于理解和开发自然语言处理技术所依赖的算法（从基本的预处理到复杂的模型训练）至关重要。

(5) 自然语言处理的进步——预训练语言模型的作用。
- 问：BERT、GPT 等预训练模型对自然语言处理有何影响？
- 答：预训练模型是在海量文本数据上进行训练的，可以针对情感分析或语言翻译等特定任务进行微调，从而显著简化自然语言处理应用程序的开发并提高任务性能。

(6) 理解语言模型中的 Transformer。
- 问：为什么 Transformer 被认为是自然语言处理领域的突破？
- 答：Transformer 可并行处理单词，并使用注意力机制来理解句子中的单词上下文，从而显著提高模型处理人类语言复杂性的能力。

第 2 章 掌握与机器学习和自然语言处理相关的线性代数、概率和统计学

自然语言处理（NLP）和机器学习（ML）是两个从数学概念（尤其是线性代数和概率论）中受益匪浅的领域。这些基本工具可以分析变量之间的关系，从而构成许多 NLP 和 ML 模型的基础。

本章将详细介绍线性代数和概率论，包括它们在 NLP 和 ML 中的实际应用。我们首先概述向量和矩阵，并介绍其基本运算；然后，我们将解释理解后续章节中的概念和模型所需的统计学基础知识；此外，本章还介绍有关优化的基础知识，这对于解决 NLP 问题和理解变量之间的关系至关重要。

阅读完本章之后，你将掌握扎实的线性代数和概率论基础，并了解它们在自然语言处理和机器学习中的基本应用。

本章包含以下主题：
- 线性代数简介
- 特征值和特征向量
- 机器学习的概率基础

2.1 线性代数简介

让我们首先了解一下标量、向量和矩阵的概念。
- 标量（scalar）：标量是单个数值，通常来自大多数机器学习应用中的实数域。NLP 中标量的示例包括文本语料库中单词的频率。
- 向量（vector）：向量是数值元素的集合。每个元素都可以称为条目（entry）、分量（component）或维度（dimension），这些分量的数量定义了向量的维数。在自然语言处理中，向量可以包含与词频、情感排名等元素相关的分量。自然语言处理（NLP）和机器学习（ML）都是得益于数学学科（特别是线性代数和概率论）的领域。这些基础工具有助于评估变量之间的相关性，是众多 NLP 和 ML 模型的核心。本节将详细介绍线性代数和概率论，以及它们在 NLP 和 ML 中的实际应用。

例如，文本文档的三维向量可以表示为以下形式的一个实数数组：

[词频，情感排名，复杂度]

- 矩阵（matrix）：矩阵可以看作是由行和列组成的矩形数字元素集合。要从矩阵中检索元素，需要表示其行和列索引。在自然语言处理领域，数据矩阵可能包括与不同文本文档对齐的行和与不同文本属性（如词频、情感等）对齐的列。这种矩阵的维度用符号 $n \times d$ 表示，其中，n 是行（即文本文档）数，d 是列（即属性）数。

2.1.1 标量和向量的基本运算

现在让我们来看看标量和向量的基本运算。

1. 向量的加减法

标量、向量和矩阵的基本运算（加法和减法）可以在具有相同维度的向量上执行。假设有两个向量：

$$\mathbf{x} = [x_1, x_2, \cdots, x_n]^{①}$$
$$\mathbf{y} = [y_1, y_2, \cdots, y_n]$$
$$\mathbf{x} - \mathbf{y} = [x_1 - y_1, x_2 - y_2, \cdots, x_n - y_n]$$

假设有两个向量，$a = [4,1]$ 且 $b = [2,4]$，则 $a + b = [6,5]$。

其可视化表示如图 2.1 所示：

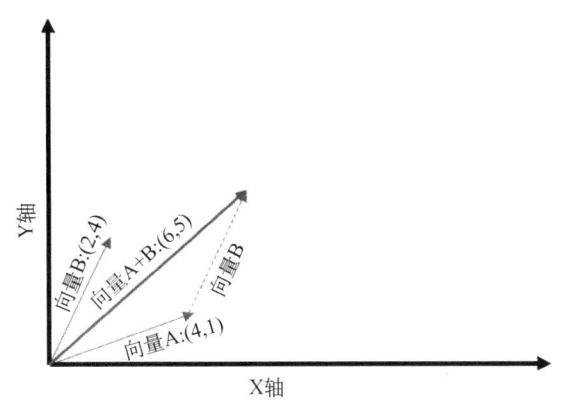

图 2.1 两个向量（$a = [4,1]$ 且 $b = [2,4]$）相加意味着 $a + b = [6,5]$

---

① 本书公式采用原著公式的字体。——编辑注

2. 向量和标量的乘法

可以通过将向量乘以标量来缩放向量。此操作通过将向量的每个分量乘以标量值来执行。例如，假设有一个 n 维向量，$\mathbf{x}=[x_1,x_2,\cdots,x_n]$。将此向量缩放一个因子的过程的数学表示如下：

$$\mathbf{x}=[x_1,x_2,\cdots,x_n]$$
$$a\cdot\mathbf{x}=[ax_1,ax_2,\cdots,ax_n]$$

此运算会产生一个新向量，该向量具有与原始向量相同的维数，但每个分量都将乘以标量值 a。

3. 向量之间的乘法

向量之间的乘法有两种：点积（dot product）和叉积（cross product）。
- 点积计算表示为 a·b，计算结果是一个标量；
- 叉积计算表示为 a×b（有时也写成 a∧b，以避免和字母 x 混淆），计算的结果是一个向量。

点积是在机器学习算法中经常使用的一种数学运算，可应用于两个向量 $\mathbf{x}=[x_1,x_2,\cdots,x_n]$ 和 $\mathbf{y}=[y_1,y_2,\cdots,y_n]$。它有许多实际应用，其中之一就是帮助确定它们的相似性。它被定义为两个向量对应元素的乘积之和。

向量 $\mathbf{x}$ 和 $\mathbf{y}$ 的点积用符号 $\mathbf{x}\cdot\mathbf{y}$ 表示（中间有一个点），定义如下：

$$\mathbf{x}\cdot\mathbf{y}=\sum_{i=1}^{n}x_i\cdot y_i$$

其中，n 表示向量的维数。

点积是一个标量，在几何意义上，可用于测量两个向量之间的角度（点积的结果就是其夹角的余弦值），以及一个向量到另一个向量的投影。它在包括线性回归和神经网络在内的众多机器学习算法中发挥着重要作用。

点积是可交换的，这意味着向量的顺序不会影响结果。即：

$$\mathbf{x}\cdot\mathbf{y}=\mathbf{y}\cdot\mathbf{x}$$

此外，点积保持了标量乘法的分配律，这意味着：

$$\mathbf{x}\cdot(\mathbf{y}+\mathbf{z})=\mathbf{x}\cdot\mathbf{y}+\mathbf{x}\cdot\mathbf{z}$$

向量与自身的点积也称为其平方范数（squared norm）或欧几里得范数（Euclidean norm）。该范数用 norm($\mathbf{x}$) 表示，表示向量的长度，计算方法如下：

$$\text{norm}(\mathbf{x})^2 = \mathbf{x} \cdot \mathbf{x} = \sum_{i=1}^{n} x_i^2$$

向量的归一化（normalization）可以通过将向量除以其范数（也称为欧几里得范数或向量的长度）来实现。这会产生一个具有单位长度的向量，用 $\mathbf{x}'$ 表示。

归一化过程可以表示如下：

$$\mathbf{x}' = \frac{\mathbf{x}}{\|\mathbf{x}\|} = \frac{\mathbf{x}}{\sqrt{\mathbf{x} \cdot \mathbf{x}}}$$

其中，$\mathbf{x}$ 是原始向量，$\|\mathbf{x}\|$ 表示其范数。

值得一提的是，归一化向量具有在将其长度设置为 1 的同时保留其方向的效果，从而允许不同空间中的向量进行有意义的比较。

两个向量 $\mathbf{x} = [x_1, x_2, \cdots, x_n]$ 和 $\mathbf{y} = [y_1, y_2, \cdots, y_n]$ 之间的余弦相似度（cosine similarity）在数学上表示为两个向量归一化为单位长度后的点积。这可以写成如下形式：

$$\cos(\mathbf{x}, \mathbf{y}) = \frac{(\mathbf{x} \cdot \mathbf{y})}{(\|\mathbf{x}\| \cdot \|\mathbf{y}\|)} = \frac{(\mathbf{x} \cdot \mathbf{y})}{(\sqrt{\mathbf{x} \cdot \mathbf{x}} \cdot \sqrt{\mathbf{y} \cdot \mathbf{y}})}$$

其中，$\|\mathbf{x}\|$ 和 $\|\mathbf{y}\|$ 分别是向量 $\mathbf{x}$ 和 $\mathbf{y}$ 的范数。计算的 $\mathbf{x}$ 和 $\mathbf{y}$ 之间的余弦相似度相当于两个向量之间夹角的余弦，表示为 θ。

点积为 0 的向量被视为正交，这意味着在两个向量都为非 0 的情况下，它们之间的夹角为 90 度。我们可以得出结论，0 向量与任何向量都正交。如果每对向量都正交且每个向量的范数为 1，则一组向量被视为正交。这种正交集在许多数学环境中都很有用。例如，它们可以在不同的正交坐标系之间变换时发挥作用，其中点的新坐标是根据修改后的方向集计算的。这种方法在解析几何领域称为坐标变换（co-ordinate transformation），在线性代数领域得到广泛应用。

2.1.2　矩阵的基本运算

矩阵转置（matrix transpose）指的是交换矩阵的行和列。这意味着矩阵中原本位于 (i, j) 位置的元素现在占据其转置结果中的 (j, i) 位置。因此，原本大小为 $n \times m$ 的矩阵在转置后将变为 $m \times n$ 矩阵。表示矩阵 $\mathbf{X}$ 的转置的符号为 $\mathbf{X}^{\mathrm{T}}$。

以下是矩阵转置运算的一个示例：

$$\mathbf{X} = \begin{bmatrix} x_{1,1} & x_{1,2} \\ x_{2,1} & x_{2,2} \\ x_{3,1} & x_{3,2} \end{bmatrix}$$

$$\mathbf{X}^{\mathrm{T}} = \begin{bmatrix} x_{1,1} & x_{2,1} & x_{3,1} \\ x_{1,2} & x_{2,2} & x_{3,2} \end{bmatrix}$$

至关重要的是，矩阵 $\mathbf{X}^{\mathrm{T}}$ 的转置 $(\mathbf{X}^{\mathrm{T}})^{\mathrm{T}}$ 会恢复为原始矩阵 $\mathbf{X}$。很明显，行向量可以转置为列向量，反之亦然。此外，以下情况对于矩阵和向量都适用：

$$(\mathbf{X} + \mathbf{Y})^{\mathrm{T}} = \mathbf{X}^{\mathrm{T}} + \mathbf{Y}^{\mathrm{T}}$$

值得一提的是，点积对于矩阵和向量都是可交换的：

$$\mathbf{X}^{\mathrm{T}} \cdot \mathbf{Y} = \mathbf{Y}^{\mathrm{T}} \cdot \mathbf{X}$$

$$\mathbf{x}^{\mathrm{T}} \cdot \mathbf{y} = \mathbf{y}^{\mathrm{T}} \cdot \mathbf{x}$$

2.1.3 矩阵定义

现在让我们来看看不同类型的矩阵定义。

- 对称矩阵：对称矩阵是一种方阵，矩阵的转置结果等于其原始矩阵。用数学术语来说，如果矩阵 $\mathbf{X}$ 是对称的，则 $\mathbf{X} = \mathbf{X}^{\mathrm{T}}$。例如，以下矩阵就是对称的：

$$\mathbf{X} = \begin{bmatrix} 1 & 2 & 3 \\ 2 & 4 & 5 \\ 3 & 5 & 7 \end{bmatrix}$$

- 矩形对角矩阵：这是一个 $m \times n$ 维的矩阵，仅在主对角线上有非 0 值。
- 上三角（或下三角）矩阵：如果矩阵主对角线下方（或上方）的所有元素 (i, j) 均为 0，则该矩阵称为上三角（或下三角）矩阵。

2.1.4 行列式

行列式（determinant）是与方块矩阵（square matrix，简称方阵）相关的一个数值，它提供了有关矩阵的重要信息，尤其是关于线性变换的性质。通过行列式能够判断一个矩阵是否可逆，甚至能够预测线性方程组是否有解，以及解的性质。

行列式用 $\det(\mathbf{A})$ 表示，表示由矩阵的行向量或列向量形成的平行六面体的（有符号）体积。这种解释始终成立，因为由行向量和列向量确定的体积在数学上是相同的。

当可对角化矩阵 $\mathbf{A}$ 与一组坐标向量相互作用时，随之而来的扭曲称为各向异性缩放（anisotropic scaling）。行列式可以帮助建立此转换的缩放比例因子。方阵的行列式包含有关通过与矩阵相乘实现的线性变换的重要见解。具体而言，就是行列式的符号反映了转换对系统方向的影响。

行列式的计算如下。

（1）对于 1×1 矩阵 $\mathbf{A}$，其行列式等同于其中存在的单个标量。

（2）对于较大的矩阵，可以通过固定列 j，然后使用该列中的元素进行扩展来计算行列式。另一种选择是，可以固定行 i，然后沿该特定行进行扩展。无论你固定行还是列，最终结果（即矩阵的行列式）都将保持一致。

假定使用 j 为固定值，范围从 1 到 d，则其计算如下：

$$\det(\mathbf{A}) = \sum_{i=1}^{d}(-1)^{(i+j)} a_{ij} \det(\mathbf{A}_{ij})$$

或者，使用 i 为固定值时，其计算如下：

$$\det(\mathbf{A}) = \sum_{j=1}^{d}(-1)^{(i+j)} a_{ij} \det(\mathbf{A}_{ij})$$

根据上述公式，有些情况可以轻松计算出来。

- 对角矩阵：对于对角矩阵，行列式是其对角线元素的乘积。
- 三角矩阵：在三角矩阵中，行列式是通过将其所有对角线元素相乘得出的。如果矩阵的行或列的所有分量都是 0，则行列式也为 0。

假设有以下一个 2×2 矩阵：

$$\mathbf{A} = \begin{bmatrix} a & b \\ c & d \end{bmatrix}$$

其行列式可计算为 $ad - bc$。

再来看一个 3×3 矩阵：

$$\mathbf{A} = \begin{bmatrix} a & b & c \\ d & e & f \\ g & h & i \end{bmatrix}$$

其行列式的计算方法如下：

$$\det(a) = a.\det[ef, hi] - d.\det[bc, hi] + g.\det[b\,c, e\,f]$$
$$= a(ei - hf) - d(bi - hc) + g(bf - ec)$$
$$= aei - ahf - dbi + dhc + gbf - gec$$

接下来，让我们看看特征值和向量。

2.2 特征值和特征向量

假设向量 $\mathbf{x}$ 属于 $d \times d$ 矩阵 $\mathbf{A}$，若其满足方程 $\mathbf{Ax} = \lambda \mathbf{x}$（$\lambda$ 表示矩阵 $\mathbf{A}$ 的特征值），则称该向量为相应于 λ 的特征向量（eigenvector）。这种关系描述了矩阵 $\mathbf{A}$ 及其对应的特征向量 $\mathbf{x}$ 之间的联系，可以理解为矩阵的"拉伸方向"。

在 $\mathbf{A}$ 是可对角化的矩阵的情况下，可以将其解构为 $d \times d$ 可逆矩阵 $\mathbf{V}$ 和对角 $d \times d$ 矩阵 Δ，且满足以下方程：

$$\mathbf{A} = \mathbf{V}\Delta\mathbf{V}^{-1}$$

$\mathbf{V}$ 的列包含 d 个特征向量，而 Δ 的对角线项则包含相应的特征值。

线性变换 $\mathbf{Ax}$ 可以通过以下 3 个运算序列直观地理解。
- 首先，将 $\mathbf{x}$ 与 $\mathbf{V}^{-1}$ 相乘会计算与 $\mathbf{V}$ 的列相关的非正交基中的 $\mathbf{x}$ 的坐标。
- 随后，将 $\mathbf{V}^{-1}\mathbf{x}$ 与 Δ 相乘会使用 Δ 中的因子缩放这些坐标，与特征向量的方向对齐。
- 最后，与 $\mathbf{V}$ 相乘会将坐标恢复到原始基，从而导致沿 d 个特征向量方向的各向异性缩放。

可对角化矩阵表示涉及沿 d 个线性独立方向的各向异性缩放的变换。当 $\mathbf{V}$ 的列为正交向量时，$\mathbf{V}^{-1}$ 等于其转置 $\mathbf{V}^{\mathrm{T}}$，表示沿相互正交的方向缩放。在这种情况下，当 $\mathbf{V}$ 的列为正交向量时，矩阵 $\mathbf{A}$ 始终可对角化并表现出对称性，这可以通过以下关系证明：

$$\mathbf{A}^{\mathrm{T}} = \mathbf{V}\Delta^{\mathrm{T}}\mathbf{V}^{\mathrm{T}} = \mathbf{V}\Delta\mathbf{V}^{\mathrm{T}} = \mathbf{A}$$

2.2.1 寻找特征向量的数值方法

确定 $d \times d$ 矩阵 $\mathbf{A}$ 的特征向量的传统方法是求解以下特征多项式的 d 个根 $\lambda_1, \cdots, \lambda_d$：

$$\det(\mathbf{A} - \lambda\mathbf{I}) = 0$$

其中一些根可能会重复。后续步骤涉及求解形式为 $(\mathbf{A} - \lambda\mathbf{I})\mathbf{x} = 0$ 的线性系统时，通常使用高斯消元法（Gaussian elimination method）实现。

但是，这种方法可能并不总是最稳定或最精确的，因为多项式方程的求解在实际应用中可能会表现出数值不稳定性，特征值的小误差可以导致特征向量的巨大误差。事实上，工程中求解高次多项式方程的一种流行技术是构建一个具有与原始多项式相同特征多项式的伴随矩阵，然后确定其特征值。

2.2.2 特征值分解

特征值分解（eigenvalue decomposition）也称为特征分解（eigen-decomposition）或矩阵对角化（diagonalization of a matrix），是线性代数和计算数学中使用的一种强大的数学工具。特征值分解的目标是将给定矩阵分解为表示矩阵的特征向量和特征值的矩阵的乘积。

矩阵 $\mathbf{A}$ 的特征值分解是将该矩阵分解为以下两个矩阵的乘积：矩阵 $\mathbf{V}$ 和矩阵 $\mathbf{D}$。

- $\mathbf{V}$ 的列是矩阵 $\mathbf{A}$ 的特征向量。
- $\mathbf{D}$ 是一个对角矩阵，在其对角线上包含相应的特征值。

特征值问题是找到非零向量 $\mathbf{v}$ 和标量 λ，使得 $\mathbf{Av} = \lambda\mathbf{v}$，其中，$\mathbf{A}$ 是一个方阵，因此 $\mathbf{v}$ 是 $\mathbf{A}$ 的特征向量。标量 λ 称为矩阵 $\mathbf{A}$ 的特征值。

特征值问题可以写成以下矩阵形式：

$$\mathbf{Av} = \lambda\mathbf{Iv}$$

其中，$\mathbf{I}$ 是单位矩阵。

确定特征值的过程与矩阵 $\mathbf{A}$ 的特征方程密切相关，该方程是从 $\det(\mathbf{A} - \lambda\mathbf{I}) = 0$ 导出的多项式方程。求解该特征方程可以得到特征值 λ，λ 是方程的根。一旦找到特征值，就可以通过求解线性方程组 $(\mathbf{A} - \lambda\mathbf{I})\mathbf{v} = 0$ 来找到特征向量。

特征值分解的一个重要特性是它允许我们对矩阵进行对角化，这意味着可以通过使用适当的特征向量矩阵将矩阵转换为对角形式。矩阵的对角形式很有用，因为它允许我们轻松计算矩阵的迹（trace）和行列式。

特征值分解的另一个重要特性是它提供了对矩阵结构的见解。例如，对称矩阵的特征值始终是实数，而特征向量则是正交的，这意味着它们彼此垂直。在非对称矩阵的情况下，特征值可以是复数，而特征向量不一定是正交的。

矩阵的特征值分解在数学、物理学、工程学和计算机科学中有许多应用。

在数值分析中，特征值分解可用于寻找线性系统的解、计算矩阵的特征值以及寻找矩阵的特征向量。

在物理学中，特征值分解可用于分析系统的稳定性，例如微分方程中平衡点的稳定性。

在工程学中，特征值分解可用于研究系统的动力学，例如机械系统的振动。

在计算机科学领域，特征值分解在机器学习和数据分析等各个领域都有广泛的应用。在机器学习中，特征值分解在实现主成分分析（principal component analysis，PCA）方面起着关键作用，主成分分析是一种用于对大量数据集进行降维的技术。在数据分析领域，特征值分解可用于计算奇异值分解（singular value decomposition，SVD），这是一种剖析和理解复杂数据集的有力工具。

2.2.3 奇异值分解

最小化 $\mathbf{x}^T\mathbf{A}\mathbf{x}$ 的问题是许多机器学习环境中遇到的典型问题，其中 $\mathbf{x}$ 是具有单位范数的列向量，$\mathbf{A}$ 是对称的 $d \times d$ 数据矩阵。这种问题类型通常出现在主成分分析、奇异值分解和谱聚类（spectral clustering）等应用中，所有这些应用都涉及特征工程和降维。该优化问题可以表述如下：

最小化

$$\mathbf{x}^T\mathbf{A}\mathbf{x}$$

须遵守

$$\|\mathbf{x}\|^2 = 1$$

我们可以将该优化问题作为最大化或最小化形式问题来解决。施加的约束（向量 $\mathbf{x}$ 必须是单位向量）会显著改变该优化问题的性质。

与前面介绍的特征值分解相比，矩阵 $\mathbf{A}$ 的正半定性（positive semi-definiteness）对于确定解不再至关重要。即使 $\mathbf{A}$ 不定，对向量 $\mathbf{x}$ 范数的约束也能确保明确的解，从而防止涉及维度无界的向量或平凡解（trivial solution），例如 0 向量。

奇异值分解是一种数学技术，它可以将任意矩阵 $\mathbf{A}$ 分解为 3 个矩阵：$\mathbf{U}$、$\mathbf{S}$ 和 $\mathbf{V}^T$。矩阵 $\mathbf{A}$ 定义为 $n \times p$ 矩阵。

SVD 定理指出，$\mathbf{A}$ 可以表示为 3 个矩阵的乘积：

$$\mathbf{A} = \mathbf{U}_{n \times n}\mathbf{S}_{n \times p}\mathbf{V}_{p \times p}$$

其中

$$\mathbf{U}^T\mathbf{U} = \mathbf{I}_{n \times n}$$

且

$$\mathbf{V}^T\mathbf{V} = \mathbf{I}_{p \times p}$$

且 $\mathbf{U}$ 和 $\mathbf{V}$ 是正交矩阵。

$\mathbf{U}$ 矩阵的列称为左奇异向量（left singular vector），而 $\mathbf{V}$ 矩阵的转置 $\mathbf{V}^T$ 的行称为右奇异向量（right singular vector）。

具有奇异值的矩阵 $\mathbf{S}$ 是与 $\mathbf{A}$ 大小相同的对角矩阵。

SVD 可以将原始数据分解为定义向量标准正交（orthonormal）的坐标系。一个向量如果满足两个条件，即它是正交的（与其他向量垂直），并且其长度被归一化为 1，那么这个向量就被称为标准正交向量。

SVD 计算涉及识别矩阵 $\mathbf{A}\mathbf{A}^T$ 和 $\mathbf{A}^T\mathbf{A}$ 的特征值和特征向量。
- 矩阵 $\mathbf{V}$ 的列由来自 $\mathbf{A}^T\mathbf{A}$ 的特征向量组成。
- 矩阵 $\mathbf{U}$ 的列由来自 $\mathbf{A}\mathbf{A}^T$ 的特征向量组成。
- $\mathbf{S}$ 矩阵中的奇异值来自 $\mathbf{A}\mathbf{A}^T$ 或 $\mathbf{A}^T\mathbf{A}$ 的特征值的平方根,按降序排列。这些奇异值是实数。
- 如果 $\mathbf{A}$ 是实矩阵,则 $\mathbf{U}$ 和 $\mathbf{V}$ 也将是实矩阵。

为了说明 SVD 的计算,让我们来看一个示例。

假设有一个 4×2 矩阵。可以通过计算 $\mathbf{A}\mathbf{A}^T$ 和 $\mathbf{A}^T\mathbf{A}$,然后确定这些矩阵的特征向量来找到该矩阵的特征值。$\mathbf{U}$ 的列由 $\mathbf{A}\mathbf{A}^T$ 的特征向量组成,$\mathbf{V}$ 的列由 $\mathbf{A}^T\mathbf{A}$ 的特征向量组成。$\mathbf{S}$ 矩阵包含来自 $\mathbf{A}\mathbf{A}^T$ 或 $\mathbf{A}^T\mathbf{A}$ 的特征值的平方根。

通过求解给定示例的特征方程 $|\mathbf{W}-\lambda\mathbf{I}|=0$ 可以找到特征值,其中 $\mathbf{W}$ 为给定示例 4×2 矩阵,$\mathbf{I}$ 为单位矩阵,λ 为特征值。

然后通过求解由特征值方程导出的方程组来找到特征向量。

最后通过组合特征向量和奇异值来获得最终矩阵 $\mathbf{U}$、$\mathbf{S}$ 和 $\mathbf{V}^T$。

值得一提的是,奇异值是按降序排列的,其中 $\lambda_1 > \lambda_2 > \ldots$。

接下来,我们将讨论机器学习的基本概率。

2.3 机器学习的概率基础

概率(probability)提供有关事件发生可能性的信息。在这个领域,有几个关键术语需要理解。
- 试验(trail)或实验(experiment):以一定可能性导致一定结果的行为。
- 样本空间(sample space):涵盖给定实验的所有潜在结果。
- 事件(event):表示样本空间的非空部分。

因此,从技术角度来说,概率是进行实验时发生某一事件的可能性的度量。

在这个非常简单的情况下,事件 A 出现一种结果的概率等于事件 A 的概率除以所有可能事件的概率。例如,抛掷一枚公平硬币时,出现两种结果(正面和反面)的概率是相同的,因此出现正面的概率为 $1/(1+1) = 1/2$。

为了计算概率,给定一个事件 A,有 n 个结果和一个样本空间 S,则事件 A 的概率 $P(A)$ 可计算如下:

$$P(A) = \sum_{i=1}^{n} P(E_i)$$

其中，$E_1, ..., E_n$ 表示 A 中的结果。假设实验的所有结果都有相同的概率，并且一个结果的选择不会影响后续轮次中其他结果的选择（意味着它们在统计上是独立的），则

$$P(A) = \frac{\text{No. of outcomes in } A}{\text{No. of outcomes in } S}$$

其中，No. of outcomes in A 表示事件 A 中的结果数，No. of outcomes in S 则表示样本空间 S 中的结果数。

因此，概率的取值范围是 0~1，样本空间体现了所有潜在结果，表示为 $P(S)=1$。

2.3.1 统计独立

在统计学领域，如果一个事件的发生不会影响另一个事件发生的可能性，则两个事件被定义为独立事件。正式表述就是，当 $P(A \text{ and } B) = P(A)P(B)$ 时，事件 A 和 B 是独立的，其中 $P(A)$ 和 $P(B)$ 分别是事件 A 和 B 发生的概率。

我们可以通过一个例子来阐明统计独立性的概念：假设有两枚硬币，一枚是公平的（出现正面或反面的概率相等），另一枚是有偏的（出现正面的概率大于出现反面的概率）。如果我们抛出公平的硬币和有偏的硬币，这两个事件在统计上是独立的，因为一枚硬币的抛掷结果不会改变另一枚硬币出现正面或反面的概率。具体来说，两枚硬币都出现正面的概率是各自概率的乘积：$(1/2)*(3/4) = 3/8$。

统计独立性是统计学和概率论中的一个关键概念，在机器学习中经常用来概括数据集内变量之间的关系。通过理解这些关系，机器学习算法可以更好地发现模式并提供更精确的预测。现在让我们来看看不同类型事件之间的关系。

- 互补事件（complementary event）：A 的互补事件，表示为 A'，包含样本空间中未包含在 A 中的所有潜在结果的概率。了解 A 和 A' 在统计上是独立的至关重要：

$$P(A') = 1 - P(A)$$

- 并集（union）与交集（intersection）：A 和 B 的并集表示为 $A \cup B$，是至少在 A 或 B 中出现的元素。例如，集合 $\{1,2,3\}$ 和集合 $\{2,3,4\}$ 的并集为集合 $\{1,2,3,4\}$。A 和 B 的交集表示为 $A \cap B$，是同时在 A 和 B 中出现的元素。例如，集合 $\{1,2,3\}$ 和集合 $\{2,3,4\}$ 的交集为集合 $\{2,3\}$。

- 互斥（mutually exclusive）：当两个事件不能同时发生时，它们被视为互斥。换句话说，如果 A 和 B 是互斥事件，则它们的交集为空集，即 $P(A \cap B) = 0$。这个结论可以从概率的加法规则中得出，因为 A 和 B 是不相交的事件：

$$P(A \cup B) = P(A) + P(B)$$

- 独立事件：当一个事件的发生不会影响另一个事件的发生时，两个事件被视为独立事件。如果 A 和 B 是两个独立事件，则：

$$P(A \cap B) = P(A) \cdot P(B)$$

接下来，让我们看看离散随机变量、其分布以及如何使用它来计算概率。

2.3.2 离散随机变量及其分布

离散随机变量（discrete random variable）是指可以假设有限或可数无限个潜在结果的变量。此类变量的示例包括：抛硬币时正面朝上的次数、特定时间范围内通过收费站的汽车数量、教室里男生的数量等。

离散随机变量的概率分布为变量可能采取的每个潜在结果分配了一定的可能性。例如，在抛硬币示例中，概率分布为 0 和 1（分别代表硬币的反面和正面）这两种结果都分配了 0.5 的概率。

在汽车收费站示例中，概率分布可以为没有汽车通过的情况分配 0.1 的概率，为只有一辆汽车通过的情况分配 0.3 的概率，为两辆汽车通过的情况分配 0.4 的概率，为三辆汽车通过的情况分配 0.15 的概率，为四辆或四辆以上汽车通过的情况分配 0.05 的概率。

离散随机变量的概率分布可以通过概率质量函数（probability mass function，PMF）进行图形化表示，该函数可将变量的每个可能结果与其发生的可能性相关联。此函数通常表示为条形图或直方图，每个条形表示特定值的概率。

PMF 受两个关键原则的约束。
- 它必须在随机变量的所有潜在值上都是非负的。
- 所有可能结果的概率总和应该等于 1。

离散随机变量的期望值（expected value）可以让我们洞悉其集中趋势，该期望值计算为其可能结果的概率加权平均值。该期望值表示为 $E[X]$，其中 X 代表随机变量。

2.3.3 概率密度函数

概率密度函数（probability density function，PDF）是用于描述连续随机变量分布的工具。它可用于计算某个值落在特定范围内的概率。简而言之，它有助于确定连续变量 X 在区间 $[a,b]$ 内取值的概率，或者从统计学角度来说，

$$P(A < X < B)$$

对于连续变量，单个值出现的概率始终为 0，这与可以为不同值分配非 0 概率的离散

变量形成对比。概率密度函数提供了一种方法来估计某个值落入给定范围内的可能性，而不像离散变量那样是单个值。

例如，你可以使用 PDF 来查找下一个测量的智商分数介于 100 和 120 之间的概率，如图 2.2 所示。

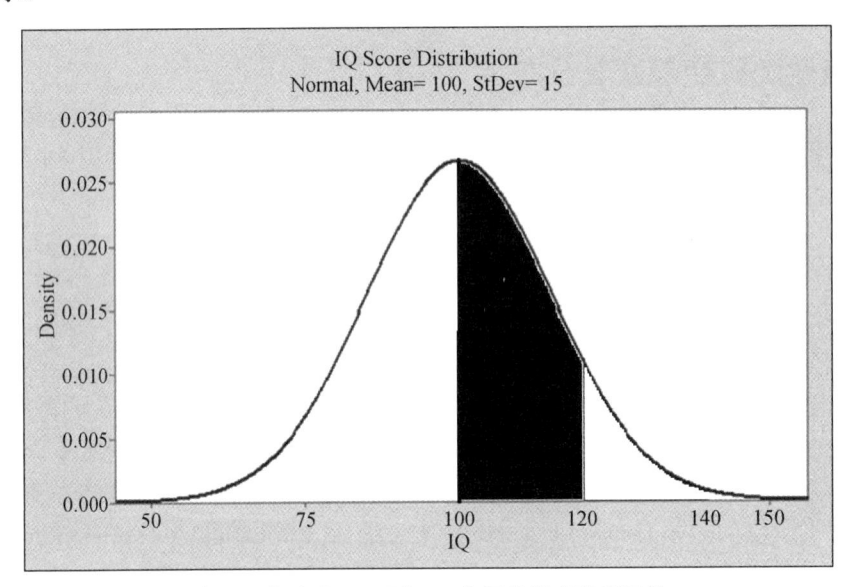

图 2.2　智商在 100 至 120 之间的概率密度函数

要确定离散随机变量的分布，可以提供其 PMF 或累积分布函数（cumulative distribution function，CDF）。对于连续随机变量，我们主要使用 CDF，因为它已经很成熟。但是，PMF 不适用于这些类型的变量，因为对于实数集合中的所有 x，$P(X=x)$ 等于 0，这是因为 X 可以假设为 a 和 b 之间的任何实数值。因此，我们通常定义 PDF。PDF 类似于物理学中的质量密度概念，表示概率的集中度。其单位是单位长度的概率。

为了更好地理解 PDF，让我们分析一个连续随机变量 X，并建立函数 $f_X(x)$，如下所示：

$$f_X(x) = \lim_{\Delta \to 0^+} \frac{P(x < X \leq (x+\Delta))}{\Delta}$$

这里假设极限存在。

函数 $f_X(x)$ 可提供给定点 x 的概率密度。这相当于区间 $(x, x+D]$ 的概率与该区间长度之比的极限，因为区间长度趋近于 0。

让我们考虑一个连续随机变量 X，它具有绝对连续的 CDF，表示为 $F_X(x)$。如果 $F_X(x)$

在 x 处可微,则函数 $f_X(x)$ 称为 X 的 PDF:

$$f_X(x) = \lim_{\Delta \to 0^+} \frac{F_X(x+\Delta) - F_X(x)}{\Delta} = \frac{dF_X(x)}{dx} = F'_X(x)$$

这里假设 $F_X(x)$ 在 x 处可微。

例如,假设有一个连续均匀随机变量 X,其服从均匀 $U(a,b)$ 分布。其 CDF 如下:

$$f_X(x) = \frac{1}{b-a} \qquad 当 a < x < b$$

对于边界外的任何 x 来说,它都为 0。

通过使用积分,可以从 PDF 获得 CDF:

$$F_X(x) = \int_{-\infty}^{x} f_X(u)du$$

此外,我们还有

$$P(a < X \leqslant b) = F_X(b) - F_X(a) = \int_a^b f_X(u)du$$

因此,如果对整个实数线进行积分,将得到 1:

$$\int_{-\infty}^{\infty} f_X(u)du = 1$$

很明显,当在整个实数线上对 PDF 进行积分时,结果应该等于 1。这意味着 PDF 曲线下方的面积必须等于 1,或 $P(S)=1$,这对于均匀分布仍然成立。PDF 表示概率密度;因此,它必须是非负的并且可以超过 1。

假设有一个连续随机变量 X,其 PDF 表示为 $f_X(x)$,则以下属性适用:

$$f_X(x) \geqslant 0,对于所有实数 x$$

$$\int_{-\infty}^{\infty} f_X(u)du = 1$$

接下来,让我们看看最大似然估计。

2.3.4 最大似然估计

最大似然估计(maximum likelihood estimation,MLE)是一种统计方法,用于估计一个样本集的相关概率密度函数的参数。其目的是寻找能够以较高概率产生观察数据的参数值,实际上就是确定最有可能生成数据的参数。

假设我们有一个随机样本 $X = \{X_1,...,X_n\}$，样本来自概率分布为 $f(x|\boldsymbol{\theta})$ 的总体，其中，$\boldsymbol{\theta}$ 是参数的向量。给定参数 $\boldsymbol{\theta}$，观察到样本 X 的可能性定义为观察到每个数据点的个体概率的乘积：

$$L(\boldsymbol{\theta}|X) = f(X|\boldsymbol{\theta})$$

如果存在独立且同分布的观察值，则似然函数可以表示为单变量密度函数的乘积，每个函数按相应的观察值进行评估：

$$L(\boldsymbol{\theta}|X) = f(X_1|\boldsymbol{\theta})f(X_2|\boldsymbol{\theta})...f(X_n|\boldsymbol{\theta})$$

最大似然估计（MLE）是在整个参数空间中为似然函数提供最大值的参数向量值。

在许多情况下，使用似然函数的自然对数——称为对数似然（log-likelihood）更为方便。对数似然的峰值发生在与似然函数最大值相同的参数向量值处，通过使对每个参数的对数似然导数等于 0 来获得最大值（或最小值）所需的条件。

如果对数似然关于参数是可微的，则这些条件将产生一组方程，可以通过数值求解这些方程来得出 MLE。

MLE 显著影响机器学习模型性能的一个常见用例或场景是线性回归（linear regression）。在构建线性回归模型时，MLE 通常用于估计定义输入特征和目标变量之间关系的系数。MLE 有助于找到在假设的线性回归模型下最大化观察给定数据的可能性的系数值，从而提高预测的准确率。

参数 $\boldsymbol{\theta}$ 的 MLE 是使似然函数最大化的值。换句话说，MLE 是使观察数据 X 最有可能的 $\boldsymbol{\theta}$ 值。

为了找到 MLE，我们通常取似然函数的自然对数，因为使用乘积的对数通常比使用乘积本身更容易：

$$\ln L(\boldsymbol{\theta}|X) = \ln f(X_1|\boldsymbol{\theta}) + \ln f(X_2|\boldsymbol{\theta}) + ... + \ln f(X_n|\boldsymbol{\theta})$$

通过将对数似然函数关于每个参数的偏导数设为 0，然后求解以下方程即可确定 MLE：

$$\partial \ln L(\boldsymbol{\theta}|X) / \partial \theta_1 = 0$$
$$\partial \ln L(\boldsymbol{\theta}|X) / \partial \theta_2 = 0$$
$$...$$
$$\partial \ln L(\boldsymbol{\theta}|X) / \partial \theta_k = 0$$

其中，k 是 $\boldsymbol{\theta}$ 中的参数数量。最大似然估计的目标是找到 $\boldsymbol{\theta}$ 使得

$$\boldsymbol{\theta}(x) = \arg\max_{\boldsymbol{\theta}} L(\boldsymbol{\theta}|x)$$

一旦找到 MLE，就可以使用它们根据样本数据对总体进行预测。最大似然估计广泛应用于许多领域，包括心理学、经济学、工程学和生物学。它是理解变量之间联系和根据观察到的数据预测结果的有力工具。例如，使用最大似然估计构建单词预测器。

2.3.5 单词预测

现在让我们仔细讨论一下单词自动补全问题。

单词自动补全也称为单词预测（word prediction），其实就是应用程序尝试预测用户输入的下一个单词的功能。单词预测的目的是根据用户之前的输入和其他上下文因素预测用户接下来可能输入的内容，以此来节省时间并使输入更容易。

单词预测功能以各种形式出现在许多应用程序中，包括搜索引擎、文本编辑器和移动设备键盘，旨在节省时间并提高输入的准确性。

给定用户输入的一组单词，该如何建议下一个单词？

如果用户输入的单词是"The United States of"，那么很容易预测下一个单词是"America"。但是，如果输入的是"How are"呢？它的下一个单词可以有多个选择。

实际上，像"The United States of"这样只有一个明确的下一个单词的情况是比较少见的。因此，我们通常会建议最有可能的单词。在这种情况下，我们会对建议可能的下一个单词的概率表示感兴趣，并选择最有可能的下一个单词。

最大似然估计器（maximum likelihood estimator）提供了这种精确的功能。它可以根据用户之前输入的单词告诉我们哪个单词最有可能。

为了计算 MLE，我们需要计算所有单词组合的概率函数。可以通过处理大量文本并计算每个单词组合出现的次数来实现这一点。

表 2.1 显示了某文档中文本出现情况的示例。

表 2.1 某文档中 n-gram 出现的示例

	"you"	"they"	"those"	"the"	任何其他词
"how are..."	16	14	0	100	10
非"how are..."	200	100	300	1 000	30 000

在上述示例中可以看到，文本中出现了 16 次"how are you"序列。有 140 个序列的长度为 3，以单词"how are"开头。计算如下：

$$16 + 14 + 0 + 100 + 10 = 140$$

长度为 3 且以"you"结尾的序列共有 216 个。计算方法为：

$$16 + 200 = 216$$

现在让我们为预测最可能的下一个单词提出一个公式。

根据概率变量W_3的常见最大似然估计，以下公式应该找到一个能最大化W_3的值：

$$P(W_3 | W_1, W_2)$$

但是，这种常见的公式有一些不利于我们的应用场景的特点。

我们可以调整思路，考虑采用下面这个公式，它具有该用例所必需的特定优势。它是参数估计的最大似然公式，即估计确定性参数。它建议找到W_3的值，并取最大值：

$$P(W_1, W_2 | W_3)$$

W_3绝不是一个确定性参数，但是，这个公式适合我们的用例，因为它减少了强调上下文契合的常见词语偏见，并根据词语特异性进行调整，从而增强了我们的预测的相关性。我们将在本练习的小结中详细阐述这些特征。

现在让我们增强一下这个公式，使其更容易计算：

$$P(W_1, W_2 | W_3) = \frac{P(W_1, W_2, W_3)}{P(W_3)}$$

在本示例中，W_1是"how"，W_2是"are"。

下一个单词有5个候选词，让我们计算一下每个词的概率：

- P("how", "are" | "you") = 16 / (200 + 16) = 16 / 216 = 2 / 27
- P("how", "are" | "they") = 14 / (100 + 14) = 14 / 114 = 7 / 57
- P("how", "are" | "those") = 0 / 300 = 0
- P("how", "are" | "the") = 100 / (1000 + 100) = 100 / 1100 = 1 / 11
- P("how", "are" | 任何其他词) = 10 / (30000 + 10) = 10 / 30010 = 1 / 3001

可以看到，在所有选项中，概率最高值为7 / 57。也就是说，当下一个词是"they"时，概率最高。

> **注意**
>
> 此最大似然估计器背后的直觉是让建议的下一个单词成为用户最有可能输入的单词。有人可能会想，为什么不根据前两个单词取最有可能的单词，即采用概率变量W_3的常见最大似然估计$P(W_3 | W_1, W_2)$公式，找到一个能最大化W_3的值？在表2.1中我们看到，给定单词"how are"，最常见的第三个单词是"the"，概率为$100 / 140$。但是，这种方法没有考虑到单词"the"用得非常普遍的事实，因为它在文本中最常用。因此，它的高频率并不是因为它与前两个单词的关系，而是因为它就是一个很常见的词。我们选择的参数估计的最大似然公式考虑到了这一点。

2.3.6 贝叶斯估计

贝叶斯估计（Bayesian estimation）是一种统计方法，它指的是利用贝叶斯定理，结合新的证据及以前的先验概率，得到新的概率。Bayesian 一词指的是 18 世纪统计学家托马斯·贝叶斯（Thomas Bayes），他首先提出了贝叶斯概率（Bayesian probability）的概念。

在贝叶斯估计中，我们从对感兴趣的数量的先验信念（prior belief）开始，这些信念以概率分布表示。这些先验信念会在我们收集新数据时更新。更新后的信念以后验分布（posterior distribution）表示。

贝叶斯框架提供了一种使用新数据更新先验信念的系统方法，同时考虑到先验信念和新数据的不确定性程度。

后验分布是使用贝叶斯定理（Bayes' theorem）计算的，这是贝叶斯估计的基本方程。贝叶斯定理指出：

$$P(\Theta \mid X) = \frac{P(X \mid \Theta)P(\Theta)}{P(X)}$$

其中，Θ 是感兴趣的数量，X 是新数据，$P(\Theta \mid X)$ 是后验分布，$P(X \mid \Theta)$ 是给定参数值的数据的可能性，$P(\Theta)$ 是先验分布，$P(X)$ 是边际似然（marginal likelihood）或证据。

边际似然的计算方法如下：

$$P(X) = \int P(X \mid \Theta) \cdot P(\Theta) d\Theta$$

其中，积分取自整个 Θ 空间。边际似然通常用作归一化常数，确保后验分布积分为 1。

在贝叶斯估计中，先验分布的选择很重要，因为它反映了我们在收集任何数据之前对感兴趣的数量的信念。可以根据先验知识或先前的研究来选择先验分布。如果没有先验知识，则可以使用非信息先验，例如均匀分布。

一旦计算出后验分布，就可以用它来预测感兴趣的数量。例如，后验分布的平均值可以作为点估计，而后验分布本身则可以用来建立可信区间。这些区间代表目标数量的真实值所在的可能范围。

2.4 小　　结

本章介绍了机器学习和自然语言处理的线性代数和概率知识基础，涵盖了理解许多机器学习算法所必需的基本数学概念。

本章首先复习了线性代数知识，涵盖了向量和矩阵乘法、行列式、特征向量和特征值等主题；然后讨论了概率论，介绍了随机变量和概率分布的基本概念；我们还介绍了统计推断中的关键概念，例如最大似然估计和贝叶斯推断。

在下一章中，我们将介绍自然语言处理的机器学习的基础知识，包括数据探索、特征工程、选择方法以及模型训练和验证等主题。

2.5 延伸阅读

本章延伸阅读的内容如下。
- 豪斯霍尔德反射矩阵（Householder reflection matrix）：豪斯霍尔德反射矩阵或豪斯霍尔德矩阵（Householder matrix）是一种线性变换，由于其计算效率和数值稳定性而在数值线性代数中被利用。该矩阵可用于对给定向量执行关于平面或超平面的反射，变换向量使其仅在一个特定维度上具有非 0 分量。

  Householder 矩阵（**H**）定义为

  $$\mathbf{H} = \mathbf{I} - 2\mathbf{u}\mathbf{u}^T$$

  其中，**I** 是单位矩阵，**u** 是定义反射平面的单位向量。

  Householder 变换的主要目的是执行 QR 因式分解（QR factorization）并将矩阵简化为三对角矩阵（tridiagonal matrix）或海森伯格矩阵（Hessenberg matrix）。对称和正交的特性使 Householder 矩阵具有计算效率高和数值稳定特性。
- 可对角化（diagonalizable）：如果某个矩阵可以写成 $\mathbf{D} = \mathbf{P}^{-1}\mathbf{A}\mathbf{P}$ 的形式，则称该矩阵可对角化，其中，**A** 是原始矩阵，**D** 是对角矩阵，**P** 矩阵的列为 **A** 的特征向量。对角化简化了线性代数中的许多计算，因为对角矩阵的计算通常更直接。

  对于可对角化的矩阵，它必须具有足够多的不同特征向量来形成其空间的基础，这通常是当其所有特征值都不同时的情况。
- 可逆矩阵（invertible matrix）：可逆矩阵也称为非奇异矩阵（non-singular matrix）或非退化矩阵（non-degenerate matrix），是具有逆矩阵（且其逆矩阵唯一）的方阵。如果矩阵 **A** 可逆，则存在另一个矩阵，通常表示为 $\mathbf{A}^{-1}$，当它们相乘时，它们会产生单位矩阵。换句话说，$\mathbf{A}\mathbf{A}^{-1} = \mathbf{A}^{-1}\mathbf{A} = \mathbf{I}$，其中，**I** 是单位矩阵。

  单位矩阵是一种特殊的方阵，其主对角线上为 1，其他地方为 0。

  逆矩阵的存在在很大程度上取决于矩阵的行列式——当且仅当矩阵的行列式不为 0 时，矩阵才是可逆的。

  可逆矩阵在数学的许多领域都至关重要，包括求解线性方程组、矩阵分解以及工程学和物理学中的许多应用。

- 高斯消元法（Gaussian elimination method）：高斯消元法是线性代数中用于求解线性方程组的基本算法。它通过将系统转换为等价系统来实现这一点——等价系统中的方程更易于求解。

  此方法使用一系列操作来修改方程组，目的是创建行梯阵或简化的行梯阵形式。以下是高斯消元法的简化分步过程：首先，交换行以移动具有首项系数（左侧第一个非 0 数字，也称为主元）的任何行，以使 1 位于顶部；然后，将任何行乘以或除以一个标量以创建首项系数 1（如果尚不存在）；最后，添加或减去行以在主元下方和上方创建 0。

  一旦矩阵呈行梯阵（所有 0 行都在底部，每个首项系数都在其上方行的首项系数的右侧），即可使用反向替换来查找变量。如果将矩阵进一步简化为简化的行梯阵形式（每个首项系数是其列中唯一的非 0 项），则可以直接从矩阵中读取解。

  如果系统是方阵并且具有唯一解，高斯消元法还可用于求矩阵的秩、计算行列式和进行矩阵求逆。

- 迹（trace）：方阵的迹是其对角线元素之和。它表示为 Tr(**A**) 或 trace(**A**)，其中，**A** 是方阵。例如，

$$\mathbf{A} = \begin{bmatrix} a & b \\ c & d \end{bmatrix}$$

$$Tr(A) = a + d$$

2.6　参 考 文 献

- Alter O, Brown PO, Botstein D. (2000) *Singular value decomposition for genome-wide expression data processing and modeling*. Proc Natl Acad Sci U S A, 97, 10101-6.
- Golub, G.H., and Van Loan, C.F. (1989) *Matrix Computations*, 2nd ed. (Baltimore: Johns Hopkins University Press).
- Greenberg, M. (2001) *Differential equations & Linear algebra* (Upper Saddle River, N.J.: Prentice Hall).
- Strang, G. (1998) *Introduction to linear algebra* (Wellesley, MA: Wellesley-Cambridge Press).
- Lax, Peter D. *Linear algebra and its applications*. Vol. 78. John Wiley & Sons, 2007.
- Dangeti, Pratap. *Statistics for machine learning*. Packt Publishing Ltd, 2017.
- DasGupta, Anirban. *Probability for statistics and machine learning: fundamentals and advanced topics*. New York: Springer, 2011.

第 3 章　释放机器学习在自然语言处理中的潜力

本章将深入探讨机器学习的基础知识和自然语言处理任务所必需的预处理技术。机器学习是构建能够从数据中学习的模型的强大工具，而自然语言处理是机器学习最令人兴奋和最具挑战性的应用之一。

到本章结束时，你将全面了解数据探索、预处理和数据拆分操作，知道如何处理不平衡的数据，并了解成功的机器学习所需的一些常见模型，特别是应用于 NLP 任务的模型。

本章包含以下主题：
- 数据探索
- 数据可视化
- 数据清洗
- 特征选择
- 特征工程
- 常见的机器学习模型
- 模型欠拟合和过拟合
- 拆分数据
- 超参数调整
- 集成模型
- 处理不平衡数据
- 处理相关数据

3.1 技术要求

本章和后续章节要求读者具备编程语言（尤其是 Python）的相关知识。此外，你还应已阅读过前几章，熟悉将要详细讨论的线性代数和统计学概念。

3.2 数据探索

在教学和研究等强调方法论的环境中工作时，数据集通常是大家所熟知且经过预处理的，例如 Kaggle 数据集。但是，在现实商业环境中，一项重要任务就是从所有可能的数据源中定义数据集，探索收集的数据以找到预处理它的最佳方法，并最终决定最适合问题和底层数据的机器学习和自然语言模型。这个过程需要数据分析人员仔细考虑和分析数据，并且彻底了解手头的业务问题。

3.2.1 数据探索的意义

在自然语言处理任务中，数据可能非常复杂，因为它通常包含文本和语音数据，这些数据可能是非结构化的且难以分析。这种复杂性使得预处理成了为机器学习模型准备数据的重要步骤。任何自然语言处理或机器学习解决方案的第一步都是从探索数据以了解更多信息开始，这有助于了解我们决定解决问题的途径。

数据预处理完成后，下一步就是探索数据，以更好地了解其特征和结构。数据探索是一个迭代过程，包括可视化和分析数据、寻找模式和关系以及识别潜在问题或异常值。这个过程可以帮助我们确定哪些特征对机器学习模型最重要，并识别任何潜在的偏差或数据质量问题。为了简化数据并通过机器学习模型增强分析，可以采用标记化、词干提取和词形还原等预处理方法。

本章将概述机器学习问题的一般预处理技术。在下一章中，我们将深入研究与文本处理相关的特定预处理技术。需要强调的是，采用有效的预处理技术可以显著提高机器学习模型的性能和准确率，使其更加稳健和可靠。

一旦对数据进行了预处理和探索，即可开始构建机器学习模型了。没有一种神奇的解决方案可以解决所有机器学习问题，因此仔细考虑哪种模型最适合数据和手头的问题是非常重要的。目前我们可以看到存在许多不同类型的自然语言处理模型，包括基于规则的模型、统计模型和深度学习模型等。每种模型类型都有独特的优点和缺点，这强调了为特定问题和手头的数据集选择最合适的模型的重要性。

3.2.2 数据探索常用技术

数据探索是机器学习工作流程中重要的初始步骤，涉及在构建机器学习模型之前分析和理解数据。数据探索的目标是深入了解数据、识别模式、检测异常并准备数据进行建模。数据探索有助于选择正确的机器学习算法并确定要使用的最佳特征集。

以下是数据探索中使用的一些常用技术。

- 数据可视化：数据可视化涉及通过图形或图片格式描绘数据。它支持对数据的视觉探索，提供对其分布、模式和关系的洞察。数据可视化中广泛使用的技术包括散点图、条形图、热图、箱线图和相关矩阵等。
- **数据清洗**：数据清洗是预处理的一个重要步骤，在此过程中将识别错误、缺失值和不一致的情况，并进行相应的更正。它会影响模型的最终结果，因为机器学习模型对数据中的错误很敏感。删除重复项和填充缺失值是一些常见的数据清洗技术。
- **特征工程**：特征工程可以从现有数据中构造新特征，在优化机器学习模型的有效性方面发挥着至关重要的作用。此过程不仅涉及识别相关特征，还涉及转换现有特征并引入新特征。各种特征工程技术（包括缩放、规范化、降维和特征选择等）有助于提高模型的整体性能。
- **统计分析**：统计分析将利用一系列统计技术来仔细研究数据，揭示对其固有属性的宝贵见解。基本统计方法包括假设检验、回归分析和时间序列分析等，所有这些方法都有助于全面了解数据的特征。
- **领域知识**：利用领域知识需要应用对数据领域的现有理解来提取见解并做出明智的决策。这些知识在识别相关特征、解释结果和为手头的任务选择最合适的机器学习算法方面非常有价值。

接下来，我们将详细探讨上述技术。

3.3 数据可视化

数据可视化是机器学习的重要组成部分，因为它使我们能够更轻松地理解和探索复杂的数据集。它涉及使用图表、图形和其他类型的视觉辅助工具创建数据的可视化表示。通过直观地呈现数据，我们可以辨别出仅检查原始数据时可能不容易发现的模式、趋势和关系。

对于自然语言处理任务，数据可视化可以帮助我们深入了解文本数据中的语言模式和结构。例如，可以创建词云（word cloud）来可视化语料库中单词的频率，或使用热图（heatmap）来显示单词或短语的共现。此外，还可以使用散点图（scatter plot）和折线图（line graph）来可视化情感或主题随时间的变化。

机器学习的一种常见可视化类型是散点图，用于显示两个变量之间的关系。通过在 X 轴和 Y 轴上绘制两个变量的值，可以识别它们之间存在的任何模式或趋势。散点图对于识别具有相似特征的数据点聚类或组特别有用。

机器学习中经常使用的另一种可视化方法是直方图（histogram），这是一种展示单个变量分布的工具。通过将数据分组到各个分箱（bin）中并描绘每个分箱中数据点的频率，可以精确定位数据集中占主导地位的值的范围。直方图对于检测离群值（outlier）或异常值非常有用，并且有助于识别数据可能出现偏态或偏差的区域。

除了这些基本的可视化之外，机器学习从业者还经常使用更高级的技术，例如降维（dimensionality reduction）和网络可视化（network visualization）。降维技术，例如主成分分析（principal component analysis，PCA）和 t 分布随机邻域嵌入（t-distributed stochastic neighbor embedding，t-SNE），通常用于降维并更轻松地可视化或分析数据。另外，网络可视化可用于显示实体之间的复杂关系，例如单词的共现或社交媒体用户之间的联系。

3.4 数据清洗

数据清洗指的是识别、纠正或消除数据集中的错误、不一致和不准确的情况。机器学习数据准备的这一关键阶段会显著影响模型的准确率和性能，因为模型的性能在很大程度上取决于用于训练的数据的质量。

数据清洗采用了许多流行的技术，让我们仔细看看。

3.4.1 处理缺失值

缺失数据是许多机器学习项目中常见的问题。处理缺失数据非常重要，因为机器学习模型无法处理缺失数据的情况，并且会产生错误或提供不准确的结果。

要处理机器学习项目中的缺失数据，可采用的常见方法如下。

- 删除行：一种简单的解决缺失数据问题的方法就是删除包含此类值的行。但是，使用此方法时务必谨慎，因为删除过多的行可能会导致宝贵的数据丢失，从而影响模型的整体准确率。当数据集中有很多行，并且只有寥寥几行包含缺失值时，可以考虑使用此方法。在这种情况下，删除这几行数据可能不会对模型的最终性能产生什么影响。
- 删除列：另一种方法是删除包含缺失值的列。如果缺失值集中在几列中，并且这些列对于分析并不重要，则此方法可能简单有效。但是，删除重要的列可能会导致丢失有价值的信息。因此，最好在删除这些列之前执行某种相关性分析，以查看这些列中的值与目标类或值的相关性。
- 均值/中位数/众数插补：该方法是指使用相应列中非缺失值得出的均值、中位数或众数替代缺失值。这种方法易于实施，在缺失值较少且随机分布时非常有效。

当然，它也会引入偏差并影响数据的变化。
- 回归插补（regression imputation）：回归插补指的是根据数据集中其他变量的值预测缺失值。当缺失值与数据集中的其他变量相关时，此方法可能有效，但它需要为每列缺失值建立回归模型。
- 多重插补（multiple imputation）：多重插补包括通过统计模型生成多个插补数据集，然后合并结果以生成结论性数据集。这种方法被证明是有效的，特别是在处理非随机分布的缺失值和数据集中有大量缺失值时。
- k-最近邻插补（k-nearest neighbour imputation）：k-最近邻插补需要识别与缺失值最接近的 k 个数据点，并利用它们的值来插补缺失值。当缺失值在数据集中聚集在一起时，此方法会很有效。在该方法中，可以找到与包含缺失值的记录最相似的数据集记录，然后使用该特定记录的记录值的平均值作为缺失值。

在选择处理缺失数据的方法时，需要仔细考虑缺失数据的性质和程度、分析目标以及资源可用性等因素。重要的是要谨慎评估每种方法的优缺点，并选择最适合具体项目的方法。

3.4.2 删除重复项

删除重复项是一种常见的预处理措施，指通过检测和删除相同的记录来清洗数据集。

重复记录的出现可能归因于数据输入错误、系统故障或数据合并过程等因素。重复记录的存在可能会扭曲模型并产生不准确的见解。因此，必须识别和消除重复记录以维护数据集的准确性和可靠性。

删除数据集中的重复项有不同的方法。最常见的方法是比较数据集的所有行以识别重复记录。如果两行或多行在所有列中具有相同的值，则它们被视为重复项。在某些情况下，如果某些列更容易出现重复，则可能需要仅比较列的子集。

另一种常见方法是使用唯一标识符列来识别重复项。唯一标识符列是包含每条记录的唯一值的列，例如 ID 号或唯一列的组合。通过比较唯一标识符列，可以从数据集中识别并删除重复记录。

识别出重复记录后，下一步是决定保留哪些记录以及删除哪些记录。一种方法是保留重复记录的第一个出现并删除所有后续出现。另一种方法是保留信息最完整的记录或时间戳最近的记录。

必须认识到，删除重复项可能会导致数据集大小减小，从而可能影响机器学习模型的性能。因此，评估重复项删除对数据集和机器学习模型的影响至关重要。在某些情况下，如果重复记录包含无法从其他记录中获得的重要信息，则可能需要保留重复记录。

3.4.3 数据标准化和转换

对数据进行标准化和转换是为机器学习任务准备数据的关键步骤。此过程涉及缩放和归一化数据集的数值特征，使其更易于解释和比较。标准化和转换数据的主要目的是通过减小具有不同尺度和范围的特征的影响来提高机器学习模型的准确率和性能。

在标准化数据时，广泛使用的方法称为"标准化"（standardization）或"Z 分数归一化"（Z-score normalization）。该技术指的是转换每个特征，使其平均值为零，标准差为 1。

具体的标准化公式如下：
$$x' = (x - \text{mean}(x)) / \text{std}(x)$$

其中，x 表示特征，$\text{mean}(x)$ 表示特征的均值，$\text{std}(x)$ 表示特征的标准差（standard deviation，std），x' 表示赋予特征的新值。

通过这种方式对数据进行标准化，每个特征的范围被调整为以 0 为中心，这使得特征的比较更加容易，并防止具有大值的特征主导分析。

另一种转换数据的技术称为"最小-最大缩放"（min-max scaling）。此方法可将数据重新缩放为一致的值范围，通常在 0 到 1 之间。

最小-最大缩放的公式如下所示：
$$x' = (x - \min(x)) / (\max(x) - \min(x))$$

其中，x 表示特征，$\min(x)$ 表示特征的最小值，$\max(x)$ 表示特征的最大值。

当数据的精确分布并不重要，但需要标准化数据以便对不同特征进行有意义的比较时，最小-最大缩放被证明是有益的。

转换数据还可能涉及改变数据的分布。一种常用的转换是对数转换（log transformation），用于减小数据中异常值和偏态的影响。此转换指的是对特征值取对数，这有助于使分布正常化并减小极端值的影响。

总体而言，标准化和转换数据是机器学习数据预处理工作流程中的关键阶段。通过缩放和归一化特征，可以增强机器学习模型的准确性和性能，使得数据更易于解释且有利于进行有意义的比较。

3.4.4 处理离群值

离群值或异常值是与数据集中其他观测值明显不同的数据点。它们的出现可能源于测量误差、数据损坏或真实极值等因素。离群值的存在会对机器学习模型的结果产生重大影响，导致数据失真并破坏变量之间的关系。因此，处理离群值是机器学习数据预处理的重要步骤。

处理离群值的方法有以下几种。

- 删除离群值：一种简单的方法是从数据集中删除被识别为离群值的观测值。但是，采用这种方法时必须谨慎，因为过度删除观测值可能会导致宝贵信息的丢失，并可能给分析结果带来偏差。
- 转换数据：应用对数或平方根等数学函数转换数据可以减小离群值的影响。例如，对变量取对数可以减小极值的影响，因为与原始值相比，对数尺度的增长率较慢。
- winsorizing：winsorizing 是一种用数据集中最接近的最高值或最低值替换极值的技术。采用此方法有助于保持数据的样本大小和整体分布。
- 估算值：估算涉及用从数据集中剩余观测值得出的估计值替换缺失值或极值。例如，用剩余观测值的中位数或平均值替换极值是一种常见的估算技术。
- 使用稳健统计方法：稳健统计方法对离群值的敏感度较低，即使存在此类极端值，也能获得更准确的结果。例如，选择中位数而不是平均值可以有效地减少离群值对最终结果的影响。

必须强调的是，选择离群值处理方法应根据数据的独特特征和手头的具体问题量身定制。一般来说，建议采用多种方法来全面解决离群值问题，而且评估每种方法对结果的影响至关重要。此外，记录管理离群值所采取的步骤对于可重复性和提供决策过程的清晰度非常重要。

3.4.5　纠正错误

纠正预处理过程中的错误是准备机器学习数据的重要阶段。错误可能由于各种原因而出现，例如数据输入错误、测量差异、传感器不准确或传输故障等。

对于确保机器学习模型在可靠和精确的数据上进行训练，从而提高预测的准确率和可靠性，纠正数据中的错误至关重要。

有多种技术可以纠正数据中的错误。以下是一些广泛使用的方法。

- 人工检查：纠正数据错误的方法之一是人工检查数据集，手动纠正错误。这种方法经常被采用，特别是在处理相对较小且易于管理的数据集时。
- 统计方法：统计方法在识别和纠正数据错误方面被证明是有效的。例如，当数据符合公认的分布时，可以采用 Z 分数（Z-score）等统计技术检测异常值，然后将其删除或替换。
- 机器学习方法：利用机器学习算法有助于检测和纠正数据中的错误。例如，聚类算法在精确定位明显偏离更广泛数据集的数据点方面很有价值。这些已识别的数据点可以接受进一步的检查和纠正。
- 领域知识：利用领域知识有助于查明数据中的错误。例如，当从传感器收集数据时，通过参考传感器能够产生的预期值范围，可以识别和纠正错误。
- 插补：插补是一种填充数据中缺失值的方法。这可以通过各种方式实现，包括统计方法（例如平均值或中位数插补）以及机器学习算法（例如 k-最近邻插补）。

选择哪一种技术纠正错误取决于数据的性质、数据集的大小以及可支配的资源等因素。

3.5 特征选择

特征选择指的是从数据集中选择最相关的特征来构建机器学习模型。目标是在不显著影响模型准确率的情况下减少特征数量，从而提高性能、加快训练速度并更直接地解释模型。

接下来，让我们仔细看看都有哪些特征选择方法。

3.5.1 筛选方法

筛选技术可采用统计方法根据特征与目标变量的相关性对特征进行排序。常用方法包括卡方检验、互信息和相关系数等。排序后可根据预定义的阈值选择特征。

1. 卡方检验

卡方检验（chi-squared test）是机器学习中广泛使用的一种统计方法，用于特征选择，对分类变量尤其有效。

卡方检验将衡量两个随机变量之间的依赖性，提供 P 值以表示获得与实际观察结果一样极端或更极端的结果的可能性。

在假设检验中，卡方检验将评估收集的数据是否与预期数据一致。卡方检验统计量较小表示匹配度高，而统计量较大则表示匹配度低。P 值小于或等于 0.05 会导致拒绝零假设，认为零假设的可能性极小。相反，P 值大于 0.05 会导致接受或"无法拒绝"零假设。当 P 值在 0.05 左右徘徊时，需要进一步审查假设。

在特征选择中，卡方检验将评估数据集中每个特征与目标变量之间的关系。它将根据特征的观察频率和预期频率之间是否存在统计上的显著差异来确定重要性，假设特征和目标之间是独立的。卡方检验得分高的特征对目标变量的依赖性更强，这意味着其对分类或回归任务更具参考价值。

计算卡方的公式如下所示：

$$X^2 = \sum \frac{(O_i - E_i)^2}{E_i}$$

其中，O_i 表示观测值，E_i 表示预期值。该计算须求出观测频率与预期频率之间的差值，对结果求平方，然后除以预期频率。将特征所有类别的这些值相加，即可得出该特征的总体卡方统计量。

卡方检验的自由度取决于特征中的类别数量和目标变量中的类别数量。

卡方特征选择的一个典型应用是文本分类，特别是在将文档中特定单词的存在或不存在作为特征的情况下。卡方检验有助于识别与特定类别的文档密切相关的单词，随后允许将其用作机器学习模型中的特征。

在分类数据中，尤其是在特征与目标变量之间的关系为非线性的情况下，卡方检验被证明是一种有价值的特征选择方法。但是，对于连续或高度相关的特征，它的适用性会降低，其他特征选择方法可能更合适。

2. 互信息

互信息（mutual information）是衡量两个随机变量相互依赖性的指标。在特征选择中，它量化了特征提供的有关目标变量的信息。该方法的核心是计算每个特征与目标变量之间的互信息，最终选择互信息得分最高的特征。

从数学上讲，两个离散随机变量 X 和 Y 之间的互信息可以定义如下：

$$I(X;Y) = \sum_{x \in X} \sum_{y \in Y} P(x,y) \log\left(\frac{P(x,y)}{P(x)P(y)}\right)$$

其中，$P(x,y)$ 表示 X 和 Y 的联合概率质量函数（joint probability mass function），而 $P(x)$ 和 $P(y)$ 则分别表示 X 和 Y 的边际概率质量函数（marginal probability mass function）。

在特征选择的背景下，互信息计算指的是将特征视为 X，将目标变量视为 Y。通过计算每个特征的互信息分数，可以筛选出得分最高的特征。

为了估计计算互信息所需的概率质量函数，可以采用基于直方图的方法。这涉及将每个变量的范围划分为固定数量的区间，并根据每个区间中的观测频率估计概率质量函数。或者，可以使用核密度估计（kernel density estimation，KDE）来估计概率密度函数，然后根据估计的密度计算互信息。

在实际应用中,互信息通常与其他特征选择方法(例如卡方检验或基于相关系数的方法)一起使用,以增强特征选择过程的整体性能。

3. 相关系数

相关系数(correlation coefficient)是两个变量之间线性关系的强度和方向的指标。在特征选择领域,这些系数在识别与目标变量高度相关的特征方面非常有用,因此可以作为潜在有价值的预测因子。

用于特征选择的常用相关系数是皮尔逊相关系数(Pearson correlation coefficient),一般用 r 表示。r 将测量两个连续变量之间的线性关系,范围从 -1(表示完全负相关)到 1(表示完全正相关),0 表示无相关。r 的计算方法是将两个变量之间的协方差除以它们的标准差的乘积,如下式所示:

$$r = \frac{\text{cov}(X,Y)}{\text{std}(X) \cdot \text{std}(Y)}$$

其中,X 和 Y 表示感兴趣的两个变量,cov() 表示协方差函数,std() 表示标准差函数。

利用皮尔逊相关系数进行特征选择需要先计算每个特征与目标变量之间的相关性,然后选择具有最高绝对相关系数的特征。绝对相关系数高表示与目标变量具有强相关性,无论是正相关还是负相关。

表 3.1 解释了皮尔逊相关值及其相关度。

表 3.1 皮尔逊相关值及其相关度

皮尔逊相关值	相关度
± 1	完美相关
± 0.50~± 1	高度相关
± 0.30~± 0.49	中度相关
<+ 0.29	低度相关
0	无相关性

值得注意的是,皮尔逊的 r 相关系数仅适用于识别变量之间的线性关系。如果变量之间的关系是非线性的,或者其中一个或两个变量是分类变量,则其他相关系数(如 Spearman 的 ρ 或 Kendall 的 τ)可能更合适。此外,在解释相关系数时必须谨慎,因为高相关性并不一定意味着因果关系。

3.5.2 包装器方法

包装器方法（wrapper method）是一种特征选择算法，它需要事先给定目标预测模型，并使用特征子集搜索算法获得使预测模型性能最高的子集。

包装器方法可通过迭代模型训练和测试深入研究特征子集。广为人知的方法包括前向选择（forward selection）、后向消除（backward elimination）和递归特征消除（recursive feature elimination，RFE）。虽然计算量很大，但这些方法有可能显著提高模型准确率。

包装器方法的一个具体示例是递归特征消除。递归特征消除是一种后向消除方法，它会系统地删除最不重要的特征，直到剩余预定数量的特征。在每次迭代中，机器学习模型都会在现有特征上进行训练，并根据其特征重要性得分修剪最不重要的特征。此顺序过程将持续进行，直至达到指定的特征数量。特征重要性得分可以通过多种方法提取，包括线性模型的系数值或决策树得出的特征重要性得分。

递归特征消除是一种计算成本高昂的方法，但当特征数量非常大且需要减少特征空间时，它会很有用。

还有一种备选方法是在模型训练过程中进行特征选择，这就是接下来我们将要介绍的嵌入方法。

3.5.3 嵌入方法

嵌入方法（embedded method）可在模型训练过程中选择特征。流行的方法包括套索回归和岭回归、决策树和随机森林。

1. 套索回归

值得一提的是，套索回归（LASSO regression，LASSO 回归）其实和"套索"无关，只不过它的简称 LASSO 的英文意思为"套索"。这里，LASSO 实际上是最小绝对收缩和选择算子（least absolute shrinkage and selection operator）的缩写，是一种线性回归技术，常用于机器学习中的特征选择。

LASSO 回归的机制是在标准回归损失函数中引入惩罚项。该惩罚项鼓励模型将不太重要的特征的系数降低到 0，从而有效地将它们从模型中消除。

LASSO 回归方法在处理高维数据时尤其有用，因为高维数据的特征数量远远超过样本数量。在这种情况下，识别预测目标变量的最关键特征可能非常困难。LASSO 对于这种场景表现优异，因为它可以自动识别最相关的特征，同时缩小其他特征的系数。

LASSO 方法的工作原理是寻找以下优化问题的解决方案，这是一个最小化问题：

$$\min_{w}\|\mathbf{y}-\mathbf{Xw}\|_2^2+\lambda\|\mathbf{w}\|_1$$

其中，向量 y 表示目标变量，X 表示特征矩阵，w 表示回归系数的向量，λ 是决定惩罚项强度的超参数，$\|\mathbf{w}\|_1$ 代表系数的 L1 范数（即它们绝对值的总和）。

在目标函数中加入 L1 惩罚项会促使模型精确地将某些系数归零，从本质上消除模型中的相关特征。惩罚强度由 λ 超参数控制，可以通过交叉验证进行微调。

与其他特征选择方法相比，LASSO 具有多项优势，例如能够处理相关特征，并且能够同时进行特征选择和回归。

当然，LASSO 也存在一些局限性，例如它倾向于从一组相关特征中仅选择一个特征，并且如果特征数量远大于样本数量，其性能可能会下降。

我们可以将 LASSO 用于预测房价的模型的特征选择。假设有一个数据集，其中包含有关房屋的详细信息（例如房屋地段、卧室数量、地块大小、建筑年份等）以及房屋各自的售价。使用 LASSO 可以确定预测房屋售价的最关键特征，同时将线性回归模型拟合到数据集中。最终获得一个可以根据新房的特征预测其售价的模型。

2. 岭回归

岭回归（ridge regression）是一种适用于特征选择的线性回归方法，它与普通最小二乘回归（ordinary least squares regression）非常相似，但在成本函数（cost function）中引入了惩罚项来抵消过拟合（overfitting）。

在岭回归中，成本函数经过修改，包含一个与系数幅度平方成正比的惩罚项。该惩罚项由超参数控制，超参数通常表示为 λ 或 α，表示正则化强度。当 α 设置为 0 时，岭回归将恢复为普通最小二乘回归。

惩罚项的影响表现为将系数的幅度缩小至 0。这有利于缓解过拟合的现象，阻止模型过度依赖任何单一特征。实际上，惩罚项通过降低不太相关的特征的重要性，充当了一种特征选择的形式。

岭回归损失函数的公式如下：

$$\min_{w}\|\mathbf{y}-\mathbf{Xw}\|_2^2+\alpha\|\mathbf{w}\|_2$$

其中：
- N 为训练集样本数。
- y 是大小为 N 的目标值的列向量。
- X 是输入特征的设计矩阵。
- w 是需要估计的回归系数向量。

- α 是控制惩罚项强度的正则化参数,是一个需要调整的超参数。

损失函数中的第一项测量预测值与真实值之间的均方误差。第二项是 L2 惩罚项,它将系数缩小至 0。

岭回归算法会找到最小化此损失函数的回归系数的值。通过调整正则化参数 α,可以控制模型的偏差-方差权衡(bias-variance trade-off),较高的 α 值可实现更多的正则化和更低的过拟合。

岭回归可用于通过检查模型产生的系数的大小来进行特征选择。系数接近于 0 或更小的特征被认为不太重要,可以从模型中删除。可以使用交叉验证调整 α 的值,以找到模型复杂性和准确率之间的最佳平衡。

岭回归的主要优势之一是它能够处理多重共线性(multicollinearity),当自变量之间存在强相关性时就会出现这种现象。在这种情况下,普通最小二乘回归会产生不稳定且不可靠的系数估计,而岭回归则可以帮助稳定估计并提高模型的整体性能。

3. 选择套索回归或岭回归

岭回归和 LASSO 回归都是正则化技术,用于线性回归,通过惩罚模型的系数来防止模型过拟合。虽然这两种方法都试图防止过拟合,但它们在惩罚系数的方法上有所不同。简而言之,岭回归使用的是 L2 正则化,而 LASSO 回归则使用 L1 正则化。

岭回归在最小化的目标函数中包括两部分:误差平方和(sum of squared errors,SSE)及 L2 范数的正则化项。正则化项惩罚了模型的参数,该惩罚项与系数大小的平方成比例。惩罚项由正则化参数(α)控制,该参数决定应用于系数的收缩量。此惩罚项将系数的值向 0 收缩,但不会将其精确设置为 0。因此,岭回归可用于减少模型中不相关特征的影响,但不会完全消除它们。

另外,LASSO 也在 SSE 的基础上增加了一个惩罚项,但惩罚项与系数的绝对值成正比。与岭回归一样,LASSO 也有一个正则化参数(λ),用于确定应用于系数的收缩量。但是,LASSO 有一个独特的特性,即,当正则化参数足够高时,它会将部分系数精确地设置为 0。因此,LASSO 可以用于特征选择,因为它可以消除不相关的特征并将特征对应的系数设置为 0。

一般来说,如果数据集包含许多特征,并且其中一小部分特征预计很重要,则 LASSO 回归是更好的选择,因为它会将不相关特征的系数设置为 0,从而产生更简单、更易于解释的模型。

此外,如果预计数据集中的大多数特征都是相关的,则岭回归是更好的选择,因为它会将系数缩小到 0,但不会将它们精确设置为 0,从而保留模型中的所有特征。

当然，需要注意的是，岭回归和 LASSO 之间的最佳选择取决于具体问题和数据集，通常建议尝试两者并使用交叉验证技术比较它们的性能。

3.5.4 降维技术

降维技术可以将特征转换为低维空间，同时保留尽可能多的信息。流行的方法包括主成分分析、线性判别分析和 t-SNE。

1. 主成分分析

主成分分析（principal component analysis，PCA）是机器学习中广泛使用的技术，用于降低大型数据集的维数，同时保留大部分重要信息。PCA 的基本思想是将一组相关变量转换为一组不相关的变量（即主成分）。

PCA 的目标是确定数据中方差最大的方向，并将原始数据投影到这些方向上，从而降低数据的维数。

主成分按其解释的方差大小排序，其中第一个主成分解释数据中最大的方差。

PCA 算法的具体步骤如下。

（1）标准化数据：PCA 要求数据已标准化，即每个特征必须均值为 0，方差为 1。

（2）计算协方差矩阵：协方差矩阵（covariance matrix）是一个方阵，用于测量数据中特征对之间的线性关系。

（3）计算协方差矩阵的特征向量和特征值：特征向量（eigenvector）表示数据集内最高方差的主要方向，而特征值则量化每个特征向量阐明的方差程度。

（4）选择主成分的数量：可以通过分析特征值并选择解释最大方差的前 k 个特征向量来确定要保留的主成分的数量。

（5）将数据投影到选定的主成分上：将原始数据投影到选定的主成分上，从而得到数据的低维表示。

PCA 可用于特征选择，即选择能够解释数据中最大方差的前 k 个主成分。这可用于降低高维数据集的维数并提高机器学习模型的性能。但是，需要注意的是，PCA 可能并不总是能提高性能，特别是当数据已经是低维的或特征相关性不高时。考虑所选主成分的可解释性也很重要，因为它们可能并不总是与数据中有意义的特征相对应。

2. 线性判别分析

线性判别分析（linear discriminant analysis，LDA）是一种降维技术，可用于机器学习中的特征选择。它通常用于分类任务，通过将特征转换为低维空间来减少特征数量，同时保留尽可能多的类别判别信息。

在 LDA 中，目标是找到原始特征的线性组合，以最大化类间均值，最小化类内方差。LDA 的输入是已标记的样本数据集，其中每个样本都是具有相应类别标签的特征向量。LDA 的输出是一组原始特征的线性组合，可用作机器学习模型中的新特征。

要执行 LDA，第一步是计算每个类的均值和协方差矩阵，然后根据类均值和协方差矩阵计算总体均值和协方差矩阵。目标是将数据投影到低维空间，同时仍保留类信息。其具体实现方法是：找到协方差矩阵的特征向量和特征值，按特征值的降序对它们进行排序，并选择与 k 个最大特征值相对应的前 k 个特征向量。所选的特征向量构成了新特征空间的基础。

LDA 算法的具体步骤如下。

（1）计算每个类的均值向量。
（2）计算每个类的协方差矩阵。
（3）计算整体均值向量和整体协方差矩阵。
（4）计算类间散度矩阵（between-class scatter matrix）。
（5）计算类内散度矩阵（within-class scatter matrix）。
（6）使用以下公式计算矩阵的特征向量和特征值：

$$\mathbf{S}_w^{-1} * \mathbf{S}_b$$

其中，$\mathbf{S}_w$ 是类内散度矩阵，$\mathbf{S}_b$ 是类间散度矩阵。

（7）选择特征值最高的前 k 个特征向量作为新的特征空间。

当特征数量很大而样本数量很少时，LDA 特别有用。它可以用于各种应用，包括图像识别、语音识别和自然语言处理。但是，它假设类别呈正态分布，并且类别协方差矩阵相等，而实际情况可能并非总是如此。

3. t-SNE

t 分布随机邻域嵌入（t-distributed stochastic neighbor embedding，t-SNE）是一种降维技术，用于在低维空间中可视化高维数据，常用于特征选择。它由 Laurens van der Maaten 和 Geoffrey Hinton 于 2008 年开发。

t-SNE 的基本思想是保留低维空间中数据点的成对相似性，而不是保留它们之间的距离。换句话说，它试图保留数据的局部结构，同时丢弃全局结构。这在高维数据难以可视化但数据点之间可能存在有意义的模式和关系的情况下非常有用。

t-SNE 首先计算高维空间中每对数据点之间的成对相似性。相似性通常使用高斯核（Gaussian kernel）来测量，高斯核赋予附近的点较高的权重，赋予较远的点较低的权重。然后使用 softmax 函数将相似性矩阵转换为概率分布。此分布可用于创建低维空间，通常是二维或三维的。

在低维空间中，t-SNE 再次计算每对数据点之间的成对相似性，但这次使用的是学生 t 分布（student's t-distribution），而不是高斯分布。t 分布的尾部比高斯分布更重，这有助于更好地保留数据的局部结构。然后，t-SNE 将调整低维空间中点的位置，以最小化高维空间中的成对相似性和低维空间中的成对相似性之间的差异。

t-SNE 是一种强大的技术，可通过将高维数据降维到低维空间来可视化高维数据。但是，它通常不用于特征选择，因为它的主要目的是创建复杂数据集的可视化。

相反，t-SNE 可用于帮助识别具有相似特征的数据点聚类，这可能有助于识别对特定任务很重要的特征组。

例如，假设你有一个客户信息统计和购买历史数据集，并且你想根据客户的购买行为识别相似的客户组，则可以使用 t-SNE 将高维特征空间降维到二维，然后在散点图上绘制生成的数据点。通过检查该图，你也许能够识别具有相似购买行为的客户聚类，然后为你的特征选择过程提供信息。

图 3.1 显示了 MNIST 数据集上的样本 t-SNE。

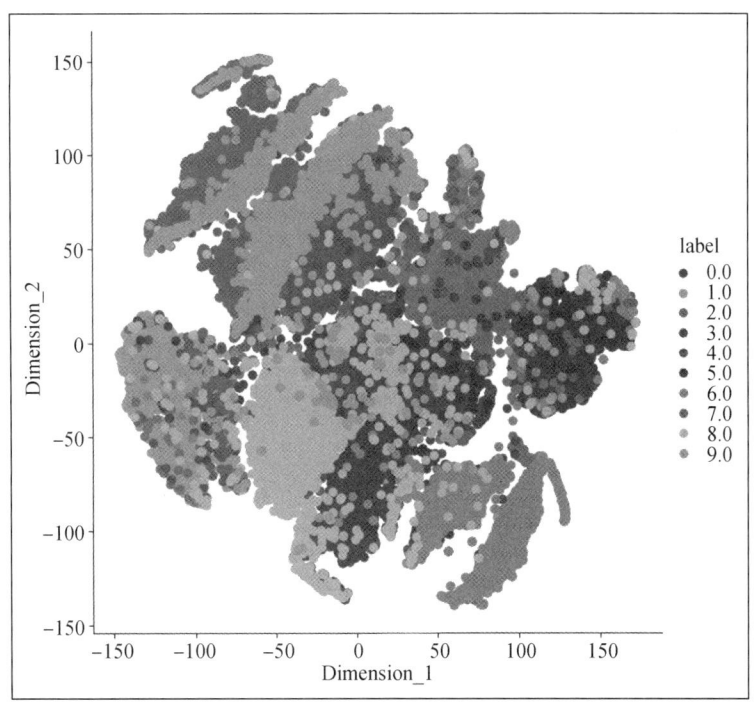

图 3.1　MNIST 数据集上的样本 t-SNE

值得注意的是，t-SNE 主要是一种可视化工具，不应将其作为特征选择的唯一方法。相反，它可以与其他技术（如 LDA 或 PCA）结合使用，以更全面地了解数据的底层结构。

特征选择方法的使用取决于数据的性质、数据集的大小、模型的复杂性以及可用的计算资源。在特征选择之后，仔细评估模型的性能非常重要，以确保重要信息没有丢失。

接下来，我们将研究另一个重要过程：特征工程，即为机器学习模型转换或选择特征。

3.6 特征工程

特征工程（feature engineering）是从原始数据中选择、转换和提取特征以提高机器学习模型性能的过程。特征是数据的单个可测量属性或特性，可用于进行预测或分类。

特征工程中的一项常见技术是特征选择，即从原始数据集中选择相关特征子集，以提高模型的准确率并降低其复杂性。这可以通过统计方法来实现，例如相关性分析、使用决策树或随机森林进行特征重要性排序等。

特征工程中的另一种技术是特征提取（feature extraction），它指的是将原始数据转换为一组可能对模型更有用的新特征。

特征选择和特征工程之间的主要区别在于它们的方法：特征选择将保留原始特征的子集而不修改所选特征，而特征工程算法则重新配置数据并将其转换为新的特征空间。特征工程可以通过降维、PCA 或 t-SNE 等技术完成。3.5 节"特征选择"已经详细解释了特征选择和特征提取技术。

3.6.1 特征缩放

特征缩放是特征工程中的另一项重要技术，它指的是将特征值缩放到相同范围，通常在 0 到 1 或 –1 到 1 之间。这样做是为了防止某些特征在模型中主导其他特征，并确保算法可以在训练期间快速收敛。

当数据集中的特征具有不同的尺度时，会导致使用某些对特征相对大小敏感的机器学习算法时出现问题。特征缩放可以通过确保所有特征都处于相似的尺度来帮助解决此问题。特征缩放的常用方法包括最小-最大缩放（min-max scaling）、Z 分数缩放（Z-score scaling）和按最大绝对值缩放等。

常见的特征缩放方法如下。
- 最小-最大缩放：也称为归一化（normalization）。此技术可将特征的值缩放到指定范围内，通常在 0 到 1 之间（对于常规机器学习模型来说是如此，在某些深度学

习模型中可能为 –1 到 1）。最小-最大缩放的公式如下所示：

$$x_{\text{scaled}} = (x - \min(x)) / (\max(x) - \min(x))$$

其中，x 是原始特征值，$\min(x)$ 是特征的最小值，而 $\max(x)$ 则是特征的最大值。

- 标准化（standardization）：该技术可将特征值转换为均值为 0 且标准差为 1 的值。与最小-最大缩放相比，标准化受数据中异常值的影响较小。标准化的公式如下所示：

$$x_{\text{scaled}} = (x - \text{mean}(x)) / \text{std}(x)$$

其中，x 是原始特征值，$\text{mean}(x)$ 是特征的平均值，$\text{std}(x)$ 是特征的标准差。

- 稳健缩放（robust scaling）：此技术与标准化类似，但使用中位数和四分位距（interquartile range，IQR）而不是平均值和标准差。当数据包含会显著影响平均值和标准差的异常值时，稳健缩放非常有用。稳健缩放的公式如下所示：

$$x_{\text{scaled}} = (x - \text{median}(x)) / (Q_3(x) - Q_1(x))$$

其中，x 是原始特征值，$\text{median}(x)$ 是特征的中位数，$Q_1(x)$ 是特征的第一个四分位数，$Q_3(x)$ 是特征的第三个四分位数。

- 对数变换：当数据高度倾斜或尾部较长时，可使用此技术。通过对特征值取对数，可以使分布更加正态或对称，从而提高某些机器学习算法的性能。对数变换的公式如下所示：

$$x_{\text{transformed}} = \log(x)$$

其中，x 是原始特征值。

- 幂变换（power transformation）：该技术类似于对数变换，但允许进行更广泛的变换。最常见的幂变换是 Box-Cox 变换，它可以对特征值使用最大似然估计确定的幂，将非正态分布的数据转换为正态分布。Box-Cox 变换的公式如下所示：

$$x_{\text{transformed}} = \frac{x^\lambda - 1}{\lambda}$$

其中，x 为原始特征值，λ 为用最大似然估计的幂参数。

这些是机器学习中特征缩放的一些最常用方法。方法的选择取决于数据的分布、所使用的机器学习算法以及问题的具体要求等。

3.6.2 特征构建

特征工程的最后一项技术是特征构建，即通过组合或转换现有特征来创建新特征。这可以通过多项式展开、对数变换或交互项等技术来实现。

1. 多项式展开

多项式展开（polynomial expansion）是一种特征构建技术，指的是通过对现有特征进行多项式组合来创建新特征。该技术通常用于机器学习，以对特征和目标变量之间的非线性关系进行建模。

多项式展开背后的理念是通过将现有特征提升到不同的幂并取其乘积来创建新特征。例如，假设有一个特征 x，可以通过取 x 的平方（x^2）来创建新特征。还可以通过将 x 取到更高的幂（如 x^3、x^4 等）来创建高阶多项式特征。一般来说，可以通过取原始特征的乘积和幂的所有可能组合来创建最高阶为 d 的多项式特征。

除了从单个特征创建多项式特征外，还可以从多个特征创建多项式特征。例如，假设有两个特征，x_1 和 x_2，则可以取它们的乘积（$x_1 x_2$）并提升到不同的幂（x_1^2, x_2^2）来创建新的多项式特征。同样，你也可以通过取原始特征的乘积和幂的所有可能组合来创建任意次数的多项式特征。

使用多项式展开时的一个重要考虑因素是，它可以快速产生大量特征，对于高阶多项式来说更是如此。但是，这也会使生成的模型更加复杂且更难解释，并且如果特征数量控制不当，还会导致过拟合。

为了解决这个问题，通常使用正则化技术或特征选择方法来选择最具信息量的多项式特征子集。

总体而言，多项式展开是一种强大的特征构建技术，可以帮助捕捉特征与目标变量之间复杂的非线性关系。但是，如前文所述，你应谨慎使用，并进行适当的正则化或特征选择，以保持模型的可解释性并避免过拟合。

例如，在回归问题中，你可能有一个包含单个特征（例如 x）的数据集，并且想要拟合一个可以捕获 x 和目标变量 y 之间关系的模型。但是，x 和 y 之间的关系可能不是线性的，在这种情况下，简单的线性模型可能不好用，你可以使用多项式展开来创建捕获 x 和 y 之间非线性关系的其他特征。

举例来说，假设你有一个包含单个特征 x 和目标变量 y 的数据集，并且你想要拟合多项式回归模型。目标是找到一个函数 $f(x)$，使 y 的预测值和实际值之间的差异最小化。

多项式展开可用于基于 x 创建附加特征，例如 x^2、x^3 等。这可以使用 scikit-learn 之类的库来实现，它具有 PolynomialFeatures 函数，可以自动生成指定次数的多项式特征。

通过添加这些多项式特征，模型变得更具表现力，可以捕捉 x 和 y 之间的非线性关系。当然，需要再次强调的是，添加太多的多项式特征可能会导致模型过于复杂，还可能出现过拟合,以至于在新的未见数据上表现不佳。

2. 对数变换

对数变换是一种常见的特征工程技术,用于数据预处理。对数变换的目标是通过对特征应用对数函数来减少数据的偏态并使其更加对称。此技术对于倾斜的特征(例如具有长尾高值的特征)特别有用。

对数变换定义为对数据取自然对数的方程:

$$y = \log(x)$$

其中,y 是变换后的数据,x 是原始数据。

对数函数可将原始数据映射到新空间。在新空间中,值之间的关系得以保留,但尺度则被压缩。对数变换对于范围较大或呈指数分布的特征特别有用,例如产品价格或个人收入。

对数变换的好处之一是它可以帮助对数据进行归一化,使其更适合某些假设数据呈正态分布的机器学习算法。此外,对数变换可以减少异常值对数据的影响,从而有助于提高某些模型的性能。

需要注意的是,对数变换并不适用于所有类型的数据。例如,如果数据包含 0 或负值,则不能直接应用对数变换。在这些情况下,可以使用改进的对数变换,例如在取对数之前添加一个常数。

对数变换是一种有用的特征工程技术,可以帮助提高机器学习模型的性能,尤其是在处理倾斜或指数分布的数据时。

总之,特征工程是机器学习流程中的关键步骤,因为它可以显著影响最终模型的性能和可解释性。有效的特征工程需要领域知识、创造力以及测试和改进不同技术的迭代过程,直到确定最佳特征集。

3. 交互项

在特征构建中,交互项(interaction term)是指通过乘法、除法或其他数学运算将数据集中的两个或多个现有特征组合在一起来创建新特征。这些新特征可以捕捉原始特征之间的交互或关系,有助于提高机器学习模型的准确率。

例如,在房地产价格数据集中,你可能拥有卧室数量、卫生间数量和房产面积等特征。这些特征本身提供了一些有关房产价格的信息,但它们不会捕捉特征之间的任何交互效应。但是,通过在卧室数量和房产面积之间创建交互项,你可以得出这样的结论:卧室较多的大户型房产往往比卧室数量相同的小户型房产更昂贵。

实际上,交互项是通过将两个或多个特征相乘或相除而创建的。例如,如果有两个特

征 x 和 y，则可以通过将它们相乘来创建一个交互项 xy。也可以通过将一个特征除以另一个特征来创建交互项 x/y。

创建交互项时，重要的是要考虑要组合哪些特征以及如何组合它们。以下是在创建交互项时可考虑的一些方法。

- 领域知识：使用领域知识或专业人士的直觉来确定哪些特征可能相互作用以及它们可能如何相互作用。
- 成对组合：通过成对组合数据集中的所有特征对来创建交互项。这可能在计算上很昂贵，但它可以帮助识别潜在的交互效应。
- 主成分分析：使用主成分分析（PCA）来识别最重要的特征组合，并基于这些组合创建交互项。

总体而言，交互项是特征构建中的强大工具，有助于捕捉特征之间的复杂关系并提高机器学习模型的准确率。但是，在创建交互项时务必小心，因为过多或选择不当的交互项可能会导致过拟合或模型可解释性下降。

3.7 常见的机器学习模型

本节将介绍一些最常见的机器学习模型，以及它们的优点和缺点。了解这些信息将帮助你选择最适合问题的模型，并能够改进实现的模型。

3.7.1 线性回归

线性回归（linear regression）是一种监督学习（supervised learning）算法，用于对因变量和一个或多个自变量之间的关系进行建模。它假设输入特征和输出之间存在线性关系。线性回归的目标是找到根据自变量预测因变量值的最佳拟合线。

具有一个自变量的简单线性回归方程——简单线性方程（simple linear equation）如下所示：

$$y = mx + b$$

其中：

- y 是因变量（想要预测的变量）。
- x 是自变量（输入变量）。
- m 是直线的斜率（x 变化时 y 的变化量）。

- b 是 y 截距（当 $x=0$ 时，直线与 Y 轴的交点）。

线性回归的目标是找到 m 和 b 的值，使因变量的预测值和实际值之间的差异最小化。这种差异通常使用成本函数来衡量，例如均方误差（mean squared error，MSE）或平均绝对误差（mean absolute error，MAE）。

多元线性回归（multiple linear regression）是简单线性回归的扩展，其中有多个自变量。多元线性回归方程如下所示：

$$y = b_0 + b_1 x_1 + b_2 x_2 + \cdots + b_n x_n$$

其中：
- y 是因变量。
- $x_1, x_2, ..., x_n$ 是自变量。
- b_0 是 y 截距（当所有自变量都等于 0 时）。
- $b_1, b_2, ..., b_n$ 是系数（每个自变量变化时 y 的变化量）。

与简单线性回归类似，多元线性回归的目标是找到 $b_0, b_1, b_2, ..., b_n$，以最小化因变量的预测值和实际值之间的差异。

线性回归的优点如下。
- 简单易懂。
- 可以用来模拟因变量和自变量之间的各种关系。
- 计算效率高，速度快，适合处理大型数据集。
- 提供可解释的结果，允许分析每个自变量对因变量的影响。

线性回归的缺点如下。
- 它假设输入特征和输出之间存在线性关系，但在现实世界的数据中，输入特征和输出之间可能并不存在线性关系。
- 它可能无法捕捉输入特征和输出之间的复杂非线性关系。
- 它对异常值和有影响力的观测值很敏感，这会影响模型的准确率。
- 它假设误差呈正态分布，方差为常数，但在实践中可能并不总是如此。

3.7.2 逻辑回归

逻辑回归（logistic regression）是一种流行的机器学习算法，用于分类问题。与用于预测连续值的线性回归不同，逻辑回归用于预测离散结果，通常是二元分类结果（0 或 1）。

逻辑回归的目标是根据一个或多个输入变量估计某个结果的概率。逻辑回归的输出是概率分数，可以通过应用阈值将其转换为二元分类标签。你可以根据问题的具体要求调整阈值，以在精确率（precision）和召回率（recall）之间取得平衡。

逻辑回归模型假设输入变量和输出变量之间的关系在 logit（对数几率）空间中是线性的。logit 函数定义如下：

$$\text{logit}(p) = \log(p/(1-p))$$

其中，p 是阳性结果的概率（即事件发生的概率）。

逻辑回归模型可以用数学形式表示如下：

$$\text{logit}(p) = \beta_0 + \beta_1 x_1 + \beta_2 x_2 + \cdots + \beta_n x_n$$

其中：
- $\beta_0, \beta_1, \beta_2, \ldots, \beta_n$ 为模型系数。
- $x_1, x_2, \ldots, x_n$ 为输入变量。
- $\text{logit}(p)$ 是阳性结果概率的 logit 函数。

逻辑回归模型使用已标记的样本数据集进行训练，其中每个样本由一组输入变量和一个二元标签组成，该标签表示是否发生了阳性结果。

逻辑回归使用最大似然估计估计模型的系数，该方法旨在找到使观测数据的可能性最大化的系数值。

逻辑回归的优点如下。
- 可解释性：模型的系数可以解释为与相应输入变量的单位变化相关的阳性结果对数几率的变化，从而很容易理解每个输入变量对预测阳性结果概率的影响。
- 计算效率高：逻辑回归是一种简单的算法，可以在大型数据集上快速训练。
- 适用于小型数据集：只要输入变量与预测任务相关，逻辑回归即使只有少量观测结果也可以很有效。

逻辑回归的缺点如下。
- 假设线性：逻辑回归假设输入变量与阳性结果概率的对数之间存在线性关系，但在现实世界的数据集中可能并非总是如此。
- 可能过拟合：与观测值的数量相比，如果输入变量的数量很大，则模型可能过拟合，导致新数据的泛化性能较差。
- 不适合非线性问题：逻辑回归是一种线性算法，如果输入变量和输出变量之间的关系是非线性的，则不适用。

3.7.3 决策树

决策树（decision tree）是一种可用于分类和回归分析的监督学习算法。

决策树由一系列代表决策点的节点组成，每个节点都有一个或多个分支，这些分支通向其他决策点或最终预测。

在分类问题中，树的每个叶节点（leaf node）代表一个类标签，而在回归问题中，每个叶节点代表一个数值。构建决策树的过程涉及选择一系列属性（attribute），这些属性可以最好地将数据分成与目标变量更同质的子集。这个过程通常对每个子集递归重复，直到满足停止标准，例如每个子集中的最小实例数或树的最大深度。

决策树的方程式涉及计算每个决策点上每个潜在拆分的信息增益（或其他拆分标准，如基尼不纯度或熵）。具有最高信息增益的属性被选为该节点的拆分标准。

信息增益的概念公式如下所示：

information gain = entropy(parent) − [weighted average of entropies of parent's children]

其中，information gain 表示信息增益，entropy(parent)表示父项的熵，weighted average of entropies of parent's children 表示子项熵的加权平均值。

这里，熵是衡量系统不纯度（impurity）或随机性的指标。在决策树的上下文中，熵用于衡量树中节点的不纯度。

节点的熵计算如下：

$$\text{Entropy} = \sum_{i=1}^{c} -p_i \log_2 p_i$$

其中，c 为类别数，p_i 为节点中属于类别 i 的样本所占比例。

节点的熵值范围是 0 到 1，0 表示纯节点（即所有样本都属于同一类），1 表示节点在所有类之间均匀拆分。

在决策树中，节点的熵用于确定树的拆分标准。其思想是将节点拆分成两个或多个子节点，使得子节点的熵低于父节点的熵。熵最低的拆分被选为最佳拆分。

注意

决策树中下一个节点的选择因底层算法（如 CART、ID3 或 C4.5）而异。我们这里解释的是 CART，它使用基尼不纯度和熵来拆分数据。

使用熵作为拆分标准的优点是它可以处理二元分类和多元分类问题。与其他拆分标准相比，它在计算上也相对高效。但是，使用熵的缺点之一是它倾向于创建具有许多类别的属性不平衡的树（biased tree）。

以下是决策树的一些优点。

- 即使对于非专业人士来说，决策树也很容易理解和解释。

- 既可以处理分类数据，也可以处理数值数据。
- 可以处理包含缺失值和异常值的数据。
- 可用于特征选择。
- 可以与集成方法中的其他模型（如随机森林）结合。

以下是决策树的一些缺点。
- 容易过拟合，特别是当树太深或太复杂时。
- 对数据或树构建方式的细微变化很敏感。
- 可能偏向于具有许多类别或高基数的特征。
- 可能存在罕见事件或数据集不平衡的问题。

3.7.4 随机森林

随机森林（random forest）是一种多功能的集成学习方法，可以执行分类和回归任务。它的运作方式是在训练期间生成多个决策树，根据大多数树来预测分类的目标类别，并根据树的平均预测结果来预测回归任务的预测值。

构建随机森林的算法可总结为以下步骤。

（1）自举抽样（bootstrap sampling）：随机选择数据的子集并进行替换，以创建与原始数据集大小相同的新数据集。

（2）特征选择：在构建决策树时，为每个拆分随机选择一个特征子集（列）。这有助于在树中创建多样性并减少过拟合。

（3）构建树：为每个自举样本和特征子集构建决策树。决策树的构建方式是，基于所选特征对数据进行拆分。该构建过程可以递归进行，直到满足停止标准（例如，叶节点中的最大深度或最小样本数）。

（4）集成学习：将所有决策树的预测结合起来，做出最终预测。
- 对于分类问题，从决策树中获得最多投票的类别就是最终预测。
- 对于回归问题，所有决策树的预测的平均值就是最终预测。

随机森林算法可以用数学形式表示如下。

给定一个数据集 D，它包含 N 个样本和 M 个特征，通过应用上述步骤可创建 T 棵决策树 $\{Tree_1, Tree_2, ..., Tree_T\}$。

每棵决策树均使用自举样本的数据集 D'（大小为 N'，$N' <= N$）和特征子集 F'（大小为 m，$m <= M$）构建而成。

对于决策树中的每个拆分，从 F' 中随机选择 k（$k < m$）个特征，并根据杂质测量（例如

基尼指数或熵）选择最佳特征，从而拆分数据。

决策树的构建将递归进行，一直构建到满足停止标准（例如，叶节点中的最大深度或最小样本数）为止。

通过汇总所有决策树的预测，可以得到新样本 x 的最终预测值 $\hat{\mathbf{y}}$。

对于分类问题，$\hat{\mathbf{y}}$ 是从所有决策树获得最多投票的类：

$$\hat{\mathbf{y}} = \text{argmax}_j \sum_i I(y_{i,j} = 1)$$

其中，$y_{i,j}$ 是第 j 个决策树对第 i 个样本的预测，$I()$ 是指示函数（indicator function），如果条件为 true 则返回 1，否则返回 0。

对于回归问题，$\hat{\mathbf{y}}$ 是所有决策树的预测的平均值：

$$\hat{\mathbf{y}} = (1/T) \sum_{i=1}^{T} y_i$$

其中，y_i 是第 i 个决策树对新样本 x 的预测。

总之，随机森林是一种强大的机器学习算法，可以处理高维和噪声大的数据集。它的工作原理是使用数据和特征子集的自举样本构建多个决策树，然后汇总所有决策树的预测以做出最终预测。该算法可扩展、易于使用，并可提供特征重要性的度量，使其成为许多机器学习应用程序的热门选择。

随机森林的优点如下。
- 稳健可靠：随机森林是一种非常稳健的算法，可以处理各种输入数据类型，包括数值、分类和序数数据。
- 特征选择：随机森林可以对特征的重要性进行排序，让用户识别出对分类或回归任务最重要的特征。
- 过拟合：随机森林具有减少过拟合的内置机制，称为装袋法（bagging），这有助于在新数据上很好地泛化。
- 可扩展性：随机森林可以处理具有大量特征的大型数据集，使其成为大数据应用的理想选择。
- 异常值：数据中存在异常值对随机森林算法影响不大，因为它基于决策树，可以有效地处理异常值。

随机森林的缺点如下。
- 可解释性：随机森林模型可能难以解释，因为它们是基于决策树的集合的。
- 训练时间：随机森林的训练时间可能比其他简单的算法更长，尤其是当集合中树的数量很大时。

- 内存使用情况：随机森林比其他一些算法需要更多的内存，因为它必须将决策树存储在内存中。
- 偏差：如果数据不平衡或目标变量基数较高，则随机森林可能会受到偏差的影响。
- 过拟合：尽管随机森林旨在防止过拟合，但如果超参数调整不当，则仍然有可能使模型过拟合。

总而言之，随机森林是一种强大的机器学习算法，具有许多优点，但在将其应用于特定问题之前，仔细考虑它的局限性非常重要。

3.7.5 支持向量机

支持向量机（support vector machine，SVM）被认为是强大的监督学习算法，可以执行分类和回归任务。它们在具有复杂决策边界的场景中表现出色，超越了线性模型的限制。

从本质上讲，SVM旨在找到多维空间中最大限度地隔离类别的超平面。该超平面的位置使其与每个类别的最近点（称为支持向量）之间的距离最大化。

以下是SVM解决二元分类问题的方式。

给定一组训练数据 $\{(x_1,y_1),(x_2,y_2),...,(x_n,y_n)\}$，其中 x_i 是 d 维特征向量，y_i 是二元类别标签（+1或–1），SVM的目标是找到一个以最大间隔（margin）分隔两个类别的超平面。该间隔定义为超平面与每个类别的最近数据点之间的距离，如图3.2所示。

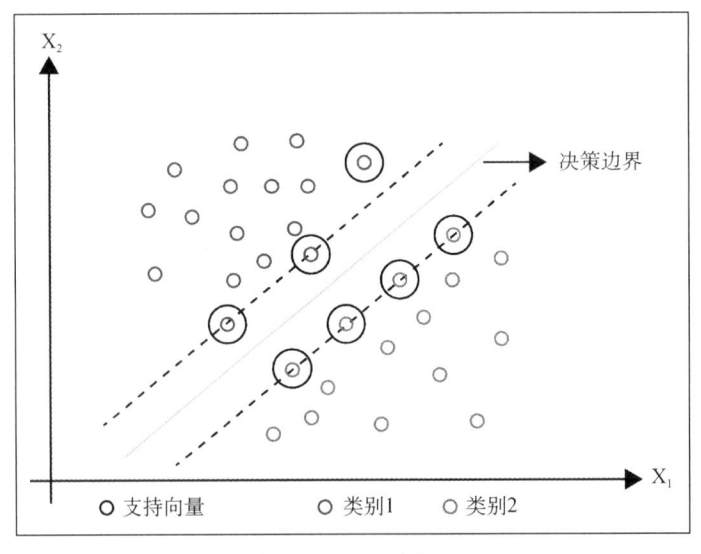

图 3.2 SVM 间隔

该超平面由权重向量 **w** 和偏差项 b 定义,使得对于任何新数据点 x,其预测的类标签 y 由以下公式给出:

$$y = \text{sign}(\mathbf{w}^T\mathbf{x} + b)$$

其中,sign 是符号函数,如果参数为正则返回 +1,否则返回 –1。

SVM 的目标函数是在间隔最大化的约束下最小化分类误差。这实际上可以表述为一个优化问题:

$$\text{minimize } 1/2\|\mathbf{w}\|^2$$

$$\text{subject to } y_i(\mathbf{w}^T\mathbf{x}_i + b) \geq 1 \qquad i = 1, 2, ..., n$$

其中,$\|\mathbf{w}\|^2$ 是权重向量 **w** 的平方欧几里得范数。服从(subject to)约束确保所有数据点均被正确分类,并且间隔最大化。

SVM 的优点如下。
- 在高维空间中有效,当特征数量很大时比较有用。
- 可以用于分类和回归任务。
- 适用于线性可分离数据和非线性可分离数据。
- 由于使用了间隔概念,因而可以很好地处理异常值。
- 有一个正则化参数,可以控制过拟合。

SVM 的缺点如下。
- 对核函数的选择很敏感,这会极大地影响模型的性能。
- 对于大型数据集需要极大的计算量。
- 解释 SVM 模型的结果可能很困难。
- 需要仔细调整参数才能获得良好的性能。

3.7.6 神经网络和 Transformer

神经网络和 Transformer 都是强大的机器学习模型,可用于各种任务,例如图像分类、自然语言处理和语音识别。

1. 神经网络

神经网络从人脑的结构和功能中汲取灵感。它们代表了一类机器学习模型,能够熟练地完成各种任务,例如分类、回归等。

神经网络由称为神经元(neuron)的多层互联节点组成,能够熟练地处理和操纵数据。每一层的输出都会被馈送到下一层,从而创建特征表示的层次结构。第一层的输入是原始数据，最后一层的输出是预测。

图3.3显示了一个简单的神经网络，用于根据身高和体重判断人的性别。

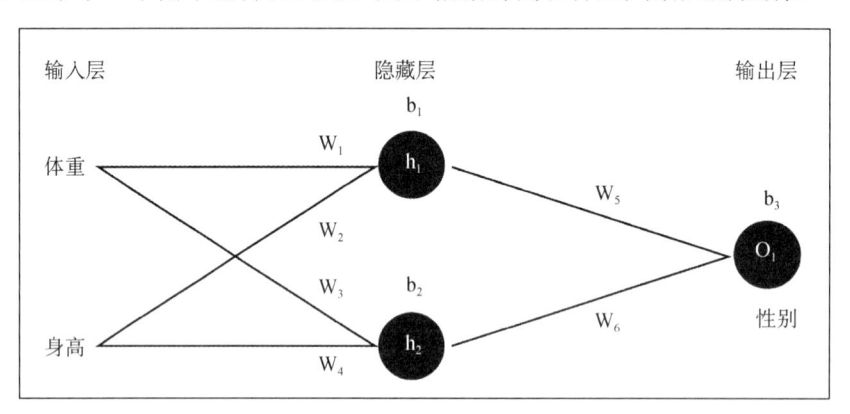

图3.3 简单的神经网络

神经网络中单个神经元的运作可以用以下方程表示：

$$y = f\left(\sum_{i=1}^{n} w_i x_i + b\right)$$

其中：
- x_i 是输入值。
- w_i 是神经元之间连接的权重。
- b 是偏差项。
- f 是激活函数。

激活函数将对输入和偏差项的加权和应用非线性变换。

训练神经网络其实就是调整神经元的权重和偏差以最小化损失函数。这通常使用优化算法（例如随机梯度下降）来完成。

神经网络的优点如下。
- 能够学习输入数据和输出数据之间的复杂非线性关系。
- 能够自动从原始数据中提取有意义的特征。
- 能够扩展到大型数据集。

神经网络的缺点如下。
- 对计算和内存的要求高。
- 对超参数的调整很敏感。
- 其内部表示难以解释。

2. Transformer

Transformer 是一种神经网络架构，特别适合处理文本或语音等序列数据。Transformer 是在自然语言处理的背景下引入的，此后已应用于各种任务。

Transformer 的核心组件是自注意力（self-attention）机制，该机制允许模型在计算输出时关注输入序列的不同部分。

自注意力机制的重要组成部分是 3 个向量：查询向量（query vector）、键向量（key vector）和值向量（value vector）。

自注意力机制基于查询向量、一组键向量和一组值向量之间的点积。得到的注意力权重用于加权值，然后将其组合以产生输出。

自注意力运算可以用以下公式表示：

$$Q = XW_Q$$
$$K = XW_K$$
$$V = XW_V$$
$$A(Q,K,V) = \text{softmax}\left(\frac{QK^\text{T}}{\sqrt{d_k}}\right)V$$

其中，X 是输入序列，W_Q、W_K、W_V 分别是查询、键和值向量的学习之后的投影矩阵，d_K 是键向量的维数，W_O 是将注意力机制的输出映射到最终输出的学习之后的投影矩阵。

Transformer 的优点如下。
- 具有处理可变长度输入序列的能力。
- 具有捕获数据中的长距离依赖关系的能力。
- 在许多自然语言处理任务上表现优异。

Transformer 的缺点如下。
- 对计算和内存的要求高。
- 对超参数调整敏感。
- 难以处理需要对顺序动态进行明确建模的任务。

以上介绍的只是目前最流行的机器学习模型中的一小部分。模型的选择取决于手头的问题、数据的大小和质量以及期望的结果。

在探索了最常见的机器学习模型之后，接下来，让我们研究一下在训练过程中发生的模型欠拟合和过拟合现象。

3.8 模型欠拟合和过拟合

在机器学习中,最终目标是建立一个能够很好地泛化(generalize)未见数据的模型。然而,有时模型可能会因为欠拟合或过拟合而无法实现这一目标。

3.8.1 欠拟合和过拟合简介

当模型过于简单而无法捕捉数据中的底层模式时,就会发生欠拟合(underfitting)。换句话说,模型无法正确学习特征与目标变量之间的关系,这会导致训练和测试数据的性能不佳。例如,在图3.4中可看到模型欠拟合的现象,它无法很好地呈现数据。

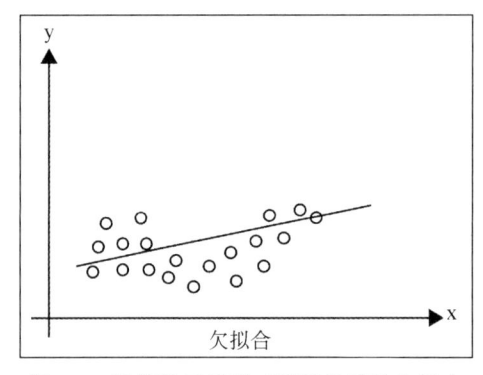

图3.4 机器学习模型对训练数据的欠拟合

欠拟合不是我们在机器学习模型中喜欢看到的,我们通常更希望看到一个如图3.5所示的精确模型。

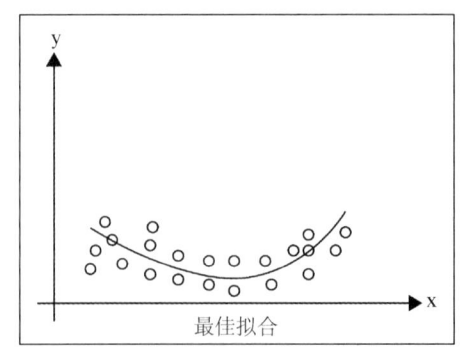

图3.5 机器学习模型对训练数据的最佳拟合

当模型训练不佳或模型复杂度不足以捕捉数据中的潜在模式时,就会发生欠拟合。为了解决这个问题,我们可以使用更复杂的模型,并继续训练过程。

当模型能够很好地捕捉到数据中的模式但又不会过拟合每个样本时,就会发生最佳拟合。这有助于模型更好地泛化处理未见数据。

另外,当模型过于复杂,与训练数据的拟合度过高时,就会发生过拟合(overfitting),这会导致模型对新的未见过的数据的泛化能力较差,如图3.6所示。

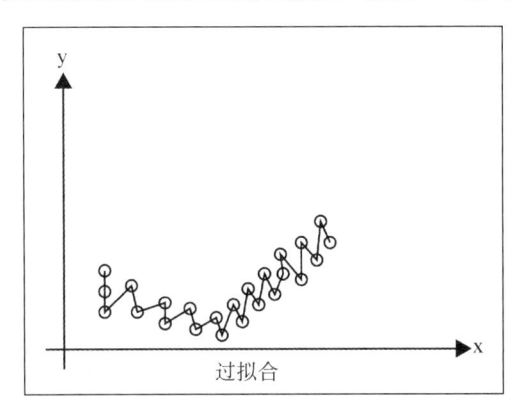

图3.6 机器学习模型对训练数据的过拟合

当模型学习训练数据中的噪声或随机波动,而不是底层模式时,就会发生这种情况。换句话说,模型对于训练数据来说过于专门化,并且在测试数据上表现不佳。

如图3.6所示,过拟合的模型试图非常准确地预测每一个样本。这个模型的问题在于它没有学习一般模式,而是学习每个单独样本的模式,这将使得它在面对新的未见过的记录时性能很差。这就好比一个学生只知道死记硬背,缺乏融会贯通举一反三的能力,那么在考试时显然不会取得好成绩。

3.8.2 偏差-方差权衡

理解欠拟合和过拟合之间权衡的一个有用方法是通过偏差-方差权衡。

偏差(bias)是指模型的预测值与训练数据中的实际值之间的差异。高偏差意味着模型不够复杂,无法捕捉数据中的潜在模式,并且欠拟合数据,如图3.7所示。

高偏差的欠拟合模型在训练和测试数据上的表现都很差。

方差(variance)是指模型对训练数据中微小波动的敏感度。方差大意味着模型过于复杂,过拟合数据,导致新数据的泛化性能不佳,如图3.8所示。

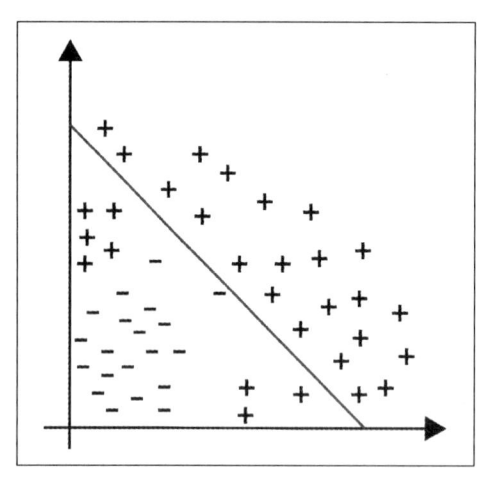

图 3.7　高偏差

高方差的过拟合模型在训练数据上表现良好,但在测试数据上表现不佳。

图 3.8　高方差

为了在偏差和方差之间取得平衡,我们需要选择一个既不太简单也不太复杂的模型。如前文所述,这通常被称为偏差-方差权衡。如图 3.9 所示。

高偏差和低方差的模型可以通过增加模型的复杂性来改进,而高方差和低偏差的模型可以通过降低模型的复杂性来改进。

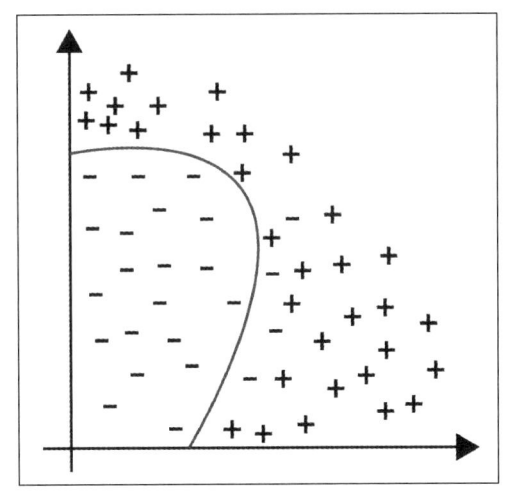

图 3.9 恰到好处的模型（偏差不高，方差也不高）

有几种方法可以减少模型中的偏差和方差。一种常见的方法是正则化，它在损失函数中添加惩罚项以控制模型的复杂性。另一种方法是使用集成，它将多个模型组合在一起，通过减少方差来提高整体性能。交叉验证也可用于评估模型的性能并调整其超参数以找到偏差和方差之间的最佳平衡。

总体而言，理解偏差和方差对于机器学习至关重要，因为它可以帮助我们选择合适的模型并识别模型中的误差来源。

3.8.3 欠拟合和过拟合的改进

偏差是指因使用简化模型近似真实问题而引入的误差；方差是指因模型对训练数据中微小波动的敏感性而引入的误差。

当模型具有高偏差和低方差时，它就是欠拟合的。这意味着该模型没有捕捉到问题的复杂性，并且做出了过于简单的假设。

当模型具有低偏差和高方差时，它就是过拟合的。这意味着该模型对训练数据过于敏感，并且拟合的是噪声而不是底层模式。

为了克服欠拟合，可以尝试增加模型的复杂性，添加更多特征，或使用更复杂的算法。

为了防止过拟合，可以尝试使用以下几种方法。
- 交叉验证（cross-validation）：评估机器学习模型的性能至关重要，交叉验证就是评估机器学习模型有效性的方法之一。它需要在一部分数据上训练模型，然后在另一部分数据上测试模型。通过使用不同的子集进行训练和评估，交叉验证可以降低过拟合的风险。3.9 节"拆分数据"将详细阐释此技术。
- 正则化（regularization）：正则化是一种在训练过程中向损失函数添加惩罚项的技术，有助于降低模型的复杂性并防止过拟合。正则化有不同类型，包括 L1 正则化（LASSO）、L2 正则化（岭回归）和弹性网络正则化等。
- 提前停止：提前停止是一种模型在验证数据上的性能开始下降时停止训练过程的技术。当模型已经达到最大性能时，阻止模型继续从训练数据中学习，这有助于防止过拟合。这种技术常用于迭代算法，例如深度学习方法，其中模型要进行多次迭代训练。

要使用提前停止技术，需要在训练模型的同时在验证子集上评估模型性能。随着训练的增多，模型在训练集上的性能通常会提高，但由于模型没有见过验证集，验证误差通常最初会降低，在某个时候又开始增加。这个点就是模型开始过拟合的地方。通过在训练过程中可视化模型的训练和验证误差，我们可以识别出该点并在此时停止模型，如图 3.10 所示。

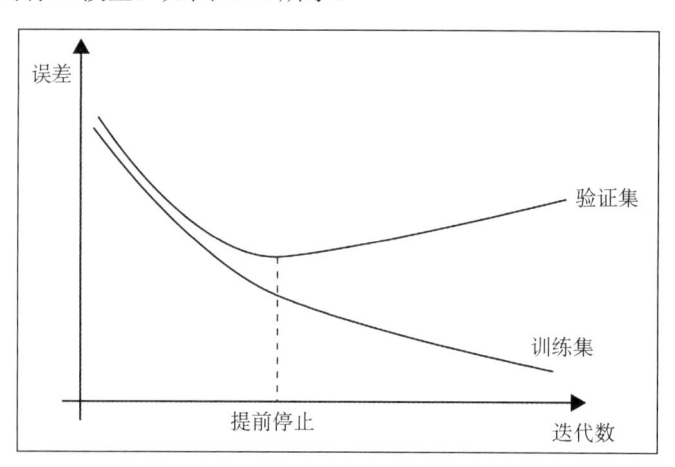

图 3.10 提前停止

- 舍弃（dropout）：dropout 是深度学习模型中的一种技术，用于在训练期间随机丢弃一些神经元，这有助于防止模型过于依赖一小部分特征或神经元并过拟合训练数据。通过在此过程中降低模型中神经元的权重，可以让模型学习一般模式并防止其记住训练数据（过拟合）。
- 数据增强（data augmentation）：数据增强是一种通过对现有数据集应用旋转、缩放和翻转等变换来人为地扩大训练数据大小的方法，这有助于扩展训练数据。此策略通过为模型提供一组更多样化的样本供其学习，有助于缓解过拟合问题。
- 集成方法：集成方法是用于组合多个模型以提高它们的性能并防止过拟合的技术。这可以通过使用装袋法（bagging）、提升法（boosting）或堆叠法（stacking）等技术来实现。在 3.11 节"集成模型"中将对此展开详细讨论。

通过使用这些技术，可以防止过拟合并构建能够很好地泛化到新的未见数据的模型。在实践中，重要的是监控模型的训练和测试性能，并相应地进行调整以实现最佳的泛化性能。

接下来，让我们看看如何将数据拆分为训练集和测试集。

3.9 拆分数据

在开发机器学习模型时，将数据拆分为训练集、验证集和测试集非常重要，这样做是为了评估模型在新的未见过的数据上的性能并防止过拟合。

3.9.1 训练-测试拆分

最常见的数据拆分方法是训练-测试拆分，即将数据分成两组：训练集用于训练模型，测试集用于评估模型的性能。数据被随机分成两组，典型的拆分方式是 80% 的数据用于训练，20% 的数据用于测试。使用这种方法，模型将使用大部分数据（训练数据）进行训练，然后使用剩余数据（测试集）进行测试。这种方法可以确保模型的性能是基于新的未见过的数据的。

在机器学习模型开发的大部分时间里，我们都会为模型设置一组超参数，以便对其进行调整（在 3.10 节"超参数调整"中将对此展开详细讨论）。在这种情况下，我们希望确保我们在测试集上获得的性能是可靠的，而不是仅仅基于一组超参数偶然获得的。

根据训练数据的大小，也可以将数据按 60%、20% 和 20%（或 70%、15% 和 15%）的比例拆分，以分别用于训练、验证和测试。在这种情况下，可以在训练数据上训练模型，并选择一组在验证集上性能最佳的超参数。然后，在测试集上测试模型的实际模型性能，测试集数据在模型训练或超参数选择期间从未见过或使用过。

3.9.2 k 折交叉验证

一种更高级的数据拆分方法是 k 折交叉验证（k-fold cross-validation），尤其是在训练数据的大小有限的情况下。在此方法中，数据被拆分成大小相等的 k 份，并对模型进行 k 次训练和测试，其中每份数据用作一次测试集，其余份用作训练集。然后对每份的结果取平均值，以获得模型性能的总体衡量标准。

k 折交叉验证适用于小型数据集，因为小型数据集中的训练-测试拆分可能会导致性能评估出现较大差异。在使用 k 折交叉验证时，将报告模型在 k 份数据中每份数据上的平均、最小和最大性能，如图 3.11 所示。

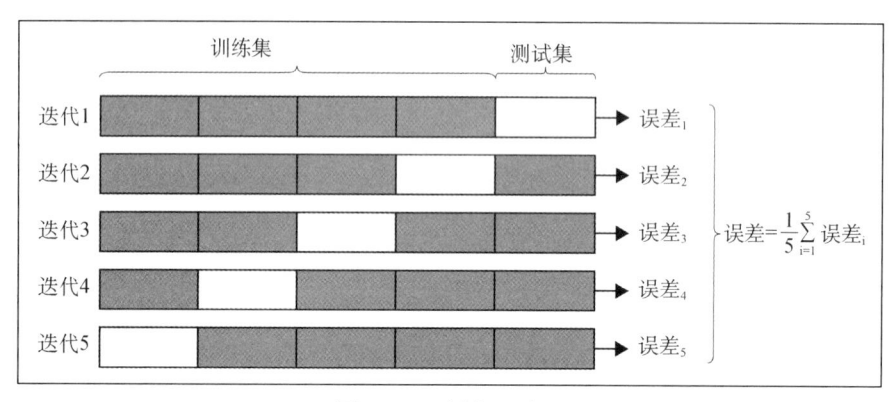

图 3.11 k 折交叉验证

k 折交叉验证的另一种变体是分层 k 折交叉验证（stratified k-fold cross-validation），它将确保目标变量的分布在所有 k 份中一致。这在处理不平衡数据集时很有用。例如，癌症病例数据就是一个典型的不平衡数据集，大部分样本都是阴性病例，阳性病例很少，分层 k 折交叉验证可以保证所有 k 份中都包含相同数量的阳性病例，而不会将所有阳性病例都拆分到某一份数据中，其他份数中全部是阴性病例。

3.9.3 时间序列数据拆分

时间序列数据在拆分时需要特别注意。在这种情况下，我们通常使用一种称为时间序列交叉验证（time series cross-validation）的方法，该方法保留了数据的时间顺序。在此方法中，数据被分成多个段，每个段代表一个固定的时间间隔。然后根据过去的数据对模型进行训练，并根据未来的数据进行测试。这有助于评估模型在现实场景中的性能。

图 3.12 显示了在时间序列问题中拆分数据的示例。

在所有数据拆分方案中，重要的是确保拆分是随机进行的，但每次都使用相同的随机种子（random seed），以确保结果的可重复性。

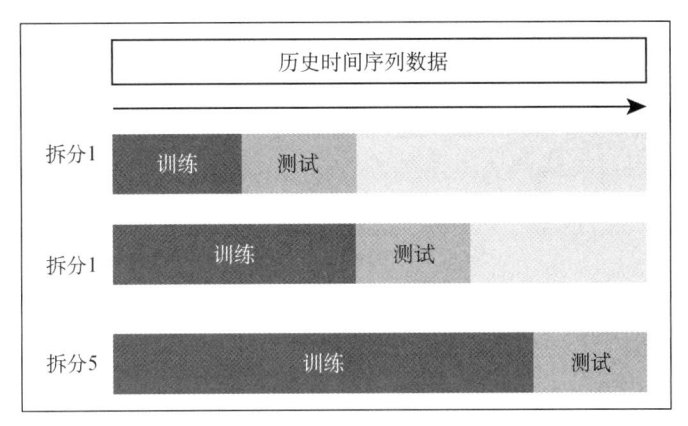

图 3.12 时间序列数据拆分

同样重要的是确保拆分能够代表底层数据，也就是说，目标变量的分布在所有集合中应该是一致的。

一旦将数据拆分成不同的子集以训练和测试模型，即可尝试为模型找到最佳的超参数集。这个过程称为超参数调整，也是接下来我们将要讨论的主题。

3.10 超参数调整

超参数调整（hyperparameter tuning）是机器学习过程中的一个重要步骤，指的是为给定模型选择最佳超参数集。

超参数是在训练过程开始之前设置的值，可能会对模型的性能产生重大影响。超参数的示例包括学习率（learning rate）、正则化强度（regularization strength）和神经网络中的隐藏层的数量等。

超参数调整过程的目标是选择最佳超参数组合，以实现模型的最佳性能。这通常是通过搜索一组预定义的超参数并在验证集上评估它们的性能来完成的。

超参数调整有多种方法，包括网格搜索（grid search）、随机搜索（random search）和贝叶斯优化（Bayesian optimization）等。

网格搜索指的是创建所有可能的超参数组合的网格，并在验证集上评估每个参数组合以确定最佳超参数集。

随机搜索则是从预定义分布中随机抽取超参数，并在验证集上评估其性能。

简而言之，网格搜索和随机搜索对搜索空间进行完全或随机搜索，而不考虑先前的超参数结果。因此，这些方法的效率较低。有鉴于此，人们提出了一种贝叶斯优化方法，该方法将迭代计算函数的后验分布并考虑过去的评估以找到最佳超参数。使用这种方法，我们可以用更少的迭代次数找到最佳的超参数集。

贝叶斯优化利用过去的评估将超参数（hyperparameters）概率映射到目标函数分数（score），如下式所示：

$$P(\text{score} \mid \text{hyperparameters})$$

贝叶斯优化采取的步骤如下。
（1）为目标函数建立一个代理概率模型。
（2）根据代理识别最佳超参数。
（3）在实际的目标函数中利用这些超参数。
（4）更新代理模型以整合最新的结果。
（5）重复步骤（2）到（4），直至达到最大迭代次数或时间限制。

顺序模型优化（sequential model-based optimization，SMBO）方法是贝叶斯优化的形式化，它通过一次又一次的试验，每次尝试更好的超参数并更新代理概率模型。

SMBO方法在步骤（3）和（4）有所不同——具体来说，就是在如何构建目标函数的代理方面以及在选择下一个超参数的标准方面有所区别。此类方法变体包括高斯过程（Gaussian process）、随机森林回归（random forest regression）和树形Parzen估计器（tree-structured Parzen estimator，TPE）等。

在具有数值超参数的低维问题中，贝叶斯优化被认为是最佳的超参数优化方法。但是，它仅限于中等维度的问题。

除了这些方法之外，还有一些库也可用于自动执行超参数调整过程。例如scikit-learn的GridSearchCV和RandomizedSearchCV、Keras Tuner以及Optuna等。这些库允许高效地进行超参数调整，并可显著提高机器学习模型的性能。

机器学习中的超参数优化可能是一个复杂且耗时的过程。搜索过程中会出现两个主要的复杂性挑战：试验执行时间和搜索空间的复杂性，包括评估的超参数组合的数量。在深度学习中，由于广泛的搜索空间和大量训练集的使用，这些挑战尤其严重。

为了解决这些问题并减少搜索空间，可以使用一些标准技术。例如，基于统计抽样减少训练数据集的大小或应用特征选择技术可以帮助减少每次试验的执行时间。此外，确定最重要的优化超参数并使用除准确率之外的其他目标函数（例如运算次数或优化时间）可以帮助降低搜索空间的复杂性。

通过将准确率与反卷积网络（deconvolution network）的可视化结合起来，研究人员在超参数调整方面取得了卓越的成果。但是，需要注意的是，这些技术并不详尽，最佳方法可能取决于你手头的具体问题。

提高模型性能的另一种常见方法是并行使用多个模型,这些模型称为集成模型。它们在处理机器学习问题时非常有用,接下来就让我们仔细研究一下。

3.11 集成模型

集成模型(ensemble model)是机器学习中的一种技术,它可以将多个模型的预测结合起来以提高整体性能。集成模型背后的理念是,多个模型可能比单个模型更好,因为不同的模型可能会捕捉到数据中的不同模式。

集成模型有多种类型,现在就让我们来逐一认识一下它们。

3.11.1 装袋法

自举聚合(bootstrap aggregating)也称为装袋法(bagging),它是一种集成方法,可结合在训练数据的不同子集上训练的多个独立模型,以减少方差并提高模型泛化能力。

装袋算法可以总结如下。

(1)给定一个大小为 n 的训练数据集,创建 m 个大小为 n 的自举样本(即对 n 个实例进行抽样并进行 m 次替换)。

(2)在每个自举样本上独立训练一个基础模型(例如决策树)。

(3)汇总所有基础模型的预测以获得集成预测。这可以采用多数投票(在分类问题中)或平均值(在回归问题中)来实现。

当基础模型不稳定时(即方差较大,例如决策树),以及当训练数据集较小时,装袋算法特别有效。

聚合基础模型预测的方程取决于问题的类型(分类或回归)。对于分类问题,可通过多数投票获得集成预测:

$$Y_{\text{ensemble}} = \text{argmax}_j \sum_{i=1}^{m} I(y_{ij} = j)$$

其中,y_{ij} 是第 i 个基础模型对第 j 个实例预测的分类。$I()$ 是指示函数(如果 x 为 true 则等于 1,否则等于 0)。

对于回归问题,集成预测是通过取平均分数获得的:

$$Y_{\text{ensemble}} = \sum_{i=1}^{m} y_i$$

其中，y_i 为第 i 个基础模型的预测值。

装袋法的优点如下。
- 通过减少方差和过拟合提高模型泛化能力。
- 能够处理具有复杂关系的高维数据集。
- 可与多种基础模型配合使用。

装袋法的缺点如下。
- 由于使用多个基础模型，增加了模型复杂性和计算时间。
- 如果基础模型太复杂或数据集太小，有时会导致过拟合。
- 当基础模型高度相关或有偏差时，装袋法效果不佳。

3.11.2 提升法

提升法（boosting）是另一种流行的集成学习技术，旨在通过将弱分类器组合成更强的分类器来提高性能。与装袋法不同，提升法侧重于通过调整训练样本的权重来迭代提高分类器的准确率。提升法背后的基本思想是从以前的弱分类器的错误中学习，并更加重视上一次迭代中错误分类的样本。

提升算法有多种，但最流行的算法之一是 AdaBoost——该名称是自适应提升（adaptive boosting）的缩写。AdaBoost 算法的工作原理如下。

（1）将训练样本的权重初始化为相等。
（2）在训练集上训练弱分类器。
（3）计算弱分类器的加权误差率。
（4）根据弱分类器的加权误差率计算其重要性。
（5）增加被弱分类器错误分类的样本的权重。
（6）对样本的权重进行标准化，使它们总和为 1。
（7）重复步骤（2）到（6），直至达到预定的迭代次数或达到所需的准确率。
（8）根据弱分类器的重要性赋予权重，将其组合成强分类器。

最终的分类器是弱分类器的加权组合。每个弱分类器的重要性由其加权误差率决定，当前弱分类器的误差计算如下：

$$\text{ERROR}_m = \frac{\sum_{i=1}^{N} w_i I(y_i - h_m(x_i))}{\sum_{i=1}^{N} w_i}$$

其中：
- m 是弱分类器的索引。

- N 是训练样本的数量。
- w_i 是第 i 个训练样本的权重。
- y_i 是第 i 个训练样本的真实标签。
- $h_m(x_i)$ 是第 m 个弱分类器对第 i 个训练样本的预测。
- $I(y_i - h_m(x_i))$ 是一个指示函数,如果弱分类器的预测不正确则返回 1,否则返回 0。

弱分类器的重要性通过以下公式计算:

$$\alpha_m = \ln \frac{1 - \text{error}_m}{\text{error}_m}$$

样本的权重根据其重要性进行更新:

$$w_i = w_i^{\alpha_m I(y_i - h_m(x_i))}$$

然后通过组合弱分类器获得最终的分类器:

$$H_x = \text{sign}\left(\sum_{m=1}^{M} \alpha_m h_m(x)\right)$$

其中:
- M 是弱分类器的总数。
- $h_m(x)$ 是第 m 个弱分类器的预测。
- sign() 是一个函数,如果其参数为正则返回 +1,否则返回 –1。

提升法的优点如下。
- 可以提高弱分类器的准确率,并能显著提高性能。
- 相对容易实现,可应用于广泛的分类问题。
- 可以处理噪声数据并降低过拟合的风险。

提升法的缺点如下。
- 可能对异常值敏感,并且可能对噪声数据过拟合。
- 计算成本可能很高,尤其是在处理大型数据集时。
- 可能难以解释,因为它涉及组合多个弱分类器。

3.11.3 堆叠法

堆叠法(stacking)是另一种流行的集成学习技术,它通过在多个基础模型的预测上训练更高级别的模型来组合这些基础模型的预测。堆叠法背后的理念是利用不同基础模型的优势来实现更好的预测性能。

堆叠法的工作原理如下。

（1）将训练数据分成两部分：第一部分用于训练基础模型，第二部分用于从基础模型创建新的预测数据集。

（2）在训练数据的第一部分上训练多个基础模型。

（3）使用训练好的基础模型对训练数据的第二部分进行预测，以创建新的预测数据集。

（4）在新的预测数据集上训练更高级的模型——元模型（metamodel）或混合器（blender）。

（5）使用训练好的高级模型对测试数据进行预测。

高级模型通常是一个简单的模型，例如线性回归、逻辑回归或决策树。其理念是使用基础模型的预测作为高级模型的输入特征。这样，高级模型将学会结合基础模型的预测来做出更准确的预测。

3.11.4 随机森林

最常见的集成模型之一是随机森林，"森林"中的模型将结合多个决策树的预测结果并输出最终预测。这通常更准确，但容易过拟合。在 3.7.4 节 "随机森林" 中已经详细阐述了该算法的原理。

3.11.5 梯度提升

梯度提升（gradient boosting）是另一种可用于分类和回归任务的集成模型。它的工作原理是获取一个弱分类器（例如一棵简单的树），并在每一步中尝试改进这个弱分类器以构建更好的模型。这里的主要思想是，模型试图在每一步中关注自己的错误，并通过纠正先前树中的错误来拟合模型，从而改进自身。

在每次迭代中，该算法都会计算与预测值有关的损失函数的负梯度，然后将决策树拟合到这些负梯度值。然后，使用控制每棵树对最终预测的贡献的学习率参数，将新树的预测与之前的树的预测相结合。

梯度提升模型的总体预测结果是通过对所有树的预测求和获得的，这些预测由各自的学习率加权。

现在让我们仔细研究一下梯度提升算法的公式。

首先，使用一个常数值初始化模型：

$$F_0(x) = \mathrm{argmin}_c \sum_{i=1}^{N} L(y_i, c)$$

其中：
- c 为常数。
- y_i 为第 i 个样本的真实标签。
- N 为样本数。
- L 为损失函数，用于衡量预测标签与真实标签之间的误差。

在每次迭代 m 中，算法都会将决策树拟合到与预测值有关的损失函数的负梯度值：

$$r_m = -\nabla L(y, F(x))$$

决策树预测负梯度值，然后通过以下公式使用这些负梯度值来更新模型的预测：

$$F_m(x) = F_{m-1}(x) + \eta h_m(x)$$

其中：
- $F_{m-1}(x)$ 是模型在前一次迭代中的预测。
- η 是学习率。
- $h_m(x)$ 是当前迭代中决策树的预测。

模型的最终预测是通过组合所有树的预测得到的：

$$F(x) = \sum_{m=1}^{M} \eta_m h_m(x)$$

其中：
- M 是模型中的树的总数。
- η_m 第 m 棵树的学习率。
- $h_m(x)$ 是第 m 棵树的预测。

梯度提升的优点如下。
- 预测准确率高。
- 可处理回归和分类问题。
- 可处理包含缺失值和异常值的数据。
- 可与各种损失函数一起使用。
- 可处理高维数据。

梯度提升的缺点如下。
- 对过拟合敏感，尤其是当树的数量很大时。

- 计算成本高昂，训练耗时，对于大型数据集来说尤其如此。
- 需要仔细调整超参数，例如树的数量、学习率和树的最大深度。

至此，我们已经回顾了可以帮助提高模型性能的集成模型。但是，有时数据集还有一些在应用机器学习模型之前就需要考虑的特征，例如，有一种常见的情况是数据不平衡，这也是接下来我们要讨论的主题。

3.12 处理不平衡数据

在大多数现实问题中，我们的数据都是不平衡的，这意味着来自不同类别（例如癌症阳性患者和癌症阴性患者）的记录分布不同。

处理不平衡数据集是机器学习中的一项重要任务，因为数据集中类别不均衡分布的情况很常见。在这种情况下，少数类通常代表性不足，这会导致模型性能不佳和预测有偏差。其背后的原因是机器学习方法试图优化其拟合函数以最小化训练集中的误差。

举例来说，假设我们有99%的数据来自正类，1%的数据来自负类。在这种情况下，如果模型将所有记录预测为正类，则误差将为1%，准确率高达99%；但是，这个模型实际上没有任何意义。这就是为什么，如果我们有一个不平衡的数据集，则需要使用各种方法来处理不平衡的数据。

一般来说，有以下3类方法来处理不平衡的数据集。
- 欠采样（undersampling）：一个非常简单的方法是，对于多数类，仅使用更少的记录进行训练。这种方法有效，但需要考虑的是，使用较少的训练数据时，向模型输入的信息较少，可能导致训练和最终模型的稳定性较差。
- 重采样（resampling）：重采样方法指的是修改原始数据集以创建平衡分布。这可以通过对少数类进行过采样（创建更多的少数类样本）或对多数类进行欠采样（从多数类中删除样本）来实现。
  - 过采样技术包括：随机过采样（random oversampling）、合成少数类过采样技术（synthetic minority oversampling technique，SMOTE）和自适应合成采样（adaptive synthetic sampling，ADASYN）等。
  - 欠采样技术包括：随机欠采样（random undersampling）、Tomek链接（Tomek link）和聚类质心（cluster centroid）等。
- 在机器学习模型中处理不平衡数据集：例如修改成本函数，或修改深度学习模型中的批处理等。

3.12.1 SMOTE

合成少数类过采样技术（SMOTE）是一种广泛用于处理机器学习中不平衡数据集的算法。它是一种合成数据生成技术，通过在现有样本之间进行插值以在少数类中创建新的合成样本。SMOTE 的工作原理是识别少数类样本的 k 个最近邻，然后沿着连接这些邻居的线段生成新样本。

以下是 SMOTE 算法的步骤。

（1）选择一个少数类样本 x。
（2）选择它的 k 个最近邻之一 x'。
（3）通过在 x 和 x' 之间进行插值来生成合成样本。

为此，可以选择 0 到 1 之间的随机数 r，然后计算合成样本，其公式如下所示：

$$新样本 = x + r(x' - x)$$

这会创建一个介于 x 和 x' 之间的新样本，但与其中任何一个都不相同。

（4）重复步骤（1）至（3），直到生成所需数量的合成样本。

SMOTE 的优点如下。

- 通过在少数类中创建合成样本，有助于解决类别不平衡问题。
- SMOTE 可以与其他技术相结合，例如随机欠采样或 Tomek 链接，以进一步改善数据集的平衡性。
- 可应用于分类数据和数值数据。

SMOTE 的缺点如下。

- 有时会创建不切实际或嘈杂的合成样本，从而导致过拟合。
- 有时会导致决策边界对少数类过于敏感，从而导致对多数类表现不佳。
- 对于大型数据集来说，SMOTE 的计算成本可能很高。

现在让我们来看一个 SMOTE 应用实例。

假设有一个数据集，它仅包含两个类别：多数类（类别 0）有 900 个样本，少数类（类别 1）只有 100 个样本。

要使用 SMOTE 为少数类生成合成样本，可按以下步骤操作。

（1）选择一个少数类样本 x。
（2）选择它的 k 个最近邻之一 x'。
（3）使用随机数 r 在 x 和 x' 之间进行插值来生成合成样本：

$$新样本 = x + r(x' - x)$$

例如，假设 x 为 (1,2)，x' 为 (3,4)，r 为 0.5。在这种情况下，新样本的计算如下所示：

$$新样本 = (1,2) + 0.5((3,4) - (1,2)) = (2,3)$$

（4）重复步骤（1）至（3），直到生成所需数量的合成样本。例如，假设要生成 100 个合成样本，则可以对 100 个少数类样本中的每一个重复步骤（1）至（3），然后将原始少数类样本与合成样本合并，以创建一个平衡数据集，使得每个类别都有 200 个样本。

3.12.2 NearMiss 算法

NearMiss 算法是一种通过欠采样（删除）主要类别中的记录来平衡类别分布的技术。当两个类别的记录彼此非常接近时，从多数类中删除一些记录会增加两个类别之间的距离，这有助于分类过程。

NearMiss 算法是一种基于距离的选择性采样技术，旨在从多数类中挑选与少数类最接近的样本，以丰富模型对少数类的学习。NearMiss 算法根据不同数据采样的距离，可以分为 3 类：NearMiss-1、NearMiss-2 和 NearMiss-3。

为了避免多数类欠采样方法中的信息丢失问题，广泛采用了 near-miss 方法。

最近邻方法的工作原理基于以下步骤：

（1）找出多数类和少数类的所有记录之间的距离。我们的目标是对多数类的记录进行欠采样。

（2）从多数类中选择与少数类最接近的 n 条记录。

（3）如果少数类中有 k 条记录，则最近邻方法将返回多数类中的 kn 条记录。

NearMiss 算法的 3 种变体（NearMiss-1、NearMiss-2 和 NearMiss-3）可用于查找多数类中最接近的 n 条记录。

- NearMiss-1 将选择 k 个与少数类最接近的多数类记录，计算它们与少数类的平均距离，保留平均距离最小的多数类记录。这种方法实际上是假设少数类记录分布在多数类记录的边界附近。
- NearMiss-2 将选择 k 个与少数类最远的多数类记录，计算它们与少数类的平均距离，保留平均距离最小的多数类记录。这种方法实际上是假设少数类记录分布在多数类记录的内部。
- NearMiss-3 可以分两个步骤实现。首先，对于少数类中的每个记录，选择与它们最接近的 M 个多数类记录；然后，对于保留的多数类记录，计算它们与少数类的平均距离，选择 N 个平均距离最大的多数类记录。这种方法实际上是假设少数类记录分布在多数类记录的不同聚类中。

3.12.3 成本敏感型学习

成本敏感型学习（cost-sensitive learning）是一种在不平衡数据集上训练机器学习模型的方法。在不平衡数据集中，一个类别（通常是少数类）中的样本数量远低于另一个类别（通常是多数类）。成本敏感型学习指的是为模型分配根据所预测类别而不同的错误分类成本，这可以帮助模型更专注于正确分类少数类。

假设我们有一个二元分类问题，数据集中包含两个类别（阳性类和阴性类）的样本。在成本敏感型学习中，将为不同类型的错误分配不同的成本。例如，可以为将阳性类错误分类为阴性类分配更高的成本，因为在不平衡的数据集中，阳性类是少数类，而将阳性类错误分类会对模型的性能产生更大的影响。

如表 3.2 所示，可以按混淆矩阵（confusion matrix）的形式分配成本。

表 3.2 混淆矩阵成本

	预测阳性类	预测阴性类
实际阳性类	TP_cost	FN_cost
实际阴性类	FP_cost	TN_cost

在表 3.2 中，TP_cost、FN_cost、FP_cost 和 TN_cost 分别是与真阳性（true positive，TP）、假阴性（false negative，FN）、假阳性（false positive，FP）和真阴性（true negative，TN）相关的成本。

为了将成本矩阵纳入训练过程，可以修改模型在训练期间优化的标准损失函数。一种常见的成本敏感损失函数是加权交叉熵损失，其定义如下：

$$\text{loss} = -\left(w_{\text{pos}} y \log(\hat{y}) + w_{\text{neg}} (1-y) \log(1-\hat{y})\right)$$

其中：
- y 是真实标签（0 或 1）。
- $\hat{y}$ 是预测的阳性类的概率。
- w_{pos} 是分配给阳性类的权重。
- w_{neg} 是分配给阴性类的权重。

权重 w_{pos} 和 w_{neg} 可由混淆矩阵中分配的成本决定。例如，假设要为假阴性（即错误地将阳性样本归类为阴性样本）分配更高的成本，则可以将 w_{pos} 设置为高于 w_{neg} 的值。

成本敏感型学习还可以与其他类型的模型（如决策树和 SVM）一起使用。将成本分配给不同错误类型的概念可以按各种方式应用，以提高模型在不平衡数据集上的性能。但是，重要的是根据数据集的具体特征和要解决的问题仔细选择适当的成本矩阵和损失函数。
- 集成技术：集成技术可结合多种模型来提高预测性能。在不平衡数据集中，可以在数据集的不同子集上训练一组模型，确保每个模型都在少数类和多数类上进行训练。不平衡数据集的集成技术示例包括装袋法和提升法。
- 异常检测（anomaly detection）：异常检测技术可用于将少数类识别为数据集中的异常。这些技术旨在识别与多数类有显著差异的罕见事件，然后可以使用已识别的样本在少数类上训练模型。

3.12.4 数据增强

数据增强（data augmentation）的理念是通过对原始样本进行变换来生成新样本，同时仍保留标签。这些变换可以包括旋转、平移、缩放、翻转和添加噪声等。这对于一个类中的样本数量比另一个类中的样本数量少得多的不平衡数据集特别有用。

在数据集不平衡的情况下，可以使用数据增强来创建少数类的新样本，从而有效地平衡数据集。具体做法是，将同一组变换应用于少数类样本，从而创建一组仍然代表少数类但与原始样本略有不同的新样本。

数据增强所涉及的方程相对简单，因为它们实际上就是将变换函数应用于原始样本。例如，要将图像旋转一定角度，可以使用旋转矩阵：

$$x' = x\cos(\theta) - y\sin(\theta)$$
$$y' = x\sin(\theta) + y\cos(\theta)$$

其中，x、y 为图像中某个像素的原始坐标，x'、y' 为旋转后的新坐标，θ 为旋转角度。

类似地，要应用平移，只需将图像移动一定数量的像素即可：

$$x' = x + dx$$
$$y' = y + dy$$

其中，dx 和 dy 分别是水平和垂直偏移。

数据增强是一种解决数据集不平衡问题的有效方法，因为它可以创建代表少数类的新样本，同时仍保留标签信息。当然，在应用数据增强时必须小心谨慎，因为它也可能在数据中引入噪声和伪影，如果操作不当，可能会导致过拟合。

总之，处理数据集不平衡问题是机器学习的一个重要方面。有多种技术都可用于处理不平衡的数据集，每种技术都有其优点和缺点。具体技术的选择取决于你的数据集、手头上的任务和可用资源。

除了数据不平衡问题之外,在处理时间序列数据的情况下,我们可能还会面临相关数据的问题,这也是接下来我们将要讨论的主题。

3.13 处理相关数据

在机器学习模型中处理相关的时间序列数据可能具有挑战性,因为随机抽样等传统技术可能会引入偏差并忽略数据点之间的依赖关系。

以下是一些可以提供帮助的方法。

- 时间序列交叉验证:时间序列数据通常依赖于过去的值,因此,在模型训练和评估期间保留这种关系非常重要。时间序列交叉验证指的是将数据分成多份,每份由一个连续的时间块组成。这种方法可确保模型在过去数据上进行训练,并在未来数据上进行评估,从而更好地模拟模型在现实场景中的表现。在 3.9.3 节"时间序列数据拆分"中对此有更多介绍。
- 特征工程:相关时间序列数据可能难以用传统机器学习算法建模。特征工程可以帮助将数据转换为更合适的格式。时间序列数据的特征工程示例包括:在时间序列中创建滞后(lag)或差异、将数据聚合到时间段或窗口中,以及创建滚动统计数据,例如移动平均线(moving average,MV)。
- 时间序列专用模型:目前有若干种专门针对时间序列数据设计的模型,例如自回归综合移动平均线(AutoRegressive Integrated Moving Average,ARIMA)、季节性 ARIMA(Seasonal ARIMA,SARIMA)、Prophet 和长短期记忆(Long Short-Term Memory,LSTM)网络。这些模型旨在捕捉时间序列数据中的依赖关系和模式,其表现可能优于传统的机器学习模型。
- 时间序列预处理技术:可以对时间序列数据进行预处理,以消除相关性,使数据更适合机器学习模型。差分、去趋势(detrend)和标准化等技术可以帮助消除数据中的趋势和季节性成分,从而有助于降低相关性。
- 降维技术:相关时间序列数据可能具有高维性,这会使建模变得困难。一些降维技术,例如主成分分析或自动编码器(Autoencoder),可以帮助减少数据中变量的数量,同时保留最重要的信息。

总而言之,在处理时间序列数据时,重要的是使用能够保留数据中时间依赖性和模式的技术。这可能需要专门的建模技术和预处理步骤。

3.14 小　　结

本章从数据探索和预处理技术开始，阐释了与机器学习相关的各种概念。我们介绍了各种机器学习模型，例如逻辑回归、决策树、支持向量机和随机森林等，讨论了它们的优缺点。我们还提到了将数据拆分为训练集和测试集的重要性，探索了处理不平衡数据集的技术。

本章详细介绍了模型偏差、方差、欠拟合和过拟合的概念，讨论了如何诊断和解决这些问题。我们还探索了装袋法、提升法和堆叠法等集成方法，这些方法可以通过组合多个模型的预测来提高模型性能。

通过本章的学习，你应该认识到机器学习的局限性和挑战，包括需要大量高质量数据、存在偏见和不公平的风险，以及解释复杂模型的难度等。尽管存在这些挑战，机器学习仍然为解决各种问题提供了强大的工具，并有可能改变许多行业和领域。

在下一章中，我们将讨论文本预处理，这是将文本用于机器学习模型时所需的步骤。

3.15 参 考 文 献

Shahriari, B., Swersky, K., Wang, Z., Adams, R.P., de Freitas, N.: *Taking the human out of the loop: A review of Bayesian optimization. Proceedings of the IEEE 104(1), 148–175 (2016). DOI 10.1109/JPROC.2015.2494218.*

第 4 章　进行有效文本预处理以实现最佳 NLP 性能

文本预处理是自然语言处理（NLP）领域中至关重要的初始步骤。它包括将原始的、未经加工处理的文本数据转换为机器学习算法可以轻松理解的格式。要从文本数据中提取有意义的见解，必须清洗、规范化并将数据转换为更结构化的形式。本章将概述最常用的文本预处理技术，包括标记化、词干提取、词形还原、停用词删除和词性（part-of-speech，POS）标记，并讨论它们的优点和局限性。

有效的文本预处理对于各种自然语言处理任务（如情感分析、语言翻译和信息检索等）至关重要。应用这些技术，可以将原始文本数据转换为结构化和规范化的格式，然后再使用统计和机器学习方法轻松进行分析。

当然，选择合适的预处理技术可能具有一定的挑战性，因为你需要采用的最佳方法往往取决于手头的具体任务和数据集。因此，仔细评估和比较不同的文本预处理技术以确定需应用的最有效方法是非常重要的。

本章包含以下主题：
- 小写处理
- 删除特殊字符和标点符号
- 停用词删除
- 拼写检查和纠正
- 词形还原
- 词干提取
- 命名实体识别
- 词性标注
- 正则表达式
- 标记化
- 文本预处理流程解释

4.1　技术要求

要完成本章中有关文本预处理的示例和练习，你需要具备 Python 等编程语言的应用知识，并熟悉一些自然语言处理概念。

你还需要安装某些库，例如 Natural Language Toolkit（NLTK）、spaCy 和 scikit-learn。这些库为文本预处理和特征提取提供了强大的工具。

建议你访问 Jupyter Notebook 环境或其他交互式编码环境，以方便进行实验和探索。本书配套 GitHub 存储库中包含本章示例 Notebook 文件。

此外，拥有一个可用的示例数据集可以帮助你了解各种技术及其对文本数据的影响。

文本规范化是将文本转换为标准格式以确保一致性并减少差异的过程。规范化文本使用不同的技术，包括小写处理、删除特殊字符、拼写检查、词干提取或词形还原等。我们将通过代码示例详细解释这些步骤及其使用方法。

4.2 小写处理

转换为小写是一种常见的文本预处理技术，用于自然语言处理中标准化文本并降低词汇的复杂性。在此技术中，所有文本都将转换为小写字符。

小写的主要目的是使文本统一，避免因大写而产生的任何差异。通过将所有文本转换为小写形式，机器学习算法可以将大写和非大写的单词视为相同的，从而减少整体词汇量并使文本更易于处理。

转换为小写对于文本分类、情感分析和语言建模等任务特别有用，因为这些任务中文本的含义不受单词大写的影响。但是，对于某些任务（例如命名实体识别），小写可能不适用，因为在这种情况下大写可能是一个重要特征。

4.3 删除特殊字符和标点符号

删除特殊字符和标点符号是文本预处理中的重要步骤。特殊字符和标点符号不会给文本增添多少含义，如果不删除，可能会给机器学习模型带来问题。执行此任务的一种方法是使用正则表达式，例如：

```
re.sub(r"[^a-zA-Z0-9]+", "", string)
```

这将从输入字符串中删除非字符和数字。有时，我们可能希望用空格替换特殊字符。请看以下示例：

```
president-elect
```

```
body-type
```

在这两个例子中,我们希望用空格替换"-",如下所示:

```
president elect
body type
```

接下来,我们将介绍停用词的删除。

4.4 停用词删除

停用词是指对句子或文本含义影响不大的词,因此停用词可以安全删除,而不会丢失太多信息。英文停用词的示例包括"a""an""the""and""in""at""on""to""for""is"和"are"等。

停用词删除是一种常见的文本预处理步骤,在任何文本分析任务(例如情感分析、主题建模或信息检索)之前执行。目标是减少词汇量和特征空间的维数,从而提高后续分析步骤的效率和效果。

删除停用词的过程包括确定停用词列表(通常是预定义或从语料库中学习到的),将输入文本标记为单词或标记,然后删除与停用词列表匹配的任何单词。生成的文本仅包含承载文本含义的重要单词。

可以使用各种编程语言、工具和库来执行停用词删除。例如,NLTK 是一个流行的自然语言处理 Python 库,它提供了各种语言的停用词列表,以及从文本中删除停用词的方法。

以下是删除停用词的一个例子:

```
This is a sample sentence demonstrating stop word filtration.
```

执行停用词删除之后,可得到以下输出:

```
Sample sentence demonstrating stop word filtration
```

可以看到,原句中的停用词"This""is"和"a"已被删除,只留下重要的单词。

本章包含专门用于此目的的 Python 代码。你可以参考它来了解本章中描述的每个操作。

4.5 拼写检查和纠正

拼写检查和纠正指的是纠正文本中的拼写错误。这很重要,因为拼写错误的单词会导致数据不一致并影响算法的准确性。例如，来看以下句子：

```
I am going to the bakkery
```

这将转换为以下内容：

```
I am going to the bakery
```

接下来，我们将讨论词形还原。

4.6 词形还原

词形还原（lemmatization）是一种文本规范化方法，旨在将单词简化为其基本形式或词典形式（称为 lemma）。词形还原的主要目的是汇总同一单词的各种形式，以便于将它们分析为统一的词条。

例如，考虑以下句子：

```
Three cats were chasing the mice in the fields, while one cat watched one mouse.
```

在这个句子的上下文中，"cat"和"cats"是同一个单词的两种不同形式，"mouse"和"mice"也是同一个单词的两种不同形式。词形还原会将这些词还原为它们的基本形式：

```
the cat be chasing the mouse in the field, while one cat watched one mouse.
```

在本示例中，"cat"和"cats"都已简化为基本形式"cat"，而"mouse"和"mice"都已简化为基本形式"mouse"。这样可以更好地分析文本，因为"cat"和"mouse"现在被视为同一词条，而不管它们的词形变化如何。

可以使用各种自然语言处理库和工具（例如 NLTK、spaCy 和 Stanford CoreNLP）来执行词形还原。

4.7 词干提取

词干提取（stemming）指的是将单词简化为其基本形式或词根形式，即所谓的"词干"（stem）。此过程通常用于自然语言处理中，以准备文本以供分析、检索或存储。词干提取算法的工作原理是切断单词的结尾或后缀，只留下词干。

词干提取的目的是将单词的所有变格形式或派生形式转换为通用的基本形式。例如，"running"一词的词干是"run"，而"runs"一词的词干也是"run"。

一种常用的词干提取算法是 Porter 词干提取算法。该算法基于一系列规则，这些规则可以识别后缀并将其从单词中删除以获取词干。例如，Porter 算法会通过删除"ing"后缀将单词"leaping"转换为"leap"。

让我们通过一个例句来了解词干提取的实际作用：

```
They are running and leaping across the walls
```

以下是提取词干获得的文本（使用 Porter 算法）：

```
They are run and leap across the wall
```

可以看到，"running"和"leaping"这两个单词已经分别被转换为其基本形式"run"和"leap"，并且"walls"中的后缀"s"也已被删除。

词干提取可用于文本分析任务（例如信息检索或情感分析），因为它可以减少文档或语料库中唯一单词的数量，并有助于对相似的单词进行分组。但是，词干提取也可能导致错误，因为它有时会产生不是实际单词的词干，或者产生不是单词预期基本形式的词干。例如，词干提取器可能会将"walk"作为"walked"和"walking"的词干，尽管"walk"和"walked"的含义不同。因此，评估词干提取的结果以确保其产生准确且有用的结果非常重要。

4.8 命名实体识别

命名实体识别（named entity recognition，NER）是一种自然语言处理技术，旨在检测和分类文本中的命名实体，包括但不限于人名、组织名称、位置等。NER 的主要目标是从非结构化文本数据中自主识别和提取有关这些命名实体的信息。

NER 通常需要使用机器学习模型，例如条件随机场（conditional random field，CRF）或循环神经网络（RNN），将给定句子中的单词标记为其相应的实体类型。这些模型在包含带标签实体的文本的大型注释数据集上进行训练。然后，这些模型使用基于上下文的规则来识别新文本中的命名实体。

NER 可以识别多种类别的命名实体，其中包括如下命名实体。
- 人名（person）：指名道姓的个人，例如"Barack Obama"。
- 组织（organization）：指定的公司、机构或组织，例如"Google"。

- 地点（location）：一个命名的地点，例如"New York City"。
- 日期（date）：指定的日期或时间，例如"January 1, 2023"。
- 产品（product）：命名的产品或品牌，例如"iPhone"。

现在让我们通过一个示例来看看 NER 的工作原理：

```
Apple Inc. is a technology company headquartered in Cupertino, California.
```

在本示例中，NER 会将"Apple Inc."识别为组织，将"Cupertino, California"识别为地点。NER 系统的输出可以是句子的结构化表示，如下所示：

```
{
    "organization": "Apple Inc.",
    "location": "Cupertino, California"
}
```

NER 在各个领域都有许多应用，包括信息检索、问答、情感分析等。它可用于从非结构化文本数据中自动提取结构化信息，这些信息可进一步分析或用于下游任务。

执行 NER 有不同的方法和工具，但执行 NER 的一般步骤如下。

（1）数据收集：首先需要收集用于 NER 的数据。这些数据可以是非结构化文本的形式，例如各种文章、社交媒体帖子或网页等。

（2）预处理：在数据收集完成之后即可进行预处理，其中包括标记化、删除停用词、词干提取或词形还原以及规范化等各个步骤。

（3）标记：在预处理之后，即可用命名实体标签来标记数据。标记方案有很多种，但最常用的方案之一是"内部-外部-开头"（Inside-Outside-Beginning，IOB）标记方案。在此方案中，文本中的每个单词都被标记为 B（命名实体的开头）、I（命名实体的内部）或 O（命名实体的外部）。

（4）训练：一旦数据标记完成，即可训练机器学习模型来识别新的、未见过的文本中的命名实体。有不同类型的模型可用于命名实体识别，例如基于规则的系统、统计模型和深度学习模型等。

（5）评估：在训练模型之后，重要的是评估其在测试数据集上的性能。这有助于识别模型中的任何问题，例如过拟合、欠拟合或偏差等。

（6）部署：最后，可以部署经过训练的模型，对新的、未见过的文本执行 NER。这可以实时或批量模式完成，具体取决于应用程序的要求。

现在让我们来看一个执行 NER 的示例。

原文：

```
Apple is negotiating to buy a Chinese start-up this year.
```

预处理之后的文本：

`apple negotiating buy Chinese start-up year`

标记之后的文本：

`B-ORG O O B-LOC O O`

在本示例中可以看到，命名实体"Apple"和"Chinese"分别被标识为组织（B-ORG）和位置（B-LOC）。"this year"在本示例中没有被识别为命名实体，但是，如果使用更复杂的标记方案或如果模型针对这一点进行了训练，那么它可能会被识别为命名实体。

命名实体识别可以使用多个库，具体取决于编程语言和项目的需求。让我们来看看一些常用的库。

- spaCy：这是一个广泛使用的开源库，专为各种自然语言处理任务而设计，包括 NER。该库提供跨多种语言的预训练模型，此外还使用户能够根据其特定需求针对不同领域进行模型训练。
- NLTK：这是另一个广泛用于自然语言处理任务（包括 NER）的库。它提供了多个预训练的模型，还允许用户训练自己的模型。
- Stanford Named Entity Recognizer（NER）：这是一个基于 Java 的 NER 工具，可为多种语言提供预训练模型，包括英语、德语和中文。
- AllenNLP：AllenNLP 是一个流行的开源库，用于构建和评估自然语言处理模型，包括 NER。它可以为包括 NER 在内的多项任务提供预训练模型，还允许用户训练自己的模型。
- Flair：这是一个用于自然语言处理（包括 NER）的 Python 库。它可为多种语言提供预训练模型，还允许用户训练自己的模型。
- 文本工程通用架构（General Architecture for Text Engineering，GATE）：这是一套用于自然语言处理（包括 NER）的工具。它提供了一个用于创建和评估自然语言处理模型的图形界面，还允许用户为特定任务开发自定义插件。

还有许多其他库也可用于 NER，库的选择取决于编程语言、可用模型和项目的具体要求等因素。接下来，让我们看看词性标注和执行此任务的不同方法。

4.9 词性标注

词性标注（Part-Of-Speech tagging，POS tagging）是将名词、动词、形容词等语法标签

赋予句子中的单个单词的做法。此标注过程是各种自然语言处理任务（包括文本分类、情感分析和机器翻译）的基础步骤，具有重要意义。

词性标注可以使用多种方法进行，例如基于规则的方法、统计方法和基于深度学习的方法。本节将简要概述每一种方法。

4.9.1 基于规则的方法

基于规则的词性标注方法指的是定义一组规则或模式，以便自动对文本中的单词标注其相应的词性，例如名词、动词、形容词等。

该过程需要定义一组规则或模式，以识别句子中的不同词性。例如，一条规则可能规定以"-ing"结尾的任何单词都是动名词（充当名词的动词），而另一条规则可能规定以冠词（如"a"或"an"）开头的任何单词都是名词。

这些规则通常基于语言知识，例如语法和句法知识，并且通常与特定语言相关。它们还可以通过词典或字典来补充，以提供有关单词含义和用法的附加信息。

基于规则的标注过程指的是将这些规则应用于给定的文本并识别每个单词的词性。这可以手动完成，但通常使用支持正则表达式和模式匹配的软件工具和编程语言自动完成。

基于规则的方法的一个优点是，如果规则设计得当，涵盖广泛的语言现象，那么它们的准确率就会很高。它们还可以针对特定领域或文本类型（例如科学文献或法律文件）进行定制。

但是，基于规则的方法也有一个局限性，那就是它们可能无法捕捉到自然语言的全部复杂性和多变性，而且随着语言的演变和变化，可能需要付出巨大努力来开发和维护规则。它们还可能难以处理歧义，例如，一个单词可能根据上下文有多个可能的词性。

尽管存在这些限制，基于规则的词性标注方法仍然是自然语言处理中的重要方法，对于需要高准确率和精确度的应用而言尤其如此。

4.9.2 统计方法

词性标注的统计方法基于使用概率模型自动为句子中的每个单词分配最可能的词性标注。这些方法依赖于标注文本的训练语料库，其中词性标注已经分配给单词，以了解特定单词与每个标注相关联的概率。

词性标注主要使用两种统计方法：隐马尔可夫模型（Hidden Markov Model，HMM）和 CRF 模型。

HMM 是一类概率模型，广泛应用于处理序列数据（包括文本）。在词性标注的背景下，

HMM 表示与单词序列有关的词性标注序列的概率分布。

HMM 假设句子中特定位置的词性标注的可能性仅取决于序列中的前一个标注。此外，它们还假设给定特定单词的标注，其可能性与句子中的其他单词无关。为了确定给定句子的最可能词性标注序列，HMM 采用 Viterbi 算法。

CRF 是另一种概率模型，常用于序列标记任务，包括词性标注。CRF 与 HMM 的不同之处在于，它将根据输入序列（即单词）对输出序列（即词性标注）的条件概率进行建模，而不是对输出序列和输入序列的联合概率进行建模。这使得 CRF 与 HMM 相比，能够捕获输入和输出序列之间更复杂的依赖关系。

CRF 使用迭代算法（例如梯度下降或 L-BFGS）来学习模型的最佳权重集。

统计方法的优点如下。
- 统计方法可以捕捉单词的上下文以及句子中单词之间的关系，从而获得更为准确的标注结果。
- 这些方法可以处理训练数据中不存在的单词和句子。
- 统计方法可以在大型数据集上进行训练，从而使其能够捕捉自然语言中的更多变化和模式。

统计方法的缺点如下。
- 这些方法需要大量带注释的数据进行训练，创建这些数据可能非常耗时且成本高昂。
- 统计方法对训练数据的质量很敏感，如果数据嘈杂或有偏差，则可能会表现不佳。
- 统计模型通常是黑匣子，因此很难解释模型做出的决策。

4.9.3 基于深度学习的方法

基于深度学习的词性标注方法指的是训练神经网络模型来预测给定句子中每个单词的词性标注。这些方法可以学习文本数据中的复杂模式和关系，从而准确地使用适当的词性来标注单词。

最流行的基于深度学习的词性标注方法之一是使用带有长短期记忆（LSTM）单元的循环神经网络（RNN）。基于 LSTM 的模型可以处理单词序列并捕获它们之间的依赖关系。模型的输入是一系列单词嵌入（embedding），它们是高维空间中单词的向量表示。这些嵌入是在训练过程中学习的。

基于 LSTM 的模型由 3 个主要层组成：输入层、LSTM 层和输出层。该结构可将词向量作为输入层。随后，LSTM 层处理这些向量的序列，旨在掌握它们固有的相互依赖性。

最终，输出层负责预测输入序列中每个单词的词性标注。

另一种流行的基于深度学习的词性标注方法是使用基于 Transformer 的模型，例如 Bidirectional Encoder Representations from Transformers（BERT）。

BERT 是一种预先训练的语言模型，采用基于 Transformer 的架构来深入了解句子中单词之间的上下文关系。它经过大量文本数据的训练，可以进行微调。它在各种自然语言处理任务中表现出色，其中之一就是词性标注。

要使用 BERT 进行词性标注，必须对输入句子进行分词（tokenized），并为每个分词分配一个初始词性标注。然后将分词嵌入（token embedding）输入预先训练的 BERT 模型中，该模型将为每个分词输出具有上下文意识的嵌入。这些嵌入通过前馈神经网络来预测每个分词的最终词性标注。

用于词性标注的深度学习方法已在众多基准数据集上展现出领先的性能。尽管如此，它们的有效性需要大量的训练数据和计算资源，而且训练过程可能非常耗时。此外，它们可能缺乏可解释性，这使得人们很难理解模型是如何进行预测的。

有多个库可用于在各种编程语言（包括 Python、Java 和 C++）中执行词性标注。一些提供词性标注功能的流行自然语言处理库包括：NLTK、spaCy、Stanford CoreNLP 和 Apache OpenNLP 等。

以下是在 Python 中使用 NLTK 库进行词性标注的示例：

```
import nltk
input_sentence = "The young white cat jumps over the lazy dog"
processed_tokens = nltk.word_tokenize(input_sentence)
tags = nltk.pos_tag(processed_tokens)
print(tags)
```

其输出如下：

```
[('The', 'DT'), (young, 'JJ'), (white, 'NN'), ('cat', 'NN'), ('jumps', 'VBZ'), ('over', 'IN'), ('the', 'DT'), ('lazy', 'JJ'), ('dog', 'NN')]
```

在上述示例中，nltk.pos_tag()函数用于标注句子中的单词。该函数返回一个元组列表，其中每个元组包含一个单词及其词性标注。此处使用的词性标注是基于宾州树库标记集（Penn Treebank tagset）的。

4.10 正则表达式

正则表达式（regular expression）是一种文本模式，在现代编程语言和软件中有多种应用。它们可用于验证输入是否符合特定文本模式、在较大的文本主体中定位与模式匹配的文本、用替代文本替换与模式匹配的文本、重新排列匹配文本的部分内容，以及将文本块划分为子文本列表等，但如果使用不当，则可能会导致意想不到的后果。

在计算机科学和数学中，正则表达式这个术语源于数学表达式中的"正则性"（regularity）概念，正则性一般用来衡量函数的光滑程度，正则性越高，函数的光滑性越好。

正则表达式，通常称为 regex 或 regexp，是构成搜索模式的一系列字符。正则表达式用于匹配和操作文本，通常在文本处理、搜索算法和自然语言处理环境中使用。

正则表达式由字符和元字符（metacharacter）混合而成，它们共同构成了在文本字符串中搜索的模式。

正则表达式最简单的形式是必须精确匹配的字符序列。例如，正则表达式"hello"将匹配任何按顺序包含字符"hello"的字符串。

元字符是正则表达式中具有预定义含义的独特字符。例如，"."（小点）元字符用于匹配任何单个字符，而"*"（星号）元字符则用于匹配前面字符或组的零个或多个实例。

正则表达式可用于广泛的文本处理任务。让我们仔细看看这些任务。

4.10.1 验证输入

正则表达式可通过将输入与模式进行匹配来验证输入。例如，你可以使用正则表达式来验证电子邮件地址或电话号码。

4.10.2 文本操作

使用正则表达式进行文本操作指的是使用模式匹配技术来查找和操作文档或数据集中的文本字符串。正则表达式是处理文本数据的强大工具，允许进行复杂的搜索和替换、文本提取以及格式化等操作。

可以使用正则表达式完成的一些常见文本操作任务如下。
- 搜索和替换：使用正则表达式在文档中搜索特定模式或字符序列，并将其替换为其他文本或格式。
- 数据提取：通过定义与特定数据格式相匹配的模式，正则表达式可用于从文本中提取所需数据。

使用正则表达式进行数据提取的一般步骤如下。

（1）定义正则表达式模式：第一步是定义与要提取的数据匹配的正则表达式模式。例如，如果要从文本文档中提取所有电话号码，则可以定义与电话号码格式匹配的模式。

（2）编译正则表达式模式：建立正则表达式模式后，下一步是将其编译为正则表达式对象，这样才可用于匹配目的。

（3）在文本中搜索模式：编译正则表达式对象后，即可使用它在文本中搜索模式。你可以在单个字符串或较大的文本块中搜索模式。

（4）提取匹配的数据：在文本中搜索模式后，可以提取与该模式匹配的数据。你可以提取匹配数据的所有出现位置，也可以仅提取第一次出现的位置。

现在让我们来看一个在 Python 中使用正则表达式从字符串中提取出所有电子邮件地址的示例：

```
import re
text = "John's email is john@example.com and Jane's email is jane@example.com"
# Pattern for email addresses:
pattern = r'\b[A-Za-z0-9._%+-]+@[A-Za-z0-9.-]+\.[A-Z|a-z]{2,}\b'
regex = re.compile(pattern)
# Search for all occurrences of the pattern in the text:
matches = regex.findall(text)
print(matches)
```

其输出如下：

```
['john@example.com', 'jane@example.com']
```

接下来，我们将介绍文本清洗。

4.10.3 文本清洗

文本清洗是指使用正则表达式清洗和标准化文本数据，从而删除不需要的字符、空格或其他格式。

以下是一些使用正则表达式的常见文本清洗技术。

- 删除特殊字符：正则表达式可用于匹配和删除特定字符，如标点符号、括号和其他特殊符号。例如，[^a-zA-Z0-9] 正则表达式将匹配任何非字母数字字符。
- 删除停用词：如前文所述，停用词是诸如"the" "and"和"but"之类的常用词，通常需要从文本中删除这些词，以专注于更有意义的词。可以使用正则表达式匹配并从文本中删除这些词。
- 删除 HTML 标签：如果你处理的是从网站上抓取的文本，则可能需要在分析文本之前删除 HTML 标签。可以使用正则表达式来匹配和删除 HTML 标签。

- 将文本转换为小写：可以使用正则表达式将所有文本转换为小写或大写，这样可以更容易地进行比较和分析。
- 规范化文本：规范化指的是将文本转换为标准格式。正则表达式可用于执行诸如词干提取和词形还原之类的任务，这涉及将单词还原为其词根形式。

通过使用正则表达式进行文本清洗，你可以从文本中删除噪声和不相关的信息，从而更容易分析和提取有意义的见解。

4.10.4 解析

解析（parse）指的是分析文本字符串以根据指定的语法辨别其语法结构。正则表达式是文本解析的有力工具，尤其是在处理简单且规则的语法模式时。

要使用正则表达式解析文本，你需要为要解析的语言定义语法。语法应指定句子的可能组成部分，例如名词、动词、形容词等，以及规定如何组合这些组成部分以形成有效句子的规则。

定义语法后，即可使用正则表达式来识别句子的各个组成部分及其之间的关系。例如，可以使用正则表达式匹配句子中的所有名词或者识别动词的主语和宾语。

使用正则表达式进行解析的一种常见方法是定义一组与语法中的不同词性和句子结构相对应的模式。例如，你可以定义一个匹配名词的模式，一个匹配动词的模式，以及一个匹配由主语、后跟的动词和宾语组成的句子的模式。

要使用这些模式进行解析，你需要使用正则表达式引擎将它们应用于文本字符串，该引擎会将模式与字符串的适当部分进行匹配。解析过程的输出将是解析树或其他表示句子语法结构的数据结构。

正则表达式解析的一个局限性是它通常不适合处理更复杂的或模糊不清的语法。例如，一个单词根据上下文理解既可能是名词也可能是动词时，或者句子结构含糊不清时，处理起来可能会很困难。

还可以使用正则表达式根据特定模式或分隔符将较大的文本文档分成较小的块或标记。

要使用正则表达式进行文本操作，通常需要定义一个与要查找或操作的文本相匹配的模式。此模式可以包含特殊字符和语法，以定义构成文本字符串的字符、数字或其他元素的特定序列。

例如，正则表达式模式\d{3}-\d{2}-\d{4}可用于在较大的文本文档中搜索和提取社会安全号码（相当于美国身份证号码，格式为XXX – XX – XXXX）。此模式先匹配3个数字的序列，后跟一个英文破折号，然后是两个数字、另一个英文破折号，最后是四个数字，后跟一个非数字，它们一起代表了美国社会安全号码的标准格式。

一旦定义了正则表达式模式，即可将其与各种文本操作工具和编程语言（如 grep、sed、awk、Perl、Python 等）一起使用，执行复杂的文本操作任务。

某些编程语言（例如 Perl 和 Python）内置了对正则表达式的支持。其他编程语言（例如 Java 和 C++）则要求你使用库或 API 来处理正则表达式。

虽然正则表达式是强大的文本处理工具，但它们也可能很复杂且难以理解。熟悉正则表达式的语法和行为对于在代码中有效地使用它们非常重要。

4.11 标 记 化

标记化（tokenization，也称为分词化）是自然语言处理中的一个过程，指的是将一段文本或一个句子分解为单个单词或标记（token，也称为分词）。标记化过程可应用于各种形式的数据，例如文本文档、社交媒体帖子、网页等。

标记化过程是许多自然语言处理任务中重要的初始步骤，因为它会将非结构化文本数据转换为可使用机器学习算法或其他技术进行分析的结构化格式。这些标记可用于在文本中执行各种操作，例如计算词频、识别最常见短语等。

标记化有以下不同方法。

- 单词标记化：此方法使用空格、标点符号和其他字符作为分隔符，将一段文本拆分为单个单词或标记。例如，请看以下句子：

```
The nimble white cat jumps over the sleepy dog
```

这可以标记为以下单词列表：

```
["The", "nimble", "white", "cat", "jumps", "over", "the", "sleepy", "dog"]
```

- 句子标记化：此方法使用句号、感叹号和问号等标点符号作为分隔符，将一段文本拆分为单个句子。例如，请看以下段落：

```
This is the first sentence.
This is the second sentence.
This is the third sentence.
```

这可以标记为以下句子列表：

```
["This is the first sentence.",
 "This is the second sentence.",
 "This is the third sentence."]
```

- 正则表达式标记化：此方法使用正则表达式来定义标记化规则。正则表达式可用于匹配文本中的模式，例如电子邮件地址、URL 或电话号码等，并将它们提取为单个标记。

标记化是自然语言处理中的一个重要步骤，并用于许多应用，例如情感分析、文档分类、机器翻译等。

标记化也是语言模型中的一个重要步骤。例如，在著名的语言模型 BERT 中，分词器（tokenizer，也称为标记器）是一个子词分词器（sub-word tokenizer），这意味着它会将单词分解为较小的子词单元（称为分词）。它使用 WordPiece 标记化，这是一种数据驱动的方法，可根据正在训练的文本语料库构建大量子词词汇表。

使用分词器也是语言模型中的一个重要步骤。例如，BERT 使用 WordPiece 分词器，它采用将单词分成完整形式或较小组成部分——单词片段（word piece）的技术。这意味着一个单词可以用多个标记来表示。它采用数据驱动的方法，基于正在训练的文本语料库构建大量子词词汇表。这些子词单元表示为嵌入，用作 BERT 模型的输入。

BERT 分词器的一个关键特性是它可以处理词汇表外（out-of-vocabulary，OOV）的单词。如果分词器遇到不在其词汇表中的单词，它会将该单词分解为子词，并将该单词表示为其子词向量的组合。在本书后面将更详细地解释 BERT 及其分词器。

在语言模型中使用分词器的好处是可以将输入的数量限制为词典的大小，而不是所有可能的输入。例如，BERT 的词汇表大小为 30 000 个单词，这有助于限制深度学习语言模型的大小。使用更大的分词器将增加模型的大小。

接下来，让我们看看如何在完整的预处理流程中使用本章介绍的方法。

4.12　文本预处理流程解释

本书配套 GitHub 存储库中包含本章示例 Notebook 文件。

4.12.1　文本预处理

本小节需参考文件 Ch4_Preprocessing_Pipeline.ipynb

现在我们以 Ch4_Preprocessing_Pipeline.ipynb 文件为例解释完整的文本预处理流程。

如以下代码所示,我们的输入是带有编码标签的格式化文本,类似于从 HTML 网页中提取的内容:

```
"<SUBJECT LINE> Employees details<END><BODY TEXT>Attached are 2 files,\n1st one is pairoll, 2nd is healtcare!<END>"
```

来看看将每个步骤应用到文本的效果。

(1)解码/删除编码:

```
Employees details. Attached are 2 files, 1st one is pairoll, 2nd is healtcare!
```

(2)小写处理:

```
employees details. attached are 2 files, 1st one is pairoll, 2nd is healtcare!
```

(3)数字转单词:

```
employees details. attached are two files, first one is pairoll, second is healtcare!
```

(4)删除标点符号和其他特殊字符:

```
employees details attached are two files first one is pairoll second is healtcare
```

(5)拼写纠正:

```
employees details attached are two files first one is payroll second is healthcare
```

(6)删除停用词:

```
employees details attached two files first one payroll second healthcare
```

(7)词干提取:

```
employe detail attach two file first one payrol second healthcar
```

(8)词形还原:

```
employe detail attach two file first one payrol second healthcar
```

至此,我们已经了解了不同的预处理方法及其可能的结果。接下来,让我们看看用于执行命名实体识别和词性标注的代码。

4.12.2 命名实体识别和词性标注

本小节需参考文件 Ch4_NER_and_POS.ipynb。

本示例使用了 Python 的 spaCy 库来执行这些任务。我们的输入如下：

```
The companies that would be releasing their quarterly reports tomorrow
are Microsoft, 4pm, Google, 4pm, and AT&T, 6pm.
```

以下是命名实体识别（NER）的输出：

```
The companies that would be releasing their quarterly DATE reports tomorrow
DATE are Microsoft ORG, 4pm TIME, Google ORG, 4pm TIME, and AT&T ORG , 6pm
TIME .
```

可以看到，使用 NER 功能时，能够检测到与公司名称或日期相关的句子部分。

图 4.1 显示了执行词性标注的示例。

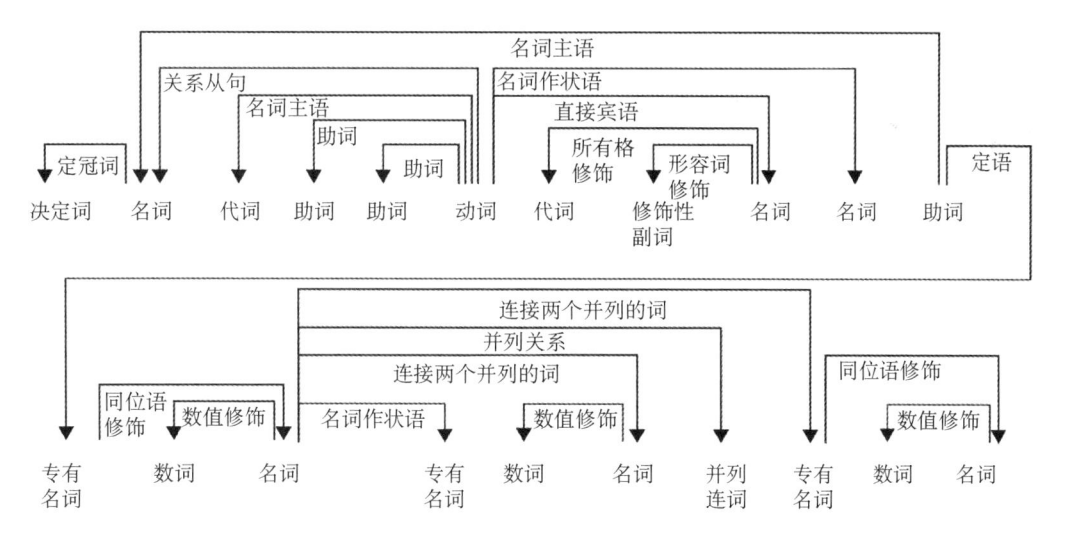

图 4.1 使用 spaCy 进行词性标注

其输出如下：

```
[['companies', 'NOUN'],
 ['releasing', 'VERB'],
 ['quarterly', 'ADJ'],
```

```
['reports', 'NOUN'],
['tomorrow', 'NOUN'],
['Microsoft', 'PROPN'],
['pm', 'NOUN'],
['Google', 'PROPN'],
['pm', 'NOUN'],
['AT&T', 'PROPN'],
['pm', 'NOUN']]
```

上述代码示例说明了文本预处理各个方面的功能，它处理原始文本并将其转换为适合下游模型的形式，以符合整体设计的目的。

4.13 小　　结

本章介绍了一系列文本预处理的技术和方法，包括规范化、标记化、停用词删除、词性标注等。我们探讨了这些技术的不同方法，例如词性标注的基于规则的方法、统计方法和基于深度学习的方法。我们还讨论了每种方法的优缺点，并提供了相关示例和代码片段来说明它们的具体用法。

现在你应该对文本预处理的重要性有所了解，并掌握了可用于清洗和准备文本数据以供后期分析的各种技术和方法。你应该能够使用 Python 中流行的库和框架实现这些技术，并了解不同方法之间的权衡。此外，你应该更好地探索如何处理文本数据以在情感分析、主题建模和文本分类等自然语言处理任务中获得更好的结果。

在下一章中，我们将解释文本分类以及执行此任务的不同方法。

第 5 章 利用传统机器学习技术增强文本分类能力

本章将深入探讨文本分类问题,这是自然语言处理(NLP)和机器学习(ML)中的一项基础任务,用于将文本文档分类为预定义的类别。随着数字文本数据量持续呈指数级增长,准确高效地对文本进行分类的能力对于情感分析、垃圾邮件检测和文档组织等各种应用变得越来越重要。本章将全面概述文本分类中采用的关键概念、方法和技术,以满足不同知识背景和技能水平读者的需求。

首先,本章将探讨各种类型的文本分类任务及其独特特征,深入了解每种类型所带来的挑战和机遇。

其次,我们将介绍 N-gram 的概念,并讨论如何将它们用作文本分类的特征,这不仅可以捕获单个单词,还可以捕获文本中的局部上下文和单词序列。

然后,我们将研究广泛使用的词频-逆文档频率(term frequency-inverse document frequency,TF-IDF)方法,该方法可根据单词在文档和整个语料库中的频率为单词分配权重,展示其在区分文本分类任务的相关单词方面的有效性。

接下来,我们将深入研究强大的 Word2Vec 算法及其在文本分类中的应用。我们将讨论 Word2Vec 如何创建单词的密集向量表示以捕捉语义和关系,以及如何将这些嵌入用作特征来提高分类性能。此外,我们还将介绍一些流行的架构,例如连续词袋(continuous bag-of-word,CBOW)和 skip-gram,从而更深入地了解它们的内部工作原理。

最后,我们将探讨主题建模(topic modeling)的概念,这是一种在文档集合中发现隐藏主题结构的技术。我们将研究诸如潜在狄利克雷分配(latentdirichlet allocation,LDA)之类的流行算法,并概述如何将主题建模应用于文本分类,从而发现文档之间的语义关系并提高分类性能。

本章将帮助你全面了解文本分类中采用的底层概念和技术,并为你提供成功解决现实世界文本分类问题所需的知识和技能。

本章包含以下主题:
- 文本分类的类型
- 基于 N-gram 的文本分类
- 基于 TF-IDF 的文本分类
- Word2Vec 及其在文本分类中的应用

- 主题建模
- Jupyter Notebook 中用于文本分类任务的机器学习系统设计

5.1 技术要求

为了有效地阅读和理解本章，你需在各个技术领域打下坚实的基础，例如，掌握有关自然语言处理、机器学习和线性代数的基本概念，熟悉文本预处理技术（如标记化、停用词删除以及词干提取或词形还原等），这些对于理解数据准备阶段都是必要的。

此外，了解基本的机器学习算法（如逻辑回归和支持向量机）对于实现文本分类模型至关重要。最后，你还应熟悉准确率（accuracy）、精确率（precision）、召回率（recall）和 F1 分数（F1 score）等评估指标以及过拟合、欠拟合和超参数调整等概念，这将有助于更深入地了解文本分类中的挑战和最佳实践。

5.2 文本分类的类型

文本分类是一项自然语言处理任务，指的是机器学习算法根据文本内容为文本分配预定义类别或标签。它需要在标记数据集上训练模型，以使其能够准确预测未见或新文本输入的类别。文本分类方法可分为 3 类：监督学习、无监督学习和半监督学习。

- 监督学习（supervised learning）：这种类型的文本分类指的是在标记数据上训练模型，其中每个数据点都与目标标签或类别相关联。然后，该模型使用这些标记数据来学习输入文本和目标标签之间的模式和关系。用于文本分类的监督学习算法的示例包括朴素贝叶斯（Naive Bayes）、支持向量机（SVM），以及神经网络，例如卷积神经网络（CNN）和循环神经网络（RNN）。
- 无监督学习（unsupervised learning）：这种类型的文本分类指的是将文本文档聚类或分组为类别或主题，而无须事先知道类别或标签。当没有可用的标记数据或类别或主题数量未知时，无监督学习很有用。用于文本分类的无监督学习算法的示例包括 K 均值聚类（K-means clustering）、LDA 和分层狄利克雷过程（hierarchical Dirichlet process，HDP）。
- 半监督学习（semi-supervised learning）：这种类型的文本分类结合了监督学习和无监督学习方法。它指的是使用少量标记数据来训练模型，然后使用该模型对剩余的未标记数据进行分类。然后，该模型将使用未标记的数据来提高其分类性能。

当标记数据稀缺或获取成本高昂时，半监督学习很有用。用于文本分类的半监督学习算法的示例包括自训练（self-training）、协同训练（co-training）和多视图学习（multi-view learning）。

这些文本分类类型各有优缺点，适用于不同类型的应用。了解这些类型有助于为给定问题选择合适的方法。接下来，我们将详细解释每种方法。

5.3 监督学习

监督学习是机器学习的一种，该类型的算法将从标记数据中学习以预测新的、未见数据的标签。

在文本分类语境中，监督学习指的是在标记数据集上训练模型，其中每个文档或文本样本都标有相应的类别或类。然后，该模型将使用这些训练数据来学习文本特征与其相关标签之间的模式和关系。

（1）在监督文本分类任务中，第一步是获取标记数据集，其中每个文本样本都用其对应的类别或类进行了注释。

带标签的数据集被认为具有最高级别的可靠性。一般来说，它是由主题专家手动审查文本并为每个项目分配适当的类别得出的。当然，也可能有一些自动方法来获取标签。例如，在网络安全领域，你可以收集历史数据，然后分配标签，这可能会收集每个项目之后的结果（即该操作是否合法）。由于大多数领域都存在此类历史数据，因此它们也可以作为可靠的标记集。

（2）在获取标记数据集之后，还需要预处理文本数据，为建模做好准备。这可能包括标记化、词干提取或词形还原、删除停用词以及其他文本预处理技术等步骤。

（3）预处理后，文本数据被转换成数字特征，通常使用词袋（bag-of-word）或 TF-IDF 编码等技术。

（4）在获得数字特征之后，监督学习算法（如逻辑回归、SVM 或神经网络）将使用它们在标记数据集上进行训练。

模型训练完成之后，即可根据学习到的模式以及文本特征与其相关标签之间的关系来预测新的、未见文本数据的类别或种类。

监督学习算法通常用于文本分类任务。接下来，让我们仔细看看一些用于文本分类的常见监督学习算法。

5.3.1 朴素贝叶斯

朴素贝叶斯（Naive Bayes）是一种常用于文本分类的概率算法。它是基于贝叶斯定理的，该定理指出，给定一些已观察到的证据（evidence），某项假设（hypothesis）成立的概率与该假设下证据出现的概率乘以该假设成立的先验概率成正比。在文本分类任务的语境中，证据指的是文档中出现的单词，而假设则是指"文档属于某个特定类别"的假设。例如，如果我们在文档中看到"姚明"这个词，则"该文档属于体育新闻"这一分类假设成立的概率会很高，这是由观察到的证据和假设的先验概率共同决定的。

朴素贝叶斯假设在给定类别标签的情况下，特征（单词）彼此独立，这就是其名称中"朴素"一词的由来。

5.3.2 逻辑回归

逻辑回归（logistic regression）是一种用于二元分类问题（即只有两个可能类别的问题）的统计方法。它使用逻辑函数对文档属于特定类别的概率进行建模，该函数将任何实值输入映射到 0 到 1 之间的值。

5.3.3 支持向量机

支持向量机（SVM）是一种功能强大的分类算法，可用于各种应用，包括文本分类。SVM 的基本工作原理是找到最能将数据划分为不同类别的超平面。

在文本分类中，特征通常是文档中的单词，超平面用于将所有可能的文档的空间划分为与不同类别相对应的不同区域。

所有这些算法都可以使用标记数据进行训练，训练集中每个文档的类标签都是已知的。训练完成后，模型可用于预测新的未标记文档的类标签。模型的性能通常使用准确率、精确率、召回率和 F1 分数等指标来评估。

5.4 无监督学习

无监督学习是另一种机器学习类型，其使用的数据是未标记的，算法将自行寻找模式和结构。在文本分类中，当没有可用的标记数据或目标是发现文本数据中的隐藏模式时，可以使用无监督学习方法。

5.4.1 聚类

一种常见的文本分类无监督学习方法是聚类（clustering）。聚类算法可根据内容将相似的文档归为一组，而无须事先了解每篇文档的内容。聚类可用于识别文档集合中的主题或将相似的文档归为一组以供进一步分析。

5.4.2 LDA

另一种流行的文本分类无监督学习算法是潜在狄利克雷分配（LDA）。LDA 是一种概率生成模型，它假设语料库中的每个文档都是主题的混合，每个主题都是单词的概率分布。即使主题没有明确标记，LDA 也可用于发现文档集合中的潜在主题。

5.4.3 词嵌入

词嵌入（word embedding）也是一种用于文本分类的流行无监督学习技术。词嵌入是单词的密集向量表示，可根据单词出现的上下文捕获其语义。它们可用于识别相似的单词并查找单词之间的关系，这对于文本相似性和推荐系统等任务非常有用。常见的词嵌入模型包括 Word2Vec 和 GloVe。

Word2Vec 是一种流行的算法，可用于生成词向量，即高维空间中单词的向量表示。该算法由谷歌的一个研究团队（由 Tomas Mikolov 领导）于 2013 年开发。Word2Vec 背后的主要思想是，出现在相似上下文中的单词往往具有相似的含义。

该算法将大量文本作为输入，并为词汇表中的每个单词生成一个向量表示。这些向量通常是高维的（如 100 或 300 维），可用于执行各种自然语言处理任务，例如情感分析、文本分类和机器翻译。

Word2Vec 使用两种主要架构：CBOW 和 skip-gram。在 CBOW 架构中，算法将尝试在给定上下文词窗口的情况下预测目标词。在 skip-gram 架构中，算法将尝试在给定目标词的情况下预测上下文词。训练目标是在给定输入的情况下最大化目标词或上下文词的可能性。

Word2Vec 已在自然语言处理社区中得到广泛采用，并在各种基准测试中表现出优异性能。它还被用于许多实际应用中，例如推荐系统、搜索引擎和聊天机器人。

5.5 半监督学习

半监督学习是一种介于监督学习和无监督学习之间的机器学习范式。它将利用标记数据和未标记数据的组合进行训练，当底层模型需要标记数据（这很昂贵或耗时）时，这种方法尤其有用。这种方法允许模型利用未标记数据中的信息来提高其在分类任务上的表现。

在文本分类中，当我们拥有的标记文档数量有限但未标记文档数量庞大时，半监督学习可能会大有裨益。它的目标是通过利用未标记数据中包含的信息来提高分类器的性能。

目前有若干种常见的半监督学习算法，包括标签传播和协同训练。接下来就让我们更详细地了解一下这些算法。

5.5.1 标签传播

标签传播（label propagation）是一种基于图的半监督学习算法。它可使用已标记和未标记的数据点构建图，每个数据点表示为一个节点（node），边（edge）表示节点之间的相似性。该算法的工作原理是根据相似性将标签从已标记节点传播到未标记节点。

该算法的关键思想是相似的数据点应该具有相似的标签。算法将首先为未标记节点分配初始标签概率，这通常基于它们与已标记节点的相似性。然后，通过迭代过程将这些概率传播到整个图中，直至收敛。最终的标签概率用于对未标记数据点进行分类。

5.5.2 协同训练

协同训练（co-training）是另一种半监督学习技术，它可以针对数据的不同视图训练多个分类器。视图（view）是足以完成学习任务的特征子集，并且给定类标签时这些特征在条件上是独立的。该算法的基本思想是使用一个分类器的预测来标记一些未标记的数据，然后使用新标记的数据来训练另一个分类器。这个过程是迭代执行的，每个分类器都会改进另一个分类器，直至满足停止标准。

5.5.3 半监督学习应用举例

如何将半监督学习应用于特定领域？让我们以医学领域为例进行简单说明。

假设我们想要将此类科学文章分为心脏病学、神经病学和肿瘤学等不同类别。我们有一小部分已标记的文章和一大批未标记的文章。

一种可能的方法是使用标签传播，通过创建文章图，其中节点代表文章，边代表文章之间的相似性。相似性可以基于各种因素，如使用的单词、涵盖的主题或文章之间的引用网络。传播标签后，即可根据最终的标签概率对未标记的文章进行分类。

或者，我们也可以使用协同训练，将特征拆分为两个视图，例如文章的摘要和全文。我们将训练两个分类器，每个视图一个分类器，并使用另一个分类器对未标记数据的预测迭代更新分类器。

在这两种情况下，目标都是利用未标记数据中的信息来提高分类器在特定领域的性能。

本章后面还将详细讨论监督文本分类和主题建模。

5.6 使用独热编码向量表示进行句子分类

独热编码（one-hot encoding）向量表示是一种将分类数据（例如单词）表示为二元向量的方法。在文本分类的语境中，独热编码可用于将文本数据表示为分类模型的数字输入特征。以下是使用独热编码向量进行文本分类的详细说明。

5.6.1 文本预处理

要使用独热编码向量表示进行句子分类，首先要做的便是预处理文本数据，这在第 4 章中已有详细介绍。预处理的主要目标是将原始文本转换为更结构化和一致的格式，以便机器学习算法能轻松理解和处理。文本预处理对于独热编码向量分类至关重要，以下是几个原因。

- 降噪：原始文本数据通常包含噪声，例如错别字、拼写错误、特殊字符和格式不一致等。预处理有助于清洗文本，减少可能对分类模型的性能产生负面影响的噪声。
- 降维：独热编码向量表示具有高维性，因为数据集中的每个唯一单词都对应一个单独的特征。预处理技术（例如停用词删除、词干提取或词形还原）可以帮助减少词汇量，从而降低特征空间的维数。这可以提高分类算法的效率并降低过拟合的风险。
- 一致的表示：将所有文本转换为小写并应用词干提取或词形还原可确保具有相同含义或词根形式的单词在独热编码向量中一致表示。这可以帮助分类模型从数据中学习更有意义的模式，因为它不会将同一个词的不同形式视为单独的特征。
- 处理不相关信息：预处理可以帮助删除可能对分类任务没有帮助的不相关信息，例如 URL、电子邮件地址或数字。删除此类信息可以提高模型关注文本中有意义的单词和模式的能力。

- 提高模型性能：预处理后的文本数据可以提高分类模型的性能，因为模型将从更干净、更结构化的数据集中学习。这可以提高准确率和对新的、未见过的文本数据的泛化能力。

一旦完成了对文本的预处理，即可开始提取文本中的单词。我们称此任务为词汇构建（vocabulary construction）。

5.6.2 词汇构建

词汇构建指的是构建一个包含预处理文本中所有唯一单词的词汇表。为词汇表中的每个单词分配一个唯一索引。

词汇表构建是为独热编码向量分类准备文本数据的重要步骤。词汇表是预处理文本数据中所有唯一单词（标记）的集合。它是为每个文档创建独热编码特征向量的基础。以下是独热编码向量分类词汇表构建过程的详细说明。

（1）创建唯一词的集合：预处理文本数据后，收集所有文档中的所有单词并创建唯一词的集合。该集合将代表词汇表。

词汇表中单词的顺序并不重要，但跟踪分配给每个单词的索引至关重要，因为它们稍后将用于创建独热编码向量。

例如，假设预处理之后的数据集由以下两个文档组成：
- 文档1："apple banana orange"
- 文档2："banana grape apple"

则该数据集的词汇表为：

```
{"apple","banana","orange","grape"}
```

（2）为单词分配索引：获得唯一单词集后，为词汇表中的每个单词分配一个唯一索引。这些索引将用于为每个文档创建独热编码向量。

使用前面的示例，你可以分配以下索引：
- "apple":0
- "banana":1
- "orange":2
- "grape":3

5.6.3 独热编码

有了构建好的词汇表和指定的索引，即可为数据集中的每个文档创建独热编码向量。

创建独热编码向量的一种简单方法是使用词袋。对于文档中的每个单词，找到其在词汇表中的对应索引，并在独热编码向量中将该索引处的值设置为1。如果某个单词在文档中出现多次，则其在独热编码向量中的对应值仍为1。向量中的所有其他值都将为0。

例如，使用前面提到的词汇表和索引，文档的独热编码向量将如下所示：
- 文档1：[1,1,1,0]（有 apple、banana 和 orange）
- 文档2：[1,1,0,1]（有 apple、banana 和 grape）

一旦获得了每个文档的相应值，即可创建一个以独热编码向量为行的特征矩阵，其中每行代表一个文档，每列代表词汇表中的一个单词。该矩阵将用作文本分类模型的输入。例如，在前面的例子中，两个文档的特征向量如表 5.1 所示：

表 5.1 两个文档的独热编码向量示例

	apple	banana	orange	grape
文档1	1	1	1	0
文档2	1	1	0	1

需要强调的是，在进行文本预处理之后，词汇量会减少，从而提高模型性能。除此之外，如果需要，我们还可以对提取的特征向量执行特征选择方法（详见第3章），以提高模型性能。

虽然用单词创建一个独热编码向量很有用，但有时我们需要考虑两个单词并排存在的情况。例如，"very good"和"not good"可能有完全不同的含义。为了实现这个目标，可以使用 N-gram。

5.6.4 N-gram

N-gram 是词袋模型的泛化，通过考虑 n 个连续单词的序列来考虑单词的顺序。N-gram 是来自给定文本的 n 个项目（通常是单词）的连续序列。例如，在句子"The cat is on the mat"中，二元语法（2-gram）将是"The cat""cat is""is on""on the"和"the mat"。

使用 N-gram 有助于捕捉局部上下文和词语关系，从而提高分类器的性能。但是，它也会增加特征空间的维数，从而导致计算成本高昂。

5.6.5 模型训练

本阶段将在特征矩阵上训练机器学习模型（例如逻辑回归、SVM 或神经网络），以了解独热编码文本特征与目标标签之间的关系。

模型将学习根据文档中特定单词的存在与否来预测类别标签。一旦决定了训练过程，即需要执行以下任务。

- 模型评估：使用适当的评估指标（例如准确率、精确率、召回率、F1 分数或混淆矩阵等）评估模型的性能，并使用交叉验证等技术来获得模型在未见数据上的性能的可靠估计。
- 模型应用：将训练好的模型应用到新的、未见过的文本数据中。使用相同的词汇对新文本数据进行预处理和独热编码，并使用模型预测类标签。

使用独热编码向量进行文本分类的一个潜在局限性是它们无法捕捉单词顺序、上下文，或者单词之间的语义关系。这可能会导致性能不佳，尤其是在更复杂的分类任务中。在这种情况下，一些更先进的技术，例如词嵌入（Word2Vec 或 GloVe）或深度学习模型（如 CNN 或 RNN），可以为文本数据提供更好的表示。

总之，使用独热编码向量进行文本分类涉及预处理文本数据、构建词汇表、将文本数据表示为独热编码特征向量、在特征向量上训练机器学习模型、评估模型性能和将模型应用于新文本数据等步骤。独热编码向量表示是一种简单但可能有局限性的文本分类方法，对于复杂的任务也许需要更高级的技术。

到目前为止，我们已经了解了如何使用 N-gram 对文档进行分类。但是，这种方法有一个缺点：文档中有相当多的单词经常出现，但在我们的模型中没有体现出应有的价值。为了改进模型，研究人员提出了使用 TF-IDF 进行文本分类的方法。

5.7 使用 TF-IDF 进行文本分类

独热编码向量是一种很好的分类方法。但是，它的一个缺点是没有考虑到不同文档中不同单词的重要性。为了解决这个问题，使用 TF-IDF 可能会有所帮助。

5.7.1 TF-IDF 计算的数学解释

词频-逆文档频率（term frequency-inverse document frequency，TF-IDF）是一种数值统计量，用于衡量文档集合中某个文档内单词的重要性。它有助于反映文档中单词的相关性，不仅考虑单词在文档中的频率，还考虑单词在整个文档集合中的稀有性。单词的 TF-IDF 值与其在文档中的频率成正比增加，但会因单词在整个文档集合中的频率而抵消。

以下是计算 TF-IDF 所涉及的数学方程的详细解释。

- 词频（term frequency，TF）：文档 d 中单词 t 的 TF 表示该单词在文档中出现的次数，该值将以文档中的单词总数进行归一化。TF 可使用以下公式计算：

  TF(t,d) = 单词 t 在文档 d 中出现的次数/文档 d 中的单词总数

  TF 衡量的是某个单词在特定文档中的重要性。
- 逆文档频率（inverse document frequency，IDF）：单词 t 的 IDF 反映该单词在整个文档集合中的稀有性。IDF 可以使用以下公式计算：

  IDF(t) = log((集合中的文档总数)/(包含单词 t 的文档数))

  上式中，对数函数用于衰减 IDF 分量的影响，如果一个词出现在很多文档中，那么它的 IDF 值会更接近 0，而如果它出现在较少的文档中，则它的 IDF 值会很高。
- TF-IDF 计算：文档 d 中单词 t 的 TF-IDF 值可以通过将文档中单词的 TF 与文档集合中单词的 IDF 相乘来计算：

  TF - IDF(t,d) = TF(t,d) * IDF(t)

  由此得出的 TF-IDF 值表示文档中某个单词的重要性，它既考虑了单词在文档中出现的频率，也考虑了单词在整个文档集合中的稀有性。
  TF-IDF 值高表示单词在特定文档中更重要，而 TF-IDF 值低则表示单词在所有文档中很常见或在特定文档中很少见。

5.7.2 TF-IDF 应用实例

现在让我们通过一个简单的例子来增强对 TF-IDF 方法的理解。

假设我们需要将电影评论分为两类：正面（positive）和负面（negative）。我们有一个小数据集，其中包含 3 条电影评论及其各自的标签，如下所示：
- 文档 1（positive）：

```
"I loved the movie.The acting was great and the story was captivating."
```

（我很喜欢这部电影。演员演技很棒，故事情节引人入胜。）
- 文档 2（negative）：

```
"The movie was boring.I did not like the story,and the acting was
terrible."
```

（这部电影很无聊。我不喜欢这个故事，演员的表演也很糟糕。）
- 文档 3（positive）：

```
"An amazing movie with a wonderful story and brilliant acting."
```

（一部精彩的电影，故事精彩，演技精湛。）

现在，我们将使用 TF-IDF 对一条新的、未见过的电影评论进行分类：

- 文档 4（未知）：

```
The story was interesting,and the acting was good.
```

（故事很有趣，表演也很精彩。）

要使用分类器预测文档的类别，可执行以下步骤。

（1）预处理文本数据：标记化、转换为小写、删除停用词，并对所有文档中的单词应用词干提取或词形还原：

- 文档 1："love movi act great stori captiv"
- 文档 2："movi bore not like stori act terribl"
- 文档 3："amaz movi wonder stori brilliant act"
- 文档 4："stori interest act good"

（2）创建词汇表：将预处理文档中的所有唯一单词组合起来。

词汇表：

```
{"love","movi","act","great","stori","captiv","bore","not","like","terribl",
"amaz","wonder","brilliant","interest","good"}
```

（3）计算 TF 和 IDF 值：计算每个文档中每个单词的 TF 和 IDF 值。

例如，对于文档 4（Document 4）中的单词"stori"，其 TF 和 IDF 值计算如下：

$$TF("stori", Document\ 4) = 1 / 4 = 0.25$$

$$IDF("stori") = \log(4 / 3) \approx 0.287$$

（4）计算 TF-IDF 值：计算每个文档中每个单词的 TF-IDF 值。

同样以文档 4 中的单词"stori"为例，其 TF-IDF 值计算如下：

$$TF\text{-}IDF("stori", Document\ 4) = 0.25 * 0.287 \approx 0.0717$$

对所有文档中的所有单词重复此过程，并使用 TF-IDF 值创建特征矩阵。

（5）训练分类器：将数据集拆分为训练集（文档 1 至 3）和测试集（文档 4）。使用训练集的 TF-IDF 特征矩阵及其对应的标签（positive 或 negative）训练分类器（例如逻辑回归或 SVM）。

（6）预测类别标签：使用相同的词汇预处理并计算新电影评论（文档 4）的 TF-IDF 值。使用训练后的分类器根据文档 4 的 TF-IDF 特征向量预测其类别标签。

例如，如果分类器预测文档 4 的电影评价为正面，则分类结果如下：

文档 4（预测）："positive"

通过遵循这些步骤，你可以使用 TF-IDF 表示法，根据文档中单词相对于整个文档集合的重要性对文本文档进行分类。

总之，TF-IDF 值是使用 TF 和 IDF 的数学公式计算得出的。它衡量了文档中某个单词相对于整个文档集合的重要性，同时考虑了该单词在文档中出现的频率以及在所有文档中的稀有性。

5.8 使用 Word2Vec 进行文本分类

执行文本分类的方法之一是将单词转换为嵌入向量，以便你可以使用这些向量进行分类。Word2Vec 是一种执行此任务的著名方法。

5.8.1 CBOW 和 skip-gram 架构的数学解释

Word2Vec 是一组基于神经网络的模型，可用于创建词向量，即连续向量空间中单词的密集向量表示。这些嵌入可根据单词在文本中出现的上下文来捕获单词之间的语义和关系。

如前文所述，Word2Vec 有两种主要架构：CBOW 和 skip-gram，它们被设计用来学习词嵌入。这两种架构都是通过基于周围上下文预测单词来学习词嵌入的。

- 连续词袋（continuous bag-of-word，CBOW）：CBOW 架构旨在根据周围的上下文词来预测目标词。它将上下文词嵌入的平均值作为输入并预测目标词。CBOW 训练速度更快，并且适用于较小的数据集，但对于不常见的词可能不太准确。
  在 CBOW 模型中，目标（objective）是最大化给定上下文（context）词观察到目标（target）词的平均对数（log）概率：

$$\text{Objective}_{\text{CBow}} = \frac{1}{T} \sum_{\text{context}} \log(P(\text{target} | \text{context}))$$

其中，T 是文本中的单词总数，$P(\text{target}|\text{context})$ 是在给定上下文单词的情况下观察到目标单词的概率，使用 softmax 函数计算：

$$P(\text{target} | \text{context}) = \frac{e^{\mathbf{v}_{\text{target}}^T \cdot \mathbf{v}_{\text{context}}}}{\sum_i e^{\mathbf{v}_i^T \cdot \mathbf{v}_{\text{context}}}}$$

其中，$\mathbf{v}_{\text{target}}^T$ 是目标词的输出向量（词嵌入）。$\mathbf{v}_{\text{context}}$ 是上下文词的平均输入向量（上

下文词嵌入）。分母中的求和将计算词汇表中所有单词。
- skip-gram：skip-gram 架构旨在根据目标词预测周围的上下文词。它将目标词嵌入作为输入并预测上下文词。skip-gram 适用于较大的数据集，可以更准确地捕捉到不常见词的含义，但与 CBOW 相比，训练速度可能较慢。

在 skip-gram 模型中，目标（objective）是最大化给定目标（target）词时观察到上下文（context）词的平均对数（log）概率：

$$\text{Objective}_{\text{Skip-Gram}} = \frac{1}{T} \sum_{\text{context}} \log(P(\text{context} \mid \text{target}))$$

其中，T 是文本中的单词总数，$P(\text{context} \mid \text{target})$ 是在给定目标词的情况下观察到上下文词的概率，使用 softmax 函数计算：

$$P(\text{context} \mid \text{target}) = \frac{e^{\mathbf{v}_{\text{context}}^T \cdot \mathbf{v}_{\text{target}}}}{\sum_i e^{\mathbf{v}_i^T \cdot \mathbf{v}_{\text{target}}}}$$

其中，$\mathbf{v}_{\text{context}}^T$ 是上下文词的输出向量（上下文词嵌入），$\mathbf{v}_{\text{target}}$ 是目标词的输入向量（词向量），分母中的求和将计算词汇表中的所有单词。

CBOW 和 skip-gram 的训练过程都需要遍历文本并使用随机梯度下降（stochastic gradient descent，SGD）和反向传播更新输入和输出权重矩阵，以最小化预测单词和实际单词之间的差异。学习到的输入权重矩阵包含词汇表中每个单词的词嵌入。

5.8.2 使用 Word2Vec 进行文本分类的具体步骤

使用 Word2Vec 进行文本分类需要使用 Word2Vec 算法创建词嵌入，然后训练机器学习模型以根据这些嵌入对文本进行分类。具体步骤如下。

（1）文本预处理：通过标记化、转换为小写、删除停用词以及执行词干提取或词形还原等操作来清洗和预处理文本数据。

（2）训练 Word2Vec 模型：在预处理后的文本数据上训练 Word2Vec 模型（CBOW 或 skip-gram）以创建词向量。

Word2Vec 算法将学习根据上下文预测目标词（CBOW）或根据目标词预测上下文词（skip-gram）。具体的数学解释详见 5.8.1 节。

（3）创建文档嵌入（Document Embedding）：对于数据集中的每个文档，通过对文档中单词的词嵌入（Word Embedding）取平均值来计算文档嵌入：

$$\text{Document Embedding} = \frac{1}{N}\sum_i \text{Word Embedding}_i$$

其中，N 是文档中的单词数，求和将计算文档中所有单词的总和。

> **注意**
> 请注意，根据我们的经验，这种使用 Word2Vec 进行文本分类的方法仅在文档长度较短时才有用。如果你的文档较长或文档中有相反的单词，则此方法效果不佳。

另一种解决方案是使用 Word2Vec 和卷积神经网络（CNN）一起获取单词嵌入，然后将这些嵌入作为 CNN 的输入。

（4）模型训练：使用文档嵌入作为特征来训练机器学习模型（例如逻辑回归、SVM 或神经网络）进行文本分类。模型将学习根据文档嵌入预测类标签。

（5）模型评估：使用适当的评估指标（例如准确率、精确率、召回率、F1 分数或混淆矩阵）评估模型的性能，并使用交叉验证等技术来获得模型在未见数据上性能的可靠估计。

（6）模型应用：将训练好的模型应用于新的、未见过的文本数据。使用相同的 Word2Vec 模型和词汇表对新文本数据进行预处理并计算文档嵌入，并使用该模型预测类标签。

总之，使用 Word2Vec 进行文本分类涉及使用 Word2Vec 算法创建词向量，对这些向量取平均值以创建文档向量，并训练机器学习模型以根据这些文档向量对文本进行分类。Word2Vec 算法通过最大化给定目标词时观察到上下文词的平均对数概率来学习词向量，从而在此过程中捕获词之间的语义关系。

5.8.3 模型评估

评估文本分类模型的性能对于确保它们达到所需的准确率和泛化能力至关重要。通常使用多种指标和技术来评估文本分类模型，包括准确率、精确率、召回率、F1 分数和混淆矩阵。让我们更详细地了解一下这些指标和技术。

- 准确率（accuracy）：准确率是分类任务最直接的指标。它衡量所有分类记录中正确分类的记录数量。其定义如下：

$$\text{Accuracy} = \frac{\text{(True Positives + True Negatives)}}{\text{(True Positives + True Negatives + False Positives + False Negatives)}}$$

其中，True Positives 为真阳性（预测为阳性，实际为阳性），True Negatives 为真阴性（预测为阴性，实际为阴性），False Positives 为假阳性（预测为阳性，实际为阴性），False Negatives 为假阴性（预测为阴性，实际为阳性）。

虽然准确性很容易理解，但对于严重不平衡的数据集来说，它可能不是最好的指标，因为多数类别可以主导指标的值。

- 精确率（precision）：精确率衡量正确识别的阳性例与模型预测为阳性例的样本总数的比例。它也被称为阳性预测值（positive predictive value，PPV）。在与假阳性相关的成本很高的情况下，精确率指标很有价值。精确率定义如下：

$$\text{Precision} = \frac{\text{True Positives}}{\text{True Positives} + \text{False Positives}}$$

其中，True Positives 为真阳性，False Positives 为假阳性。

- 召回率：召回率也称为敏感度（sensitivity）或真阳性率（true positive rate，TPR），评估正确识别的阳性样本占实际阳性样本总数的比例。当假阴性成本很高时，召回率很有用。从数学上讲，它的定义如下：

$$\text{Recall} = \frac{\text{True Positives}}{\text{True Positives} + \text{False Negatives}}$$

其中，True Positives 为真阳性，False Negatives 为假阴性。

- F1 分数（F1Score）：F1 分数是准确率和召回率的调和平均值，可将这两个指标整合为一个统一值。它是数据集不平衡情况下的一个重要指标，因为它同时考虑了假阳性和假阴性。F1 分数的范围从 0 到 1，其中 1 代表最佳结果。F1 分数的数学表示如下：

$$\text{F1 Score} = 2 \frac{\text{Precision} \cdot \text{Recall}}{\text{Precision} + \text{Recall}}$$

在处理多类分类时，可以使用微观平均 F1 分数（F1 micro）和宏观平均 F1 分数（F1 macro）。

微观平均 F1 分数和宏观平均 F1 分数是计算多类或多标签分类问题的 F1 分数的两种方法。它们以不同的方式汇总精确率和召回率，从而导致对分类器性能的不同解释。让我们更详细地研究一下。

- 宏观平均 F1 分数：宏观平均 F1 分数可独立计算每个类别的 F1 分数，然后取这些值的平均值。这种方法将每个类别视为同等重要，而不考虑类别不平衡的情况。从数学上讲，宏观平均 F1 分数定义如下：

$$\text{F1}_{\text{Macro}} = \frac{1}{n} \sum_i \text{F1}_i$$

其中，n 是类别的数量，F1_i 是第 i 个类别的 F1 分数。

当你想要评估分类器在所有类别中的表现，而不给多数类别赋予更多权重时，宏观平均 F1 分数特别有用。但是，当类别分布高度不平衡时，它可能不适用，因为它会对模型的性能做出过于乐观的估计。
- 微观平均 F1 分数：F1 微将汇总所有类别的贡献以计算 F1 分数。它通过计算所有类别的全局精确率和召回率值，然后根据这些全局值计算 F1 分数来实现这一点。微观平均 F1 分数考虑了类别不平衡的情况，因为它考虑了每个类别中的样本数量。从数学上讲，微观平均 F1 分数定义如下：

$$F1_{Micro} = 2 \frac{Global\ Precision \cdot Global\ Recall}{Global\ Precision + Global\ Recall}$$

其中，Global Precision 为全局精确率，Global Recall 为全局召回率，它们的计算如下：

$$Global\ Precision = \frac{\sum True\ Positives}{\sum True\ Positives + \sum False\ Positives}$$

$$Global\ Recall\ \frac{\sum True\ Positives}{\sum True\ Positives + \sum False\ Negatives}$$

当你想要评估考虑类分布情况的分类器的整体性能时，微观平均 F1 分数指标很有用，尤其是在处理不平衡数据集时。

总之，宏观平均 F1 分数和微观平均 F1 分数是计算多类别或多标签分类问题的 F1 分数的两种方法。宏观平均 F1 分数将每个类别视为同等重要，不管类别分布情况如何；而微观平均 F1 分数则通过考虑每个类别中的样本数量来考虑类别不平衡的情况。

宏观平均 F1 分数和微观平均 F1 分数之间的选择取决于具体问题以及是否需要考虑类别不平衡问题等因素。

5.8.4 混淆矩阵

混淆矩阵（confusion matrix）是一种表格形式，可显示分类模型做出的真阳性、真阴性、假阳性和假阴性预测的数量。此矩阵提供了对模型功效的更细致的视角，使人们能够彻底了解其优缺点。

对于二元分类问题，混淆矩阵的排列如表 5.2 所示：

表 5.2 混淆矩阵

实际值/预测值	（预测）阳性类	（预测）阴性类
（实际）阳性类	真阳性（真阳性类）	假阴性（假阴性类）
（实际）阴性类	假阳性（假阳性类）	真阴性（真阴性类）

对于多类分类问题，混淆矩阵被扩展以包含每个类的真实计数和预测计数。对角线元素表示正确分类的样本，而非对角线元素则表示错误分类。

总而言之，评估文本分类模型涉及使用各种指标和技术，例如准确率、精确率、召回率、F1 分数和混淆矩阵等。究竟选择哪些评估指标取决于具体分类问题、数据集特征以及假阳性和假阴性之间的权衡等。使用多种指标评估模型可以更全面地了解其性能并有助于指导进一步的改进。

5.8.5 过拟合和欠拟合

过拟合和欠拟合是训练机器学习模型（包括文本分类模型）期间出现的两个常见问题。它们都与模型对新数据泛化的效果有关。本小节将解释过拟合和欠拟合、它们发生的时间以及如何防止它们。

1. 过拟合

当模型过度适应训练数据的复杂性时，就会出现过拟合。在这种情况下，模型会捕捉噪声和随机波动，而不是辨别基本模式。因此，尽管模型可能在训练数据上表现出高性能，但当应用于未见数据（例如验证集或测试集）时，其有效性会降低。

为了避免文本分类中的过拟合，可考虑以下策略。

- 正则化：引入正则化技术，例如 L1 或 L2 正则化，这会给损失函数添加惩罚，从而阻止过于复杂的模型。
- 提前停止：在这种方法中，我们将监控模型在验证集上的表现，一旦验证集上的表现开始变差，即使模型在训练集上表现得越来越好，也立即停止训练过程。它有助于防止过拟合。
- 特征选择：通过选择最具信息量的特征或使用降维技术（如 PCA 或 LSA）来减少用于分类的特征数量。
- 集成方法：结合多个模型，例如装袋法（bagging）或提升法（boosting），通过平均它们的预测来减少过拟合。
- 交叉验证：使用 k 折交叉验证来获得对未知数据模型性能的更可靠估计，并相应地微调模型超参数。

接下来，让我们看看欠拟合。

2. 欠拟合

当模型过于简单且无法捕捉数据中的潜在模式时，就会发生欠拟合。因此，模型在训练和测试数据上的表现都很差。欠拟合模型过于简单，无法表示数据的复杂性，也不能很好地在新的未见数据上泛化。

为了避免文本分类中的欠拟合，可考虑以下策略。
- 增加模型的复杂性：使用更复杂的模型（例如更深的神经网络）来捕捉数据中更复杂的模式。
- 特征工程：创建新的、信息丰富的特征，帮助模型更好地理解文本数据中的底层模式，例如添加 N-gram 或使用词嵌入。
- 超参数调整：优化模型超参数（例如学习率、层数或隐藏单元数），以提高模型从数据中学习的能力。在 5.8.6 节中将对此展开详细讨论，并介绍执行此任务的不同方法。
- 增加训练数据：如果可能的话，收集更多标记数据进行训练，因为更多的样本可以帮助模型更好地学习底层模式。
- 降低正则化：如果模型正则化程度较高，可以考虑降低正则化强度，让模型变得更复杂，更好地拟合数据。

总之，过拟合和欠拟合是文本分类中两个常见问题，会影响模型对新数据进行泛化的能力。避免出现这些问题需要平衡模型的复杂性、使用适当的特征、调整超参数、采用正则化方法以及监控验证集上的模型性能等。通过解决过拟合和欠拟合问题，你可以提高文本分类模型的性能和泛化能力。

5.8.6 超参数调整

构建有效分类模型的一个重要步骤是超参数调整。超参数是在训练之前定义的模型参数，它们在训练期间不会改变。这些参数决定了模型架构和行为。常用的一些超参数是学习率和迭代次数。它们可以显著影响模型的性能和泛化能力。

文本分类中的超参数调整过程涉及以下步骤。

（1）定义超参数及其搜索空间：确定要优化的超参数，并指定每个超参数的可能值范围。文本分类中的常见超参数包括学习率、层数、隐藏单元数、舍弃（dropout）率、正则化强度以及特征提取参数（如 N-gram 或词汇表大小）。

（2）选择搜索策略：选择一种方法来探索超参数搜索空间，例如网格搜索、随机搜索或贝叶斯优化。

网格搜索将系统地评估所有超参数值的组合，而随机搜索则会在搜索空间内对随机组合进行采样。贝叶斯优化将使用概率模型来指导搜索，根据模型的预测平衡探索和利用。

（3）选择评估指标和方法：选择最能代表文本分类任务目标的性能指标，例如准确率、精确率、召回率、F1 分数或 ROC 曲线下面积。此外，还可以选择一种评估方法，例如 k 折交叉验证，以获得模型对未见数据性能的可靠估计。

（4）执行搜索：对于每个超参数值组合，在训练数据上训练一个模型，并使用所选指标和评估方法评估其性能。跟踪表现最佳的超参数组合。

（5）选择最佳超参数：搜索完成后，选择在评估指标上产生最佳性能的超参数组合。在整个训练集上使用这些超参数重新训练模型。

（6）在测试集上进行评估：在保留的测试集上评估具有优化超参数的最终模型的性能，以获得其泛化能力的无偏估计。

超参数调整通过找到最佳参数组合来影响模型的性能，从而在所选评估指标上实现最佳模型性能。调整超参数可以帮助解决过拟合和欠拟合等问题，平衡模型复杂性，并提高模型在新的未见数据上的泛化能力。

总之，超参数调整是文本分类中的一个关键过程，其目标是搜索模型参数的最佳组合，以最大限度地提高所选评估指标的性能。通过仔细调整超参数，可以极大地提高文本分类模型的性能和泛化能力。

5.8.7　文本分类应用中的其他问题

在现实世界中，文本分类应用还涉及各种实际考虑和挑战，这些考虑和挑战源于现实世界数据的性质和问题要求。一些常见问题包括处理不平衡数据集、处理噪声数据以及选择适当的评估指标等。

让我们更详细地讨论每一个问题。

1. 处理不平衡的数据集

文本分类任务经常会遇到不平衡的数据集，其中某些类别的样本数量明显高于其他类别。这种不平衡可能导致模型出现偏差，在预测多数类别方面表现出色，而在准确分类少数类别方面却表现得一塌糊涂。

要处理不平衡的数据集，可考虑以下策略。

- 重采样：你可以对少数类进行过采样，对多数类进行欠采样，或者将两者结合使用，以平衡类别分布。
- 加权损失函数：在损失函数中赋予少数类更高的权重，使得模型对少数类的误分类更加敏感。
- 集成方法：使用集成技术（如装袋法或提升法）并重点关注少数类。例如，你可以使用装袋法的随机欠采样或对成本敏感的提升法。
- 评估指标：选择对类别不平衡不太敏感的评估指标（例如精确率、召回率、F1 分数或 ROC 曲线下面积）而不是准确率指标。对于高度不平衡的数据集来说，再高的准确率可能也无用。
- 处理噪声数据：现实世界中的文本数据通常很嘈杂，包含拼写错误、语法错误或不相关的信息等。噪声数据会对文本分类模型的性能产生负面影响。

2. 去除数据中的噪声

要处理噪声数据，请考虑以下策略。
- 预处理：通过纠正拼写错误、删除特殊字符、扩展缩写以及将文本转换为小写形式来清洗文本数据。
- 停用词删除：删除没有太多含义的常用词，例如"the" "is" "and"等。
- 词干提取或词形还原：将单词简化为其词根形式，以最大限度地减少形态变化所产生的影响。
- 特征选择：使用卡方检验或互信息等技术来选择最具信息量的特征，减少噪声或不相关特征的影响。

无论你是否在处理不平衡数据，都需要评估模型，选择正确的指标来评估模型是非常重要的。接下来，让我们看看如何选择最佳指标来评估模型。

3. 选择合适的评估指标

选择正确的评估指标对于衡量文本分类模型的性能和指导模型改进至关重要。

选择评估指标时请考虑以下几点。
- 问题要求：选择与文本分类任务的特定目标（例如尽量减少误报或漏报）相符的指标。误报就是假阳性，漏报是假阴性。
- 类别不平衡：对于不平衡的数据集，可使用对类别不平衡数据有效的指标（例如精确率、召回率、F1 分数或 ROC 曲线下面积）而不使用准确率指标。
- 多类别或多标签问题：对于多类别或多标签分类任务，可使用诸如微观平均 F1 分数和宏观平均 F1 分数之类的指标，这些指标可根据问题的要求以不同的方式汇总精确率和召回率。

总之，文本分类的实际考虑包括处理不平衡的数据集、处理噪声数据以及选择适当的评估指标等。解决这些问题有助于提高文本分类模型的性能和泛化能力，并确保它们满足问题的特定要求。

5.9 主题建模——无监督文本分类的一个特殊用例

主题建模（topic modeling）是一种无监督机器学习技术，用于在大量文档中发现抽象主题。它假设每个文档都可以表示为多个主题的混合，并且每个主题都表示为单词的分布。主题建模的目标是找到底层主题及其单词分布，以及每个文档的主题比例。

主题建模算法有很多种，但其中最流行、应用最广泛的算法之一是潜在狄利克雷分配（LDA）。

接下来，我们将详细讨论 LDA，包括其数学公式。

5.9.1 LDA 的工作原理和数学解释

LDA 是一个生成式概率模型。它是一种文档主题生成模型，也称为三层贝叶斯概率模型，这三层是指词、主题和文档三层。所谓生成式模型（generative model），就是指我们认为一篇文章的每个词都是通过"文章以一定概率选择了某个主题，并从这个主题中以一定概率选择某个词语"这样一个过程得到的。

LDA 假设每个文档都有以下生成过程。

（1）选择文档中的字数。

（2）使用参数 α 从狄利克雷分布中为文档选择一个主题分布（θ）。

（3）对于文档中的每个单词，执行以下操作：

- 从主题分布（θ）中选择一个主题（z）。
- 从所选主题对应的单词分布（φ）中选择一个单词（w）。这个与所选主题对应的单词分布是使用参数 β 从狄利克雷分布中获取的。

该生成过程是 LDA 算法使用的一种理论模型，用于根据假定的主题对原始文档进行逆向工程。

LDA 的目的是找到最能解释所观察到的文档的主题-单词分布（φ）和文档-主题分布（θ）。

从数学上来说，LDA 可以用以下符号来描述。

- M：文档数量。
- N：文档中的单词数。
- K：主题数量。
- α：文档-主题分布之前的狄利克雷分布，它影响文档内主题的稀疏性。

- β：主题-单词分布之前的狄利克雷分布，它影响主题内单词的稀疏性。
- θ：文档-主题分布（$M \times K$ 矩阵）。
- φ：主题-单词分布（$K \times V$ 矩阵，其中 V 是词汇表大小）。
- z：每个文档中每个单词的主题分配（$M \times N$ 矩阵）。
- w：在文档中观察到的单词（$M \times N$ 矩阵）。

给定主题-单词分布（φ）和文档-主题分布（θ），文档中主题分配（z）和观察到单词（w）的联合概率可以写成如下形式：

$$P(z,w|\theta,\varphi) = \prod_{i=1}^{M}\prod_{j=1}^{M} P(w_{ij}|\varphi,z_{ij})P(z_{ij}|\theta_i)$$

LDA 的目标是在给定狄利克雷先验 α 和 β 的情况下，最大化观察到单词的可能性：

$$P(w|\alpha,\beta) = \iint P(w|\theta,\varphi)P(\theta|\alpha)P(\varphi|\beta)d\theta d\varphi$$

但是，由于需要对潜在变量 θ 和 φ 进行积分，直接计算似然值是比较困难的。因此，LDA 常使用近似推理算法，例如 Gibbs 抽样或变分推理（variational inference），来估计后验分布 $P(\theta|w,\alpha,\beta)$ 和 $P(\varphi|w,\alpha,\beta)$。

一旦估计了后验分布，即可得到文档-主题分布（θ）和主题-单词分布（φ），它们可以用来分析发现的主题及其单词分布，以及每个文档的主题比例。

5.9.2 LDA 应用示例

现在让我们来看一个主题建模的简单示例。

假设有以下 3 个文档的集合：

- 文档 1：

```
"I love playing football with my friends."
```

（我喜欢和朋友们一起踢足球。）

- 文档 2：

```
"The football match was intense and exciting."
```

（足球比赛非常激烈，非常精彩。）

- 文档 3：

```
"My new laptop has an amazing battery life and performance."
```

(我的新笔记本电脑的电池寿命和性能都非常出色。)

假设我们想要在这个文档集合中发现两个主题（$K=2$）。以下是需要执行的步骤。

（1）预处理：首先需要对文本数据进行预处理，这通常指的是标记化、停用词删除和词干提取/词形还原（前面已经解释过）。为简单起见，本示例将跳过这些步骤，并假设我们的文档已经完成预处理。

（2）初始化：选择狄利克雷先验分布的初始值 α 和 β。例如，我们可以设置：

$$\alpha = [1,1]$$
$$\beta = [0.1, 0.1, \cdots, 0.1]$$

在这里假设词汇表中每个单词的 V 维向量为 0.1。

（3）随机主题分配：为每个文档中的每个单词随机分配一个主题（1 或 2）。

（4）迭代推理（例如，Gibbs 抽样或变分推理）：迭代更新主题分配以及主题-单词分布（φ）和文档-主题分布（θ），直至收敛或达到固定的迭代次数。此过程会细化分配和分布，最终找出底层主题结构。

（5）解释：在算法收敛或达到最大迭代次数后，即可通过查看每个主题最可能的单词和每个文档最可能的主题来解释发现的主题。

在本示例中，LDA 可能会发现以下主题：

- 主题 1：

```
{"football","playing","friends","match","intense","exciting"}
```

- 主题 2：

```
{"laptop","battery","life","performance"}
```

对于这些主题，文档-主题分布（θ）可能如下所示：

- $\theta_1 = [0.9, 0.1]$（文档 1 有 90% 的概率与主题 1 有关，有 10% 的概率与主题 2 有关）。
- $\theta_2 = [0.8, 0.2]$（文档 2 有 80% 的概率与主题 1 有关，有 20% 的概率与主题 2 有关）。
- $\theta_3 = [0.1, 0.9]$（文档 3 有 10% 的概率与主题 1 有关，有 90% 的概率与主题 2 有关）。

在此示例中，主题 1 似乎与足球和体育有关，而主题 2 似乎与技术和小工具有关。每个文档的主题分布表明，文档 1 和文档 2 主要与足球有关，而文档 3 则与技术有关。

需要强调的是，这是一个简化的示例，现实世界的数据需要更复杂的预处理和更大量的迭代才能收敛。

接下来，我们将讨论在实践工作或研究环境中整合完整项目的范例。

5.10 用于文本分类任务的真实机器学习系统设计

本节致力于探讨如何将前面介绍的各种方法应用于实际实现。我们将使用 Python 构建一个完整的工作流程。

为了提供全面的学习体验，我们将讨论典型机器学习项目的整个过程。图 5.1 描述了机器学习项目的不同阶段。

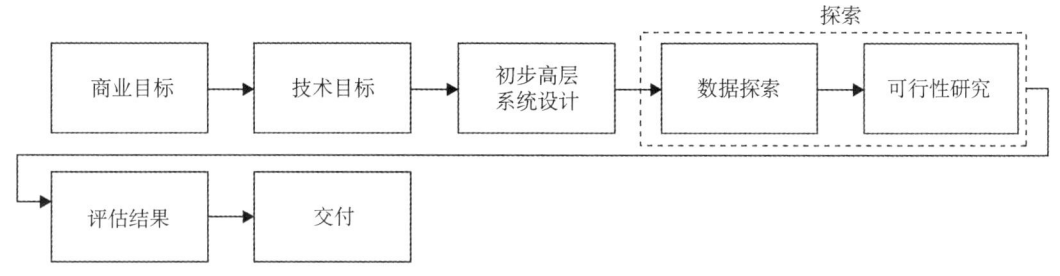

图 5.1　典型机器学习项目的范例

让我们比照行业中典型的项目开发方式来逐一分解上述流程。

5.10.1　商业目标

无论是在商业市场还是在研究环境中，机器学习项目的发起都源于一个最初的目标，该目标通常是定性的而非技术性的。

以下是一些目标示例。

（1）我们需要知道哪些患者的风险较高。

（2）我们希望最大限度地提高广告的用户参与度。

（3）当有人走到自动驾驶汽车前面时，我们需要向它发出警报。

接下来是技术目标。

5.10.2　技术目标

原始目标需要转化为技术目标才能真正实现。例如，与前面列举的商业目标对应的技术目标可能如下所示。

（1）我们将处理每位患者的医疗记录，并基于既有风险的历史记录构建一个相应的风险评估器。

（2）我们将收集去年所有广告的数据，并建立一个回归分析程序，根据广告的特征来估计用户参与度水平。

（3）我们将收集一组由汽车前置摄像头拍摄的图像，并将它们呈现给访问我们网站的在线用户，告诉他们：出于安全原因，他们需要点击显示人类的部分来证明他们不是机器人。但实际上，我们是在让他们对图像进行标记。在收集到足够多经过免费标记的图像之后，即可对模型进行训练，以开发出一个能够识别人类的计算机视觉分类器。

虽然最初的商业目标或研究目标可能是一个开放式问题，但技术目标必须着眼于实践，提出一个可行的计划。当然，需要强调的是，任何给定的技术目标都只是与最初的商业目标或研究目标相符的几种潜在解决方案之一。技术权威（如首席技术官、机器学习经理或高级开发人员）有责任了解最初的目标并将其转化为技术目标。此外，技术目标可能会在以后得到改进甚至被取代。

制定技术目标后的下一步是制订计划。

5.10.3　初步高层系统设计

为了实现技术目标，我们需要制订一个计划来决定哪些数据将被输入机器学习系统，以及机器学习系统的预期输出是什么。在项目的最初阶段，可能会有多个潜在数据源的候选，这些数据源被认为可以指示所需的输出。

例如，与前面列举的技术目标对应的数据可能如下所示。

（1）输入数据是 patient_records SQL 表的 A、B 和 C 列，风险将被评估为 $1/N$，其中 N 是从给定时刻到患者出现在急诊室所经过的天数。

（2）输入数据是广告的几何形状和颜色的描述，参与度将是广告每天收到的点击次数。

（3）输入数据是汽车前置摄像头的图像，将输入到计算机视觉神经网络分类器，输出数据是图像是否捕捉到人。

5.10.4　选择指标

在定义潜在的解决方案时，应特别注意确定最佳关注指标，也称为目标函数（objective function）或误差函数（error function）。这是评估解决方案成功与否的指标。将指标与原始商业目标或研究目标联系起来很重要。

基于前面的示例，我们可以得到以下指标。

（1）最小化 70%置信区间。

（2）最小化平均绝对误差。

（3）在限制固定召回率的同时，最大限度地提高准确率。理想情况下，这个固定召回率将由业务主管或法律团队决定，形式为"系统必须捕捉到至少 99.9% 的人走到汽车前面的情况。"

现在我们有了初步计划，可以探索数据并评估设计的可行性。

5.10.5 探索

这里的探索分为两部分——探索数据和探索设计的可行性。让我们仔细看看。

1. 数据探索

数据并不总是完美地满足我们的目标。在前面的章节中已经讨论了一些数据缺陷。特别是，免费获得的文本通常因存在许多异常现象而臭名昭著，例如编写的代码、特殊字符、拼写错误和乱码等。在探索数据时，我们希望发现所有这些现象，并确保数据可以转化为符合目标的形式。

2. 可行性研究

在该阶段，我们希望前瞻性地确定计划中的设计是否有望成功。虽然有些问题有已知的成功案例，但在商业环境和研究环境的大多数问题中，仍需要大量的经验和独创性才能提出初步的成功代理（proxy）。

一个非常简单的例子是具有单个输入变量和单个输出变量的简单回归问题。假设自变量是你的流媒体服务当前的活跃观众数量，因变量是公司服务器最大容量这一风险因素（公司服务器最大容量可能满足不了活跃观众数量爆棚的情况，所以它被视为风险因素）。暂定的设计计划是构建一个回归器（regressor）来估计任何给定时刻的风险。

在这种情况下，开发成功回归器的可行性的强有力代理可能是计算历史数据点之间的线性相关性。根据样本数据计算线性相关性既简单又快捷，如果其结果接近 1（或在与我们的业务问题不同的情况下为 –1），则意味着线性回归器一定会成功，因此这使其成为一个很好的代理。但是，请注意，如果线性相关性接近 0，则并不一定意味着回归器会失败，而只是意味着线性回归会失败。在这种情况下，应该考虑使用不同的代理。

在 5.11 节中介绍具体用例时，将依照本节思路提出解决方案。我们还将介绍一种评估文本分类器可行性的方法。该方法旨在模拟输入文本与输出类之间的关系。但由于我们希望该方法适合文本而非数字变量，因此我们将回到原点并计算输入文本和输出类之间的统计依赖关系。统计依赖关系是变量之间关系的最基本度量，因此并不需要它们中的任何一个是数字。

假设可行性研究成功,即可继续实现机器学习解决方案。

5.10.6 实现机器学习解决方案

这一部分是机器学习开发人员的专业知识发挥作用的地方。它有不同的步骤,开发人员需要根据问题选择相关的步骤——无论是数据清洗、文本分割、特征设计、模型比较,还是指标选择。

在 5.11 节中讨论具体示例时,将详细阐述机器学习解决方案的实现。

1. 评估结果

我们将根据所选的指标评估解决方案。这部分需要一些经验,因为机器学习开发人员在这方面会随着时间的推移做得越来越好。这项任务的主要缺陷是对结果进行客观评估的能力。

所谓的"客观评估"是通过将已完成的模型应用于以前从未"见过"的数据来完成的。但一般来说,刚开始应用机器学习的人在看到保留集(即验证集和测试集)的结果后,会不自觉地改进自己的设计。这会导致一个反馈循环,使得其设计实际上已拟合了保留集。这就好比考生事先看到了答案,于是在考试时就有意往答案上靠。虽然这确实可以改进模型和设计,但它无法提供模型在现实世界中实施时性能的客观预测。在现实世界中,它会看到真正未见过的数据,而它并不适合这些数据。

2. 完成并交付

通常而言,当设计完成、实现完成并且结果令人满意时,工作就会提交给企业实施,或者在研究环境中提交发布。在商业环境中,这样的实施可以采用不同的形式。

最简单的形式之一是使用输出来提供业务见解。其目的是演示和呈现。例如,当想要评估某项营销活动对销售增长的贡献度时,机器学习团队可以计算出该贡献的估计值并将其提交给领导层以供做出明智决策。

另一种实施形式是实时在仪表板内呈现。例如,模型计算患者前往急诊室的预测风险,并每天进行计算。结果汇总后,医院仪表板上会显示一张图表,显示未来 30 天内每天前往急诊室的预计人数。

一种更高级和更常见的形式是,将数据的输出定向输入下游任务中。然后,该模型将在生产中部署,成为更大生产管道内的微服务。例如,某个分类器可以评估公司在社交媒体(如微博)页面上的每一条留言。当它识别出攻击性语言时,会输出一个检测结果,然后通过管道传递到另一个系统，该系统会删除该留言，并可能屏蔽该用户。

3. 代码设计

一旦模型构建工作完成，则应该围绕模型的用途来进行代码设计。前面提到了不同形式的实现，有些实现实际上已经规定了特定的代码结构。例如，当完成的模型在更大的、已经存在的管道中投入生产时，生产工程师会向机器学习团队提出一些必要的约束。这些约束可能与计算和时间资源有关，但也可能与代码设计有关。例如，你必须提交基本的代码文件（如.py 文件）。

如果你的代码像前面提到的计算营销活动贡献度的示例那样，只是用于演示，那么 Jupyter Notebook 可能是更好的选择。

Jupyter Notebook 可以提供很丰富的信息，而且通俗易懂。因此，许多机器学习开发人员在探索阶段都使用 Jupyter Notebook 开始他们的项目。

接下来，我们将在 Jupyter Notebook 中再现本节设计，这将使我们能够将整个过程封装在一个连贯的文件中。

5.11 Jupyter Notebook 中用于文本分类任务的机器学习系统设计

本节将介绍一个实际示例。我们将按照之前介绍的步骤来阐明问题、设计解决方案和评估结果。本节将描述机器学习开发人员在处理行业中的典型项目时所经历的过程。请参考本书配套 GitHub 存储库中的 Jupyter Notebook 文件 Ch5_Text_Classification_Traditional_ML.ipynb。

5.11.1 商业目标

在本节示例应用场景中，我们将为一家财经新闻社工作。我们的目标是实时发布有关公司和产品的新闻。

5.11.2 技术目标

首席技术官（CTO）从商业目标中得出了几个技术目标。其中一个目标是针对机器学习团队的：实时提供金融推文流，检测出那些讨论公司或产品信息的推文。

5.11.3 工作流程

现在让我们看看机器学习项目工作流程的不同部分,如图 5.2 所示。

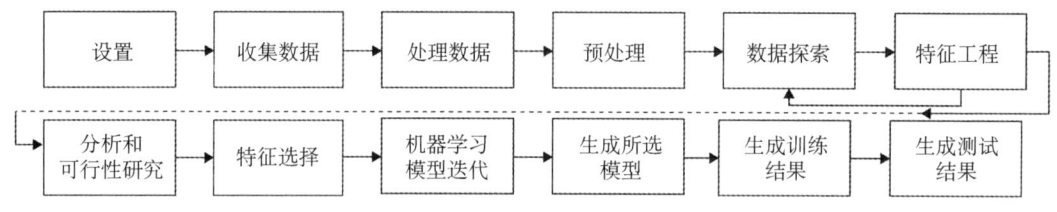

图 5.2 典型机器学习项目工作流程

接下来,让我们仔细看看这些阶段。

5.11.4 代码设置

在代码设置这一阶段,需要设置关键参数。我们选择将它们作为代码的一部分,因为这是用于演示的说明性代码。如果代码预计要投入生产,则最好将参数托管在单独的.yaml文件中。这也适合开发阶段的大量迭代,因为它允许你迭代不同的代码参数而无须更改代码,这通常是非常可取的做法。

至于这些值的选择,应该强调的是,其中一些值应该进行优化以适应解决方案的优化。在这里我们选择了固定的措施来简化流程。例如,用于分类的特征数量在这里是固定的,但也应该进行优化以适合训练集。

5.11.5 收集数据

此阶段将加载数据集。在我们的例子中,加载函数很简单。在其他业务案例中,此部分可能非常大,因为它可能包含调用的 SQL 查询集合。在这种情况下,在单独的.py 文件中编写专用函数并通过导入部分获取它可能是理想的选择。

5.11.6 处理数据

此阶段将以适合本示例的方式格式化数据。我们将首次观察其中的一些数据,以感受它的性质和质量。

在此阶段采取的一个关键动作是定义我们关心的类别。

5.11.7 预处理

正如我们在第 4 章中讨论的那样,文本预处理是机器学习项目工作流程的关键部分。例如,我们注意到许多推文都有一个 URL,可以选择将其删除。

5.11.8 初步数据探索

我们已经观察到了文本的质量和类别的分布。在此阶段,我们将探索数据的其他特征,看看它们是否有暗示其质量或指示所需类别的能力。

5.11.9 特征工程

此阶段试图将每个观察的文本表示为一组数字特征。主要原因是传统的机器学习模型被设计为接受数字而不是文本作为输入。例如,常见的线性回归或逻辑回归模型就只能应用于数字,而不接受单词、类别或图像像素的输入。因此,我们需要将文本转换为一种数字表示。当使用 BERT 和 GPT 等语言模型时,这种设计限制会被解除。我们将在接下来的章节中看到这一点。

我们将文本划分为 N-gram,其中 N 是代码的一个参数。N 在这个代码中是固定的,但应该进行优化以更好地拟合训练集。

一旦将文本划分为 N-gram,它们就会被建模为数值。当选择二进制(即独热编码)方法时,表示某个 N-gram 的数值特征在观察到的文本包含该 N-gram 时获得 "1",否则获得 "0"。图 5.3 和图 5.4 显示了通过独热编码将输入文本句子划分为 N-gram,将其转换为数字表示。如果选择词袋(BOW)方法,则特征的值是 N-gram 在观察到的文本中出现的次数。另一种常见的特征工程方法是 TF-IDF。

图 5.3 显示了仅使用一元语法(unigram)时得到的结果示例:

输入句子为:"filing submitted"。

N-gram	"report"	"filing"	"submitted"	"product"	"quarterly"	其余的 unigram
特征值	0	1	1	0	0	(0)

图 5.3 通过独热编码将输入文本句子划分为一元语法,将其转换为数字表示

图 5.4 显示了使用一元语法和二元语法(bigram)得到的结果:

N-gram	"report"	"filing"	"filing submitted"	"report news"	"submitted"	其余的 N-gram
特征值	0	1	1	0	1	(0)

图 5.4 通过独热编码将输入文本句子划分为一元语法和二元语法,将其转换为数值表示

注意

在此阶段，数据集尚未划分为训练集和测试集，并且保留集尚未排除。这是因为二进制和 BOW 特征工程方法不依赖于底层观察之外的数据。使用 TF-IDF 则不同，每个特征值都需要使用整个数据集来计算文档频率。

5.11.10 探索新的数值特征

现在文本已经表示为一个特征，可以用数值方法来探索它。我们可以查看它的频率和统计数据，并了解它的分布情况。

5.11.11 拆分为训练集/测试集

在此阶段，我们必须停下来，拆分出一个保留集（held-out set），也就是测试集，有时还包含验证集。由于这些术语在不同文献资料中的用法不同，因此必须解释一下，我们所说的测试集就是保留集。保留集是专门用于评估解决方案性能的数据子集。保留集用于模拟我们在现实世界中实现系统并遇到新数据样本时期望获得的结果。

那么，究竟应该在什么时候拆分出保留集？

如果"过早"地拆分出保留集，例如在加载数据后立即将它单独拆分出来，这虽然可以保证模型不会"看到"它，但也可能会导致你不了解数据中的差异，因为它连初步探索这个过程都没有参与。

如果"过晚"地拆分出保留集，则机器学习团队的设计决策可能会因此而出现偏差。例如，如果我们基于包含保留集的结果选择了模型 A 而不是模型 B，那么我们的设计就会针对该数据集进行量身定制，从而妨碍了对模型的客观评估。

因此，在你所执行的操作即将帮助你做出设计决策之前即应拆分出保留集。例如，接下来我们将要执行初步的统计分析，然后将其结果馈送到特征选择中。由于该选择决策不应在"看到"保留集的情况下做出，因此从这里开始就应该拆分出保留集。

5.11.12 初步统计分析及可行性研究

这是我们在 5.10 节中谈到的探索阶段的第二部分（详见图 5.1）。第一部分是数据探索，前面已经执行了。现在我们已经将文本表示为数字特征，可以进行可行性研究了。

我们试图衡量文本输入和类值之间的统计依赖性。再强调一下，这样做的动机是为回归问题找到线性相关性的代理。

第 5 章 利用传统机器学习技术增强文本分类能力

我们知道，对于两个随机变量 X 和 Y，如果它们在统计上独立，则可得到以下结果：

对于每个 x 和 y，$P(X=x, Y=y) = P(X=x)P(Y=y)$

或者，也可以表示为：

$$\frac{P(X=x, Y=y)}{P(X=x)P(Y=y)} = 1$$

对于每个产生非零概率的 x 和 y 值，上式都是成立的。

我们也可以使用贝叶斯规则：

$$\frac{P(X=x|Y=y)P(Y=y)}{P(X=x)P(Y=y)} = 1$$

$$\frac{P(X=x|Y=y)}{P(X=x)} = 1$$

现在让我们考虑任意两个在统计上不一定独立的随机变量。我们想要评估两者之间是否存在统计关系。

假设其中一个随机变量是我们的任意数值特征，另一个随机变量是取值为 0 或 1 的输出类。再假设特征工程方法是二进制的，因此该特征也取值为 0 或 1。

现在再来看上面的最后一个等式，其左边的表达式有能力对 X 和 Y 之间关系进行非常有力的衡量：

$$\frac{P(\text{feature}=x|\text{class}=y)}{P(\text{feature}=x)} \qquad x, y \text{ 属于 } \{0,1\}$$

之所以说它很有力，是因为如果特征（feature）完全不能指示类（class）值，那么从统计学角度来说，两者在统计上是独立的，因此这个度量等于 1。

相反，该度量与 1 之间的差异越大，则该特征与该类之间的关系就越强。在对我们的设计进行可行性研究时，我们希望看到数据中存在与输出类具有统计关系的特征。

因此，我们将让每个特征和每个类别组成一对，并为每一对计算该表达式的值。

经过计算，我们发现了最具指示性的"0"类别的条目（所谓"0"类别就是指不包含公司或产品信息的推文类别），同时还发现了最具指示性的"1"类别的条目（即正在讨论有关公司或产品信息的推文类别）。

这证明了确实存在可以指示类别值的文本条目。这无疑表明可行性研究是成功的。我们的工作一切顺利，并有望在实现和应用分类模型时取得丰硕成果。

顺便提一下，请记住，与大多数评估一样，我们刚才提到的只是文本预测类别潜力的一个充分条件。如果失败了，也并不一定表明没有可行性。也就是说，当 X 和 Y 之间的线性相关性接近 0 时，并不意味着不能通过 X 推断 Y，只能说 X 不能通过线性模型推断 Y。线性是一种假设，因为它足够简单，所以人们往往第一时间想到使用它。

在上述方法中，我们做出了两个关键假设。

首先，我们假设特征设计的方式非常特殊，即 N-gram 划分的 N 是特定的，而值同样是特定的——取值为 0 或 1 的二进制。

其次，我们执行的是最简单的统计依赖性评估，即单变量统计依赖性。但在其他实例中可能需要更高阶的计算才能让结果类显示出统计依赖性。

对于文本分类的可行性研究，理想的方法是尽可能简单，同时尽可能多地覆盖它希望发现的"信号"。我们在本示例中设计的方法是经过多年对不同集合和各种问题设置的经验得出的。我们发现它能很好地命中目标。

5.11.13 特征选择

可行性研究往往可以让我们一举两得。如果可行性研究成功，那么它不仅可以帮助我们确认计划，还可以指示我们应该采取的下一步措施。正如我们所见，一些特征可以指示类别，并且我们已经知道哪些特征最为重要，这使我们能够减小分类模型需要划分的特征空间。可以通过仅保留两个类别中最具指示性的特征来实现这一点。

理想情况下，选择保留的特征数量将取决于计算约束（例如，太多特征需要花费太长时间进行模型训练）、模型能力（例如，由于共线性，模型无法很好地处理太多特征）以及训练结果的优化。在我们的代码示例中，我们固定了这个数字，以使事情变得快速而简单。

需要强调的是，在许多机器学习模型中，特征选择是模型设计中固有的一部分。例如，使用最小绝对收缩和选择算子（least absolute shrinkage and selection operator，LASSO），L1 范数分量的超参数缩放器会影响哪些特征获得零系数，从而被"丢弃"。因此，有时你也可以跳过特征选择这一过程，保留所有特征，让模型执行特征选择。当所有正在评估和比较的模型都具有类似 LASSO 这样的特性时，建议这样做。

请记住，此时我们能够观察到的只是训练集。在决定要保留哪些特征之后，还需要将该选择应用于测试集。

至此，我们的数据已经为机器学习建模做好了准备。

5.11.14 迭代机器学习模型

为了选择最适合当前问题的模型，你可能需要训练若干个模型，然后看看其中哪一个模型的表现最好。

需要强调的是，我们可以做很多事情来尝试确定给定问题的最佳模型选择。在我们的示例中，只选择评估了少数几个模型。此外，为了简单快捷，我们选择了不采用全面的交叉验证方法来优化每个模型的超参数。我们只是使用了每个模型函数附带的默认设置将每个模型拟合到训练集。

在确定了要使用的模型之后，我们才会通过交叉验证方法为训练集优化其超参数。

通过这样做，我们可以找到解决该问题的最佳模型。

5.11.15 生成所选模型

本阶段将优化所选模型的超参数并使其拟合训练集。

5.11.16 生成训练结果——用于设计选择

在此阶段，我们将首次观察模型的结果。通过该结果获得的见解可以馈送回设计选择和参数选择阶段（例如特征工程方法、特征选择中剩余的特征数量等），甚至还可以向后馈送到预处理方案。

> **注意**
> 值得一提的是，当你将来自训练集的见解反馈给解决方案的设计时，如果据此调整设计，则存在过拟合训练集的风险。通过比较训练集和测试集的结果之间的差距，你会知道自己是否正确。
>
> 虽然这些结果之间可能会存在有利于训练结果的差距，但差距过大则应该被视为设计不够理想的警告。在这种情况下，应该使用系统的代码参数重新进行设计，以确保做出公平的选择。你甚至还可以从训练集中拆分出另一个半保留集（semi-held-out set），通常被称为验证集（validation set）。

5.11.17 生成测试结果——用于展示性能

基本工作流程到此结束。

现在设计已经优化，我们确信它符合我们的预期目标，你可以将其应用于保留集并观察测试结果。这些结果是对系统在现实世界中表现的客观预测。

如前文所述，保留集应该是模型真正未见过的数据，你应该避免让保留集的测试结果影响前面的设计选择。

5.12 小　　结

本章全面探索了文本分类任务,这是自然语言处理和机器学习不可或缺的一部分。我们深入研究了各种类型的文本分类任务,每种任务都带来了独特的挑战和机遇。这种基础理解为有效解决从情感分析到垃圾邮件检测之类的广泛问题奠定了基础。

我们介绍了 N-gram 在捕获文本中的局部上下文和单词序列方面的作用,它们可以增强用于分类任务的特征集。

我们还阐释了 TF-IDF 方法的强大功能,介绍了 Word2Vec 在文本分类中的作用,解释了 CBOW 和 skip-gram 等流行架构的数学原理,让你深入了解它们的机制。

本章介绍了主题建模,并研究了如何将 LDA 等流行算法应用于文本分类。

最后,我们还提供了一个在商业环境或研究环境中进行自然语言处理-机器学习项目设计的范例。我们讨论了技术目标和项目设计的诸多方面,深入研究了系统设计。我们实现了一个真实示例并进行了详细解释。

总之,本章阐释了文本分类和主题建模领域的关键概念、方法和技术,旨在让你全面掌握该领域的常见操作和流程。这些知识和技能将使你能够有效地处理和解决现实世界的文本分类问题。

在下一章中,我们将介绍文本分类的高级方法。我们将研究语言模型等深度学习方法,讨论其理论和操作,并以代码形式展示实际的系统设计。

第 6 章 重新构想文本分类：深度学习语言模型研究

本章将深入研究深度学习（deep learning，DL）领域及其在自然语言处理（NLP）中的应用，特别关注基于 Transformer 的开创性模型，例如 BERT 和生成式预训练 Transformer（GPT）。我们将首先介绍深度学习的基础知识，阐释其从大量数据中学习复杂模式的强大能力，这也使它成为最先进的自然语言处理系统的基石。

接下来，我们将深入研究 Transformer，这是一种新颖的架构，与传统的循环神经网络（RNN）和卷积神经网络（CNN）相比，它提供了一种更有效的序列数据处理方法，彻底改变了自然语言处理领域。我们揭示 Transformer 的独特特性，包括其注意力机制，这使它能够专注于输入序列的不同部分，从而更好地理解上下文。

然后，我们将注意力转向 BERT 和 GPT，这两种基于 Transformer 的语言模型充分利用了 Transformer 的优势来创建高度精细的语言表示。我们详细分解 BERT 架构，讨论其创新性地使用双向训练来生成上下文丰富的词向量的做法。我们将揭开 BERT 内部工作原理的神秘面纱，并探索其预训练过程，该过程可利用大量文本语料库来学习语言语义。

最后，我们讨论如何针对特定任务（例如文本分类）对 BERT 进行微调。我们将引导你完成从数据预处理、模型配置到训练和评估的各个步骤，让你亲身体验如何利用 BERT 的强大功能进行文本分类。

总之，本章对自然语言处理中的深度学习进行从基础概念到实际应用的深入探讨，旨在帮助你掌握利用 BERT 和 Transformer 模型的功能完成文本分类任务的知识。

本章包含以下主题：
- 了解深度学习基础知识
- 不同神经网络的架构
- 训练神经网络的挑战
- 语言模型
- Transformer
- BERT
- GPT
- 如何使用语言模型完成文本分类任务

- Jupyter Notebook 中的自然语言处理-深度学习系统设计示例

6.1 技术要求

阅读本章需要满足如下的前提条件。
- 编程知识：深入了解 Python 至关重要，因为它是大多数深度学习和自然语言处理库使用的主要语言。
- 机器学习基础：掌握机器学习基础概念（例如训练/测试数据、过拟合、欠拟合、准确率、精确率、召回率和 F1 分数等）对于本章学习大有裨益。
- 深度学习基础：熟悉深度学习概念和架构（包括神经网络、反向传播、激活函数和损失函数等）至关重要。了解 RNN 和 CNN 会很有帮助，但并非绝对必要，因为我们将更多地关注 Transformer 架构。
- 自然语言处理基础：了解一些基本的自然语言处理概念（例如标记化、词干提取、词形还原和词嵌入）将会很有帮助。
- 库和框架：使用 TensorFlow 和 PyTorch 等库构建和训练神经模型的经验至关重要。熟悉 NLTK 或 SpaCy 等自然语言处理库也会有所帮助。使用 BERT 时，了解 Hugging Face 的 transformers 库将非常有帮助。
- 硬件要求：深度学习模型，尤其是基于 Transformer 的模型（例如 BERT），计算量很大，通常需要现代图形处理单元（graphics processing unit，GPU）才能在合理的时间内进行训练。强烈建议使用具有 GPU 功能的高性能计算机或基于云的解决方案。
- 数学：很好地理解线性代数、微积分和概率知识有助于理解这些模型的内部工作原理，但大多数章节不需要深入的数学知识就可以理解。

这些先决条件旨在为你提供必要的背景知识，以理解和实现本章中讨论的概念。在本书前面的章节中已经介绍了大部分基础概念和操作。有了这些基础，你就可以做好充分准备，深入研究使用 BERT 进行文本分类的深度学习的迷人世界。

6.2 了解深度学习基础知识

本节将阐释神经网络和深度神经网络的定义，解释使用它们的动机，介绍深度学习模型的不同类型（架构）。

6.2.1 神经网络的定义

神经网络是人工智能（artificial intelligence，AI）和机器学习的一个分支，主要研究受大脑结构和功能启发的算法。神经网络也被称为"深度"学习，因为这些神经网络通常由许多重复层组成，从而形成深层架构。

这些深度学习模型能够从大量复杂、高维、非结构化的数据中"学习"。术语"学习"（learning）是指模型能够自动从经验中学习和改进，而无须针对其学习的任何一项特定任务进行明确编程。

深度学习可以分为监督学习、半监督学习和无监督学习类型。深度学习可用于多种应用，包括自然语言处理、语音识别、图像识别，甚至玩游戏等。模型可以识别模式并做出数据驱动的预测或决策。

深度学习的一个关键优势是它能够处理和建模各种类型的数据，包括文本、图像、声音等。这种多功能性催生了从自动驾驶汽车、复杂的网络搜索算法到高度响应的语音识别系统之类的广泛应用。

值得注意的是，尽管深度学习具有巨大的潜力，但它也需要强大的计算能力和大量高质量数据才能有效地进行训练，这可能是一个挑战。

本质上，深度学习是一种强大且具有变革性的技术，处于当今许多技术进步的前沿。

6.2.2 使用神经网络的动机

神经网络在机器学习和人工智能领域有多种用途。以下是使用它们的一些主要动机。
- 非线性关系：神经网络具有复杂的结构，使用了激活函数，可以捕捉数据中的非线性关系。许多现实世界的现象本质上都是非线性相关的，而神经网络提供了一种对这些复杂性进行建模的方法。
- 通用近似定理（universal approximation theorem）：该定理指出，具有足够多隐藏单元的神经网络可以高度准确地近似几乎任何函数。这使得它们具有高度灵活性，可适应各种任务。
- 处理高维数据的能力：神经网络可以有效地处理具有大量特征或维度的数据，这使得它们对于数据维度较高的图像或语音识别等任务非常有用。
- 模式识别和预测：神经网络擅长识别大型数据集中的模式和趋势，这使得它们特别适用于预测任务，例如预测销售额或预测股票市场趋势。
- 并行处理：神经网络的架构允许它们同时执行多项操作，使得它们在现代硬件上实现时效率极高。

- 从数据中学习：神经网络在接触更多数据时可以提高其性能。这种从数据中学习的能力使它们在处理有大量数据可用的任务时非常有效。
- 稳定可靠性（robustness）：神经网络可以处理输入数据中的噪声，并且对输入中的微小变化具有稳定可靠性。

此外，由于多种原因，神经网络被广泛应用于自然语言处理任务。以下是使用它们的一些主要动机。

- 处理顺序数据：自然语言本质上是顺序的（单词一个接一个地构成连贯的句子）。循环神经网络（RNN）及其高级版本，例如长短期记忆（long short-term memory，LSTM）和门控循环单元（gated recurrent unit，GRU），是能够通过维护有关序列中先前步骤的内部状态或记忆形式来处理顺序数据的神经网络类型。
- 上下文理解：神经网络，尤其是循环网络，能够通过考虑周围的单词甚至前面的句子来理解句子中的上下文，这在自然语言处理任务中至关重要。
- 语义哈希（semantic hashing）：神经网络通过使用词嵌入（例如 Word2Vec 和 GloVe），可以按保留其语义的方式对单词进行编码。具有相似含义的单词在向量空间中放置得更近，这对于许多自然语言处理任务非常有价值。
- 端到端学习：神经网络可以直接从原始数据中学习。例如，在图像分类中，神经网络可以从像素层级学习特征，而不需要任何手动特征提取步骤。这是一个显著优势，因为特征提取过程可能很耗时并且需要领域专业知识。

  类似地，神经网络可以从原始文本数据中学习执行自然语言处理任务，而不需要手动提取特征。这在自然语言处理中是一个很大的优势，因为创建手工设计的特征可能具有挑战性且非常耗时。
- 性能：神经网络，尤其是随着 BERT、GPT 等基于 Transformer 的架构的出现，已被证明在许多自然语言处理任务（包括但不限于机器翻译、文本摘要、情感分析和问答等）中取得了最先进的结果。
- 处理大型词汇表：神经网络可以有效地处理大型词汇表和连续的文本流，这在许多自然语言处理问题中很典型。
- 学习分层特征（hierarchical feature）：深度神经网络可以学习分层表示。在自然语言处理背景下，较低层通常学习表示简单事物（例如 N-gram），而较高层则可以表示复杂概念（例如情感）。

尽管有这些优势，但值得一提的是，神经网络也有其挑战，包括其"黑箱"性质（这使得其决策过程难以解释），并且需要大量数据和计算资源进行训练。当然，它们在性能方面的优势以及从原始文本数据中学习和模拟复杂关系的能力仍使它们成为许多自然语言处理任务的首选。

6.2.3 神经网络的基本设计

神经网络由多层相互连接的节点（或称为"神经元"）组成，每个节点都会对接收到的数据进行简单的计算，并将其输出传递给下一层神经元。神经元之间的每个连接都有一个相关权重，该权重会在学习过程中进行调整。

基本神经网络的结构由三类层组成，如图 6.1 所示。

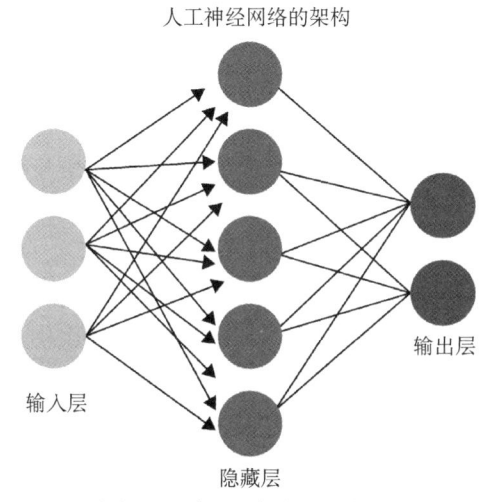

图 6.1 神经网络的基本架构

对于模型每一层的解释如下。

- 输入层：这是神经网络接收输入的地方。例如，如果网络用于处理尺寸为 28×28 像素的图像，则输入层中将有 784 个神经元，每个神经元代表一个像素的值。
- 隐藏层：这些是输入层和输出层之间的层。隐藏层中的每个神经元都将获取前一层神经元的输出，将每个输出乘以相应连接的权重，将这些值相加。然后，该总和通过激活函数（activation function）传递，以将非线性引入模型，这有助于网络学习复杂模式。神经网络中可以有任意数量的隐藏层，具有许多隐藏层的网络也因此通常被称为"深度"神经网络。
- 输出层：这是网络中的最后一层。此层中的神经元将产生网络的最终输出。例如，对于分类问题，你可以将网络设计为问题中的每个类都有一个输出神经元，每个神经元输出一个值，表示输入值属于其各自类别的概率。

网络中的神经元是相互连接的。这些连接的权重（最初设置为随机值）代表网络在经过数据训练后学到的知识。

在训练过程中，会使用反向传播（backpropagation，BP）等算法来根据网络输出与期望输出之间的差异来调整网络中连接的权重。这个过程将重复多次，网络也将因此逐渐提高其在训练数据上的表现。

接下来，让我们看看与神经网络相关的常用术语。

6.2.4 神经网络常用术语

现在我们来解释一下神经网络中最常用的一些术语。

1. 神经元

神经元（neuron）也称为节点（node）或单元（unit），是神经网络中的基本计算单位。一般来说，简单的计算涉及输入、权重、偏差和激活函数等。

神经元从其他节点或外部源（如果神经元位于输入层）接收输入。然后，神经元根据此输入计算输出。

每个输入都有一个相关权重（weight，通常记为 w），该权重是根据其对其他输入的相对重要性而分配的。神经元对输入施加权重，将它们相加，然后将激活函数应用于总和加上偏差值（bias，通常记为 b）。

以下是详细步骤。

（1）加权和：神经元的每个输入（x）都乘以相应的权重（w）。然后将这些加权之后的输入与偏差项（b）相加。偏差项允许将激活函数向左或向右移动，从而帮助神经元模拟更广泛的模式。

从数学上讲，此步骤可以表示如下：

$$z = w_1 x_1 + w_2 x_2 + \ldots + w_n x_n + b$$

（2）激活函数：加权和的结果随后被传递给激活函数。激活函数的目的是将非线性引入神经元的输出。这种非线性允许网络从错误中学习并进行调整，这对于执行语言翻译或图像识别等复杂任务至关重要。

激活函数的常见选择包括 sigmoid 函数、双曲正切（hyperbolic tangent，tanh）和整流线性单元（rectified linear unit，ReLU）等。

神经元的输出是激活函数的结果。它将作为网络下一层神经元的输入。

神经元中的权重和偏差是可学习的参数。换句话说，它们的值是随着神经网络对数据进行训练而逐渐学习的。
- 权重：两个神经元之间连接的强度或幅度。在训练阶段，神经网络会学习正确的权重，以便更好地将输入映射到输出。如前文所述，权重用于神经元。
- 偏差：神经元中的一个附加参数，允许激活函数向左或向右移动，这对于成功学习至关重要（也用于神经元）。

2. 激活函数

每个神经元中的函数决定了神经元在给定输入的情况下应产生的输出，该函数称为激活函数。如前文所述，常见的激活函数包括 sigmoid、ReLU 和 tanh 等。

对这些常见激活函数的数学解释如下。

（1）sigmoid 函数：本质上就是将输入分类为 0 或 1。sigmoid 函数接受实值输入并可将其压缩到 0 到 1 之间的范围内。它通常用于二元分类网络的输出层：

$$f(x) = \frac{1}{(1+\exp(-x))}$$

但是，sigmoid 有以下两个主要缺点。
- 梯度消失问题（对于较大的正输入或负输入，梯度非常小，这会减慢反向传播期间的学习速度）
- 输出不是以零为中心的。

（2）双曲正切（tanh）函数：tanh 函数也接受实值输入，并可将其压缩到 -1 到 1 之间的范围。与 sigmoid 函数不同，其输出以零为中心，因为其范围围绕原点对称：

$$f(x) = \frac{(\exp(x)-\exp(-x))}{(\exp(x)+\exp(-x))}$$

当然，和 sigmoid 函数一样，它也存在梯度消失问题。

（3）ReLU 函数：ReLU 函数近年来非常流行。它的计算公式如下：

$$f(x) = \max(0, x)$$

换句话说，如果输入为正，则激活就是输入；否则为零。

它不会同时激活所有神经元，这意味着只有当线性变换的输出小于 0 时，神经元才会被停用。这使得网络稀疏且高效。当然，ReLU 单元在训练期间可能很脆弱，如果较大的梯度流经它们，则它们可能会"死亡"（即它们完全停止学习）。

（4）Leaky ReLU：这是 ReLU 的一个变体，它解决了"ReLU 死亡"的问题。函数不再将负值 x 定义为 0，而是将其定义为 x 的一个很小的线性分量：

$$f(x) = \max(0.01x, x)$$

这使得函数在输入为负时也能"泄露"（leak）一些信息，有助于缓解 ReLU 完全停止学习的问题。

（5）指数线性单元（exponential linear unit，ELU）：ELU 也是 ReLU 的一个变体，它将函数修改为为负值 x 取非零值，这对学习过程有帮助：

$$f(x) = \begin{cases} x & \text{如果 } x > 0 \\ \alpha(e^x - 1) & \text{否则} \end{cases}$$

其中，α 是一个常数，它定义了输入为负时的函数平滑度。

ELU 趋向于更快地将成本收敛到零并产生更准确的结果。但是，由于使用了指数运算，其计算速度可能会更慢。

（6）softmax 函数：softmax 函数通常用于分类器的输出层，该层试图将输入分配给几个类之一。它将给出任何给定输入属于每个可能类的概率：

$$f(x_i) = \frac{e^{x_i}}{\sum_j e^{x_j}}$$

在上式中，分母可将概率归一化，因此所有类别的概率总和为 1。softmax 函数也可用于多项逻辑回归。

这些激活函数各有优缺点，激活函数的选择取决于当前问题的具体应用和背景。

3. 层

层（layer）是一组以相同抽象级别处理信号的神经元。第一层是输入层，最后一层是输出层，中间的所有层称为隐藏层。

4. 轮次

在训练神经网络的语境中，术语轮次（epoch）表示对整个训练数据集进行一次完整的训练。在一个训练 epoch 期间，神经网络的权重会进行更新，以尽量减小损失函数。

超参数中的 epoch 数决定了深度学习算法处理整个训练数据集的次数。过多的 epoch 数可能会导致过拟合，即模型在训练数据上表现良好，但在新的未见数据上表现不佳。相反，训练 epoch 数太少可能意味着模型拟合不足——通过进一步训练可以改善。

还要注意的是，epoch 的概念与批量梯度下降和小批量梯度下降这两个变体的关系更大。在随机梯度下降中，模型的权重在看到每个单独的样本后都会更新，因此 epoch 的概念并不如我们想象的那么简单直接。

5. 批大小

批大小（batch size）指一次迭代（iteration）中使用的训练样本数。

在开始训练神经网络时，可通过以下几种方式将数据输入模型。

- 批量梯度下降（batch gradient descent）：在此方式中，整个训练数据集用于计算优化器每次迭代的损失函数的梯度（与梯度下降一样）。在这种情况下，批大小等于训练数据集中的样本总数。
- 随机梯度下降（stochastic gradient descent，SGD）：SGD 在优化器的每次迭代中都使用单个样本。因此，SGD 的批大小为 1。
- 小批量梯度下降（mini-batch gradient descent）：这是批量梯度下降和 SGD 之间的折中。在小批量梯度下降中，批大小通常在 10 到 1000 之间，具体取决于你所拥有的计算资源。

批大小会对学习过程产生重大影响。批大小越大，训练进度越快，但收敛速度并不总是越快。批大小越小，模型更新越频繁，但训练进度越慢。

此外，较小的批大小具有正则化效果，可以帮助模型更好地泛化，从而提高对未见数据的性能。但是，使用太小的批大小也可能会导致训练不稳定、梯度估计不准确，最终导致模型性能下降。

选择正确的批大小是一个需要反复试验的问题，取决于具体问题和手头的计算资源。

6. 其他常用术语

以下是你需要了解的其他一些神经网络常用术语。

- 迭代（iteration）：迭代在神经网络训练中是指每次训练过程中完成一个 step 的操作，这个 step 流程包括前向传播、损失计算、反向传播和参数更新等。每次迭代都会更新模型的参数，以便更好地拟合训练数据。

    迭代次数是指进行训练所需的总共次数。它表示将所有数据训练一遍的次数，即一个 epoch 中的迭代数。例如，如果一个数据集有 5,000 个样本，每次迭代训练 100 个样本，则完成一个 epoch 需要 50 次迭代（5000 / 100 = 50）。

- 学习率（learning rate，LR）：该超参数可以控制学习算法收敛速度，因为它可以基于损失梯度调整权重更新率。
- 损失函数（loss function）：也称为成本函数（cost function）。损失函数评估神经网络在数据集上的表现。预测与实际结果之间的偏差越大，则损失函数的输出就越大。因此，我们的目标就是最小化该输出，这将使模型的预测更准确。
- 反向传播（backpropagation，BP）：在神经网络上执行梯度下降的主要算法。它可以计算输出层的损失函数的梯度，并将其分配回网络各层，以最小化损失的方式更新权重和偏差。
- 过拟合：模型学习到训练数据中的细节和噪声，导致其在新的未见数据上表现不佳。详见 5.8.5 节。
- 欠拟合：模型过于简单，无法学习数据的底层结构，因此在训练集和新数据上的

- 表现都较差。
- 正则化：通过在损失函数中添加惩罚项来防止过拟合的一种技术，反过来，惩罚项又会限制网络的权重。详见第 3 章。
- 舍弃（dropout）：一种正则化技术，在训练期间忽略随机选择的神经元，有助于防止过拟合。详见 3.8.3 节。
- 卷积神经网络（CNN）：一种非常适合图像处理和计算机视觉任务的神经网络。
- 循环神经网络（RNN）：一种神经网络，可用于识别数据序列（例如时间序列或文本）中的模式。

接下来，让我们看看不同神经网络的架构。

6.3 不同神经网络的架构

神经网络有多种类型，每种类型都有适合不同任务的特定架构。以下是一些最常见神经网络类型的一般描述。

- 前馈神经网络（feedforward neural network，FNN）：这是最直接的神经网络类型。此网络中的信息只朝一个方向移动，从输入层通过任何隐藏层到达输出层。网络中没有循环或环路，它是一条直线的"前馈"路径。

图 6.2 显示了前馈神经网络示意图。

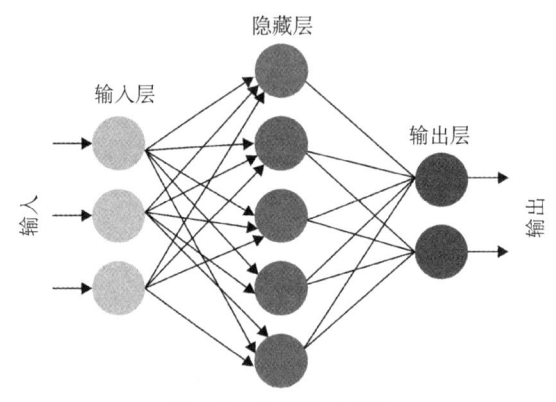

图 6.2 前馈神经网络

- 多层感知器（multilayer perception，MLP）：MLP 是一种前馈网络，除了输入层和输出层之外，还至少具有一个隐藏层。这些层是完全连接的，这意味着一层中的每个神经元都与下一层中的每个神经元相连。

MLP 可以模拟复杂的模式，并广泛用于图像识别、分类、语音识别和其他类型的机器学习任务。MLP 是一种前馈网络，其神经元层按顺序排列。信息从输入层通过隐藏层流向输出层。

图 6.3 显示了多层感知器的示意图。

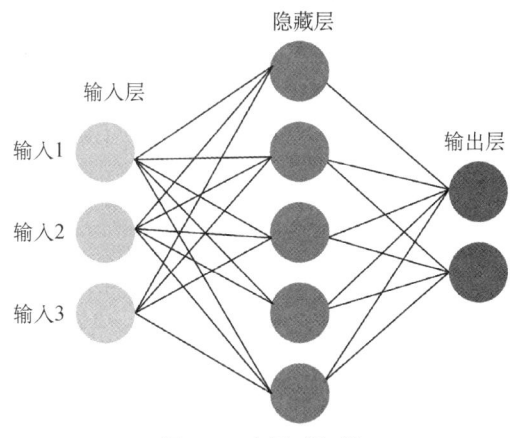

图 6.3 多层感知器

- 卷积神经网络（CNN）：CNN 特别适合处理涉及空间数据（例如图像）的任务。其架构包括三种主要类型的层：卷积层（convolutional layer）、池化层（pooling layer）和全连接层（fully connected layer）。
  - 卷积层可将一系列滤波器应用于输入，从而使网络能够自动且自适应地学习特征的空间层次结构。
  - 池化层可以减小表示的空间大小，从而减少网络中的参数和计算量以控制过拟合并降低后续层的计算成本。
  - 全连接层将获取池化层的输出，并对输出进行高级推理。

图 6.4 显示了卷积神经网络示意图。

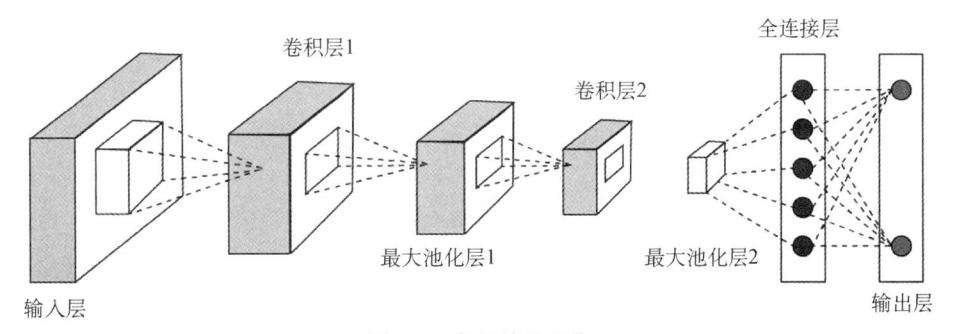

图 6.4 卷积神经网络

- 循环神经网络（RNN）：与前馈网络不同，RNN 具有形成有向循环的连接。这种架构允许它们使用来自先前输出的信息作为输入，使其成为涉及顺序数据的任务的理想选择，例如时间序列预测或自然语言处理。

  RNN 的一个重要变体是长短期记忆（LSTM）网络，它除了使用标准单元外，还使用特殊单元。RNN 单元包括一个"记忆单元"，它可以将信息长时间保存在记忆中，这一功能对于需要从数据中的长距离依赖关系中学习的任务（例如手写或语音识别）特别有用。图 6.5 显示了循环神经网络示意图。

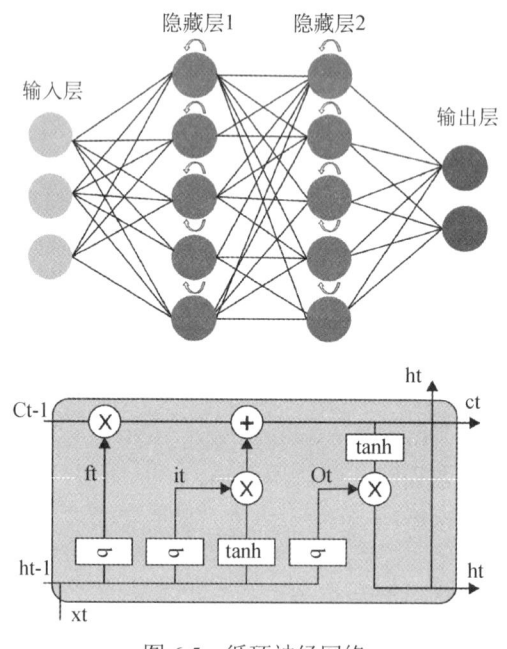

图 6.5 循环神经网络

- 自动编码器（autoencoder，AE）：AE 是一种用于学习输入数据的有效编码的神经网络。它具有对称架构，旨在应用反向传播，将目标值设置为等于输入。

  自动编码器通常用于特征提取、学习数据表示和降维。它们还可用于生成模型、噪声消除和推荐系统。图 6.6 显示了自动编码器示意图。

- 生成对抗网络（generative adversarial network，GAN）：GAN 由生成器（generator）和鉴别器（discriminator）两部分组成，它们都是神经网络。
  - 生成器将捕捉样本数据的分布，创建相同分布的数据实例，其目标是生成难辨真伪的实例。
  - 鉴别器的目标是区分来自真实分布的实例和来自生成器的实例，其目标是准确识别出由生成器生成的实例。

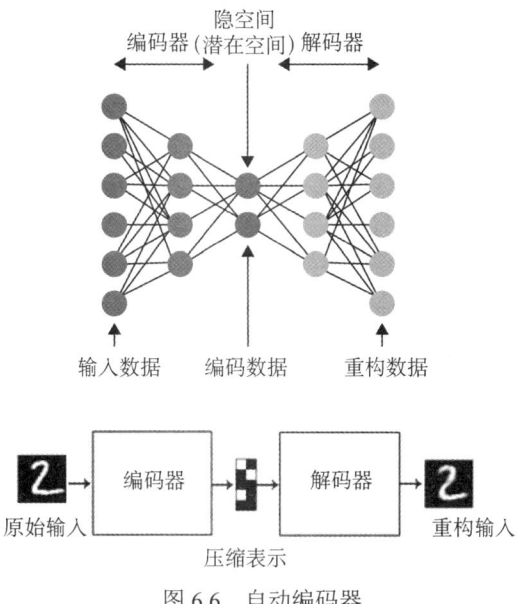

图 6.6　自动编码器

生成器和鉴别器一起训练，随着对抗训练的进行，生成器会越来越"高明"，生成几乎无破绽的非常接近真实实例的实例，而鉴别器则会练就一副"火眼金睛"，准确区分真实实例和生成的实例。图 6.7 显示了生成对抗网络的原理。

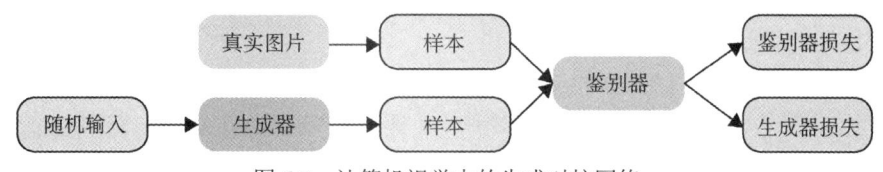

图 6.7　计算机视觉中的生成对抗网络

至此，我们已经了解了神经网络架构的若干个示例，事实上，它们还有许多变体和组合。选择使用哪个架构将取决于任务的具体要求和约束。

6.4　训练神经网络的挑战

训练神经网络是一项复杂的任务，在训练过程中会面临诸多挑战，例如局部最小值和梯度消失/爆炸，以及计算成本和可解释性等。

常见的训练神经网络的挑战如下。

- 局部最小值（local minima）：训练神经网络的目的是找到使损失函数最小化的权重集。这是一个高维优化问题，损失函数在很多点（权重集）处都具有局部最小值。次优局部最小值（suboptimal local minimum）是指损失低于附近点但高于全局最小值的点，全局最小值（global minimum）是总体上可能的最低损失。训练过程可能会陷入这种次优局部最小值。重要的是要记住，由于离散表示是数字计算的一部分，即使在凸损失函数中也存在局部最小值问题。
- 梯度消失/爆炸：这是一个很容易遇到的困难，尤其是在训练深度神经网络时。在反向传播过程中，损失函数的梯度可能在网络的较深层变得非常小（即梯度消失）或非常大（即梯度爆炸）。梯度消失将使网络很难从数据中学习，因为权重更新变得非常小。梯度爆炸则可能导致训练过程失败，因为权重更新变得太大，损失变得不明确（例如 NaN）。
- 过拟合：在训练机器学习模型时，一个常见问题是模型过于复杂，我们对其进行了过多的训练。在这种情况下，模型甚至会学习训练数据中的噪声，并且在训练数据上表现良好，但在未见的测试数据上表现不佳。
- 欠拟合：与过拟合刚好相反，当模型过于简单且无法捕捉数据的底层结构时，就会发生欠拟合。通过使用具有适当复杂性的模型、正则化技术和足够数量的训练数据，可以缓解过拟合和欠拟合。
- 计算资源：训练神经网络，尤其是深度网络，需要大量的计算资源（CPU/GPU 能力和内存）。它们通常还需要大量高质量的训练数据才能表现良好，当这些数据不可用时，这可能会成为一个问题。
- 缺乏可解释性：虽然严格来说这不是一个训练问题，但神经网络缺乏可解释性仍然是一个重大问题。它们通常被称为"黑匣子"，因为人类很难理解它们为什么会做出这样的预测。
- 难以选择合适的架构和超参数：有许多类型的神经网络架构可供选择（例如 CNN 和 RNN），并且每种架构都有一组需要调整的超参数（例如学习率、批大小、层数和每层单元数）。针对给定问题选择最佳架构并调整这些超参数可能是一项具有挑战性且耗时的任务。
- 数据预处理：神经网络通常要求输入数据具有特定格式。例如，数据可能需要归一化，分类变量可能需要独热编码，缺失值可能需要填补。预处理可能是一个复杂且耗时的步骤。

这些挑战使得训练神经网络成为一项不简单的任务，通常需要结合技术专业知识和计算资源进行反复试验。

6.5 语言模型

语言模型是自然语言处理中的一种统计模型，旨在学习和理解人类语言的结构。更具体地说，它是一种概率模型，经过训练后，可以根据给定的单词场景估计单词出现的可能性。例如，可以训练语言模型，根据前面的单词预测句子中的下一个单词。

语言模型是许多自然语言处理任务的基础。它们可用于机器翻译、语音识别、词性标注和命名实体识别等。最近，它们被用于创建对话式 AI 模型（例如聊天机器人和个人助理）以及生成类似人类写作风格的文本。

传统语言模型通常基于明确的统计方法，例如 n-gram 模型（在预测下一个单词时仅考虑前 n 个单词）或隐马尔可夫模型（hidden Markov model，HMM）。

最近，神经网络在创建语言模型方面变得流行起来，从而导致了神经语言模型的兴起。这些模型利用神经网络的力量在进行预测时考虑每个单词的上下文，从而提高准确率和流畅度。神经语言模型的示例包括 RNN、Transformer 模型以及各种基于 Transformer 的架构（例如 BERT 和 GPT）。

语言模型对于在计算环境中理解、生成和解释人类语言至关重要，并且在自然语言处理的许多应用中发挥着至关重要的作用。

以下是语言模型的常见应用领域。

- 机器翻译：语言模型是将文本从一种语言翻译成另一种语言的系统的重要组成部分。它们可以评估翻译句子的流畅性，并帮助在多个可能的翻译中进行选择。
- 语音识别：语言模型可用于语音识别系统，帮助区分发音相似的单词和短语。通过预测句子中接下来可能出现的单词，它们可以提高转录的准确性。
- 信息检索：当你在互联网上搜索某些内容时，语言模型有助于确定哪些文档与你的查询相关。它们可以理解你的搜索词和潜在结果之间的语义相似性。
- 文本生成：语言模型可以生成类似人类写作风格的文本，这在聊天机器人、写作助手和内容创建工具等各种应用中很有用。例如，聊天机器人可以使用语言模型来生成对用户查询的适当响应。
- 情感分析：通过理解语言结构，语言模型可以帮助确定一段文本的情感是积极的、消极的还是中性的。这在社交媒体监控、产品评论和客户反馈等领域很有用。
- 语法检查：语言模型可以预测句子中接下来应该出现什么单词，这有助于识别语法错误或不恰当的措辞。
- 命名实体识别：语言模型可以帮助识别文本中的命名实体，例如人物、组织、地点等。这对于信息提取和自动摘要等任务非常有用。
- 理解上下文：语言模型，尤其是最近基于深度学习的模型（例如 Transformer），非常擅长理解单词和句子的上下文。这种能力对于许多自然语言处理任务（例如问答、摘要和对话系统）至关重要。

所有这些应用都源于一个中心主题：语言模型可帮助机器更有效地理解和生成人类语言，这对于当今数据驱动世界中的许多应用都至关重要。

接下来，我们将介绍不同类型的学习，然后解释如何使用自监督学习来训练语言模型。

6.5.1 半监督学习

半监督学习（semi-supervised learning）是一种利用已标记数据和未标记数据进行训练的机器学习方法。当你拥有少量已标记数据和大量未标记数据时，这种方法特别有用。其策略是使用已标记数据训练初始模型，然后使用此模型预测未标记数据的标签，再然后使用新标记的数据重新训练模型，从而提高其准确率。

6.5.2 无监督学习

无监督学习（unsupervised learning）指的是完全在未标记数据上训练模型。其目标是找到数据中的潜在模式或结构。

无监督学习包括聚类（目的是将相似的实例分组在一起）和降维（目的是在不丢失太多信息的情况下简化数据）等技术。

6.5.3 自监督学习

自监督学习（self-supervised learning）是一种无监督学习方法，其中的数据可提供监督作用。换句话说，模型将学习从同一输入数据的其他部分预测输入数据的某些部分。它不需要人类提供的明确标签，因此称为"自监督"。

在语言模型中，自监督常通过在给定句子其他部分的情况下预测句子部分来实现。

例如，给定句子"The cat is on the____"，模型可被训练用来预测缺失的单词（在本示例中可填"mat"）。

接下来，让我们看看几种用于训练语言模型的流行的自监督学习策略。

1. 掩蔽语言建模

掩蔽语言建模（masked language modeling，MLM）策略可用于训练 BERT，它会随机屏蔽一定比例的输入标记，并让模型根据未屏蔽单词提供的上下文预测被屏蔽的单词。例如，在句子"The cat is on the mat"中，可以屏蔽"cat"，模型的任务就是预测该词。请注意，你也可以屏蔽多个单词。

从数学上来说，MLM 的目标是最大化以下似然（likelihood）值：

$$L = \sum_i \log(P(w_i \mid w_{i-1}; \theta))$$

其中：
- w_i 是被屏蔽的单词。
- w_{i-1} 是未被屏蔽的单词。
- θ 表示模型参数。

2. 自回归语言模型

在 GPT 等模型使用的自回归语言建模（autoregressive language modeling）中，模型会根据句子中前面的所有单词来预测下一个单词。经过训练之后，模型可以根据句子中前面的单词来最大化单词出现的可能性。

自回归语言模型的目标是最大化下式：

$$L = \sum_i \log(P(w_i \mid w_1, \cdots, w_{i-1}; \theta))$$

其中：
- w_i 是当前单词。
- $w_1, \cdots, w_{i-1}$ 是前面的单词。
- θ 表示模型参数。

这些策略使语言模型能够直接从原始文本中获得对语言语法和语义的丰富理解，而无须进行明确的标注。然后，可以利用从自监督预训练阶段获得的语言理解，针对文本分类、情感分析等各种任务对模型进行微调。

6.5.4 迁移学习

迁移学习（transfer learning）是一种机器学习技术，其中预先训练的模型将被重新用作不同但相关问题的起点。与传统的机器学习方法（即先使用随机权重初始化模型）相比，迁移学习的优势在于，它使用从相关任务中学习到的模式启动学习过程，这既可以加快训练过程，又可以提高模型的性能，尤其是在已标记训练数据有限的情况下。

在迁移学习中，模型通常在大型任务上进行训练，然后模型的某些部分被用作另一项任务的起点。大型任务通常被选择得足够广泛，以便学习到的表示可用于许多不同的任务。当两个任务的输入数据属于同一类型且任务相关时，此过程特别有效。

应用迁移学习有多种方法，最好的方法取决于你的任务拥有多少数据，以及你的任务与模型训练的原始任务的相似程度。

1. 特征提取

在此方法中，预训练模型将充当特征提取器。你可以删除模型的最后一层或几层，让网络的其余部分保持不变。然后，将数据传递到这个截断的模型，并将输出用作针对你的特定任务进行训练的新的、较小的模型的输入。

2. 微调

微调方法是指你可以使用预训练模型作为起点，并针对新任务更新模型的全部或部分参数。换句话说，你可以从中断的地方继续训练，让模型从通用特征提取调整为更适合你任务的特征。一般来说，在微调期间将使用较低的学习率，以避免在训练期间完全覆盖预先学习到的特征。

迁移学习是一种强大的技术，可用于提高机器学习模型的性能。它对于标记数据有限的任务特别有用。

迁移学习常见于深度学习应用。例如，很多图像分类问题都喜欢使用预训练模型（ResNet、VGG、Inception 等）作为起点，这些模型使用了 ImageNet 上的大规模注释图像数据集进行预训练，它们学习到的特征对于图像分类是通用的，并且可以在数据量较少的特定图像分类任务上进行微调。

迁移学习的应用示例如下。

- 经过训练的可以对猫和狗的图像进行分类的模型可用于微调对其他动物（例如鸟类或鱼类）的图像进行分类的模型。
- 经过训练的将文本从英语翻译成西班牙语的模型可用于微调将文本从西班牙语翻译成法语的模型。
- 经过训练的预测房价的模型可以用来微调预测汽车价格的模型。

同样，在自然语言处理中，大型预训练模型（例如 BERT 或 GPT）通常被用作各种任务的起点。这些模型已经在大量文本上进行了预训练，并学习到丰富的语言表示，可以针对特定任务（例如文本分类、情感分析和问答等）进行微调。

6.6 Transformer 详解

Transformer 是一种神经网络架构,由 Ashish Vaswani、Noam Shazeer、Niki Parmar、Jakob Uszkoreit、Llion Jones、Aidan N. Gomez、Łukasz Kaiser 和 Illia Polosukhin 在一篇名为 *Attention is All You Need*(注意力就是你所需要的全部)的论文中提出(索引:*Advances in neural information processing systems 30* (2017), Harvard)。该论文在自然语言处理领域非常有影响力,并为 BERT 和 GPT 等先进模型的开发奠定了基础。

Transformer 的关键创新是自注意力机制(self-attention mechanism),该机制允许模型在生成输出时权衡输入中每个单词的相关性,从而考虑每个单词的上下文。这与以前的 RNN 模型不同,后者按顺序处理输入,因此很难捕捉单词之间的长距离依赖关系。

6.6.1 Transformer 的架构

Transformer 由编码器和解码器组成,编码器和解码器都由多个相同的层组成,如图 6.8 所示。编码器中的每一层包含两个子层:自注意力机制和基于位置的全连接前馈网络。两个子层周围均采用残差连接,然后进行层归一化。

类似地,解码器中的每一层都有 3 个子层。第一个是自注意力层,第二个是交叉注意力层,负责关注编码器栈的输出,第三个是基于位置的全连接前馈网络。与编码器一样,每个子层周围都有一个残差连接,然后是层归一化。请注意,图 6.8 中只显示了一个头,我们可以让多个头并行工作(*N* 个头)。

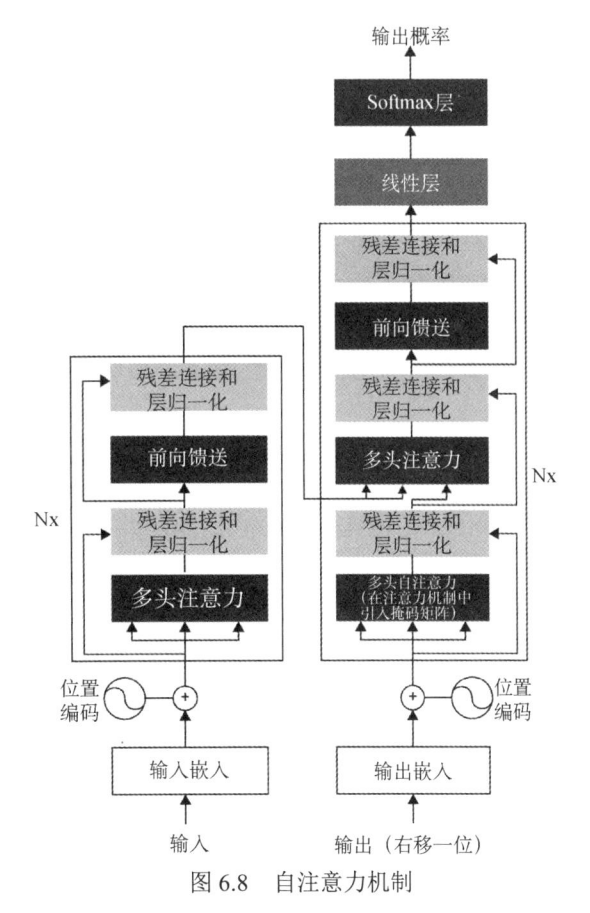

图 6.8 自注意力机制

1. 自注意力机制

自注意力机制也称为缩放点积注意力（scaled dot-product attention），可计算序列中每个单词与当前正在处理的单词的相关性。自注意力层的输入是一系列词向量，每个词向量使用单独学习到的线性变换分为查询向量（query，Q）、键向量（key，K）和值向量（value，V）。

然后按如下方式计算每个单词的注意力分数：

$$\mathrm{Attention}(Q,K,V) = \mathrm{softmax}(QK^{\mathrm{T}} / \mathrm{sqrt}(d_k))V$$

其中，d_k是查询和键的维数，用于缩放点积以防止其变得太大。softmax操作确保注意力得分被归一化并且总和为1。这些注意力分数表示在生成当前单词的输出时赋予每个单词值的权重。

自注意力层的输出是一个新的向量序列，其中每个单词的输出是所有输入值的加权和，权重由注意力分数决定。

2. 位置编码

由于自注意力机制没有考虑单词在序列中的位置，因此 Transformer 在编码器和解码器层结构的底部为输入嵌入添加了位置编码。此编码是位置的固定函数，允许模型学习使用单词的顺序。

在原始的 Transformer 论文中，位置编码是位置和维度的正弦函数，当然，学习到的位置编码也得到了有效的利用。

6.6.2 Transformer 的应用

自推出以来，Transformer 已用于各种自然语言处理任务（包括机器翻译、文本摘要和情感分析等），并且取得了很好的效果。Transformer 还被应用于其他领域，例如计算机视觉和强化学习。

Transformer 的引入导致自然语言处理领域转向在大量文本语料库上对大型 Transformer 模型进行预训练，然后针对特定任务对其进行微调，这是一种有效的迁移学习形式。这种方法已在 BERT、GPT-2、GPT-3 和 GPT-4 等模型中使用。

6.7 了解有关大语言模型的更多信息

大语言模型是一类在广泛的互联网文本上进行训练的机器学习模型。

"大语言模型"中的"大"指的是这些模型具有的参数数量。例如,GPT-3 有 1750 亿个参数。这些模型使用自监督学习在大量文本语料库上进行训练,这意味着它们可以预测句子中的下一个单词(例如 GPT)或根据周围的单词预测单词(例如 BERT,它经过训练可以预测一对句子是否连续)。由于接触了如此大量的文本,这些模型可以学习语法,了解世界事实,并发展出推理能力。当然,它们也会受到训练数据中的偏见的影响。

这些模型是基于 Transformer 的,这意味着它们利用的是 Transformer 架构,该架构使用自注意力机制来衡量输入数据中单词的重要性。这种架构允许这些模型处理文本中的长距离依赖关系,使其非常有效地应用于各种自然语言处理任务。

大语言模型可以针对特定任务进行微调,以实现高性能。微调涉及在较小的、与特定任务相关的数据集上进行额外训练,并允许模型根据任务的具体情况调整其一般语言理解能力。这种方法已在许多自然语言处理基准测试中取得了出色的成绩。

虽然大语言模型已经展现出令人印象深刻的能力,但它们也带来了重大挑战。例如,由于它们是在互联网文本上训练的,因此它们可以重现和放大数据中存在的偏见。它们还可能生成有害或误导性的输出。

此外,由于规模庞大,这些模型需要大量计算资源来训练和部署,这也引发了成本和环境影响方面的问题。

尽管存在这些挑战,大语言模型仍代表了人工智能领域的重大进步,并且成为广泛应用(包括翻译、摘要、内容创建和问答等)的有力工具。

6.8 训练语言模型的挑战

训练大语言模型是一项复杂且资源密集的任务,它带来了多方面的挑战。以下是一些关键问题。

- 计算资源:大语言模型的训练需要大量的计算资源。这些模型有数十亿个参数需要在训练期间更新,这涉及对大量数据集执行大量计算。这种计算通常在高性能 GPU 或张量处理单元(tensor processing unit,TPU)上进行,相关成本可能高得令人望而却步。
- 内存限制:随着模型规模的增加,训练期间存储模型参数、中间激活和梯度所需的内存量也会增加。这可能会导致即使最先进的硬件也出现内存问题。使用诸如模型并行、梯度检查点和卸载之类的技术可以缓解这些问题,但它们也增加了训练过程的复杂性。

- 数据集大小和质量：大语言模型是在大量文本语料库上进行训练的。查找、清洗和结构化组织如此庞大的数据集可能具有挑战性。此外，数据集的质量直接影响模型的性能。由于这些模型从训练数据中学习，因此数据中的偏差或错误可能会导致模型出现偏差或容易出错。
- 过拟合：虽然大型模型具有很强的学习复杂模式的能力，但它们也可能对训练数据过拟合，尤其是当可用数据量相对于模型大小有限时。过拟合会导致模型对未见数据的泛化能力很差。可以使用正则化技术（例如权重衰减、dropout 和提前停止）来对抗过拟合。
- 训练稳定性：随着模型变大，稳定地训练它们变得越来越困难。其中的挑战包括管理学习率和批大小以及处理梯度消失或爆炸等问题。
- 评估和微调：由于这些模型的规模，评估它们的性能也具有挑战性。此外，针对特定任务对这些模型进行微调可能会很棘手，因为它可能导致"灾难性遗忘"，即模型忘记了预训练知识。
- 道德和安全问题：大语言模型可能会生成有害或不适当的内容。它们还可以传播和放大训练数据中存在的偏见。由于这些问题，需要开发强大的方法来控制模型的行为，无论是在训练期间还是在运行时。

尽管存在这些挑战，大语言模型领域仍在不断取得进展。研究人员正在开发新策略来缓解这些问题，并更有效、更负责任地训练大型模型。

6.9　语言模型的具体设计

本节将详细解释两种流行的语言模型架构：BERT 和 GPT。

6.9.1　BERT 简介

如前文所述，BERT 是一种用于自然语言处理任务的基于 Transformer 的机器学习技术。它由 Google 开发，并在 Jacob Devlin、Ming-Wei Chang、Kenton Lee 和 Kristina Toutanova 的论文 *Bert: Pre-training of deep bidirectional transformers for language understanding*（Bert：用于语言理解的深度双向 Transformer 的预训练）中做了介绍。该论文在 arXiv 预印本服务器上的索引为 arXiv:1810.04805 (2018)。

BERT 被设计为通过在所有层中对左右两边的上下文进行联合条件处理，从未标记文本中预训练深度双向表征。这就好比做完形填空，知道两边的词，预测中间的词。这与 GPT

和 ELMo 等方法不同，GPT 采用了单向（从左到右）语言建模的方式进行预训练，主要关注当前词的左侧上下文；ELMo 则是对左右信息分别建模，即用前文的信息来预测下一个单词。BERT 的双向性使得 BERT 能够更准确地理解单词的上下文和语义。

1. BERT 的设计

BERT 是基于 Transformer 模型架构的（如图 6.8 所示），该模型架构由堆叠的自注意力和基于点的全连接层组成。

BERT 有两个版本：BERT Base 和 BERT Large，它们之间的区别就是大小。BERT Base 由 12 个 Transformer 层组成，每个层有 12 个自注意力头，总共有 1.1 亿个参数。BERT Large 则要大得多，有 24 个 Transformer 层，每个层有 16 个自注意力头，总共有 3.4 亿个参数。

BERT 的训练过程包括两个步骤：预训练和微调。

训练或使用语言模型的第一步是创建或加载其词典。我们通常使用标记器（tokenizer，也称为分词器）来实现此目标。

2. 标记器

为了高效使用语言模型，我们需要使用标记器将输入文本转换为有限数量的分词。一些子词标记化算法如字节对编码（byte pair encoding，BPE）、一元语法语言模型（unigram language model，ULM）和 WordPiece 等，可将单词拆分为更小的子词单元。这对于处理词汇表之外的单词非常有用，并允许模型学习通常带有语义含义的子词部分的有意义表示。

BERT 标记器是 BERT 模型的关键组件，可用于对所需的输入模型的文本数据进行初始预处理。BERT 使用 WordPiece 进行标记化，这是一种将单词分解为较小部分的子词标记化算法，使 BERT 能够处理词汇表之外的单词，减少词汇量，并处理语言的丰富性和多样性。

BERT 标记器的工作原理如下。

（1）基本标记化：首先，BERT 标记器将执行基本标记化，通过按空格和标点符号拆分文本，将其分解为单个单词。这与其他标记化方法类似。

（2）WordPiece 标记化：在基本标记化之后，BERT 标记器将应用 WordPiece 标记化。此步骤可将单词分解为较小的子单元或所谓的 WordPiece。如果某个单词不在 BERT 词汇表中，则标记器会以迭代方式将该单词分解为较小的子单元，直至在词汇表中找到匹配项或直到它不得不求助于字符级表示。

例如，"unhappiness"一词可以拆分为两个单词片段："un"和"##happiness"。符号"##"用于表示属于较大单词的子词，而不是独立的整个单词。

（3）特殊标记添加：BERT 标记器随后将添加特定 BERT 功能所需的特殊标记。例如，

[CLS]标记附加在每个句子的开头,作为分类任务的聚合表示。[SEP] 标记添加到每个句子的末尾,以表示句子边界。如果输入了两个句子(对于需要句子对的任务),则它们由这个[SEP] 标记分隔。

(4)从标记到 ID 的转换:最后,每个标记都将映射到一个整数 ID,该 ID 对应于其在 BERT 词汇表中的索引。这些 ID 是 BERT 模型实际用作输入的内容。

总而言之,BERT 标记器的工作方式是首先将文本标记为单词,然后进一步将这些单词分解为 WordPiece(如果需要的话),添加特殊标记,最后将这些标记转换为 ID。此过程使模型能够理解并为各种单词和子词生成有意义的表示,从而有助于 BERT 在各种自然语言处理任务上发挥强大的性能。

3. 预训练

在预训练期间,BERT 将在大量文本语料库上进行训练(原始论文中使用了整个英文维基百科和书籍语料库 BooksCorpus)。该模型被训练来预测句子中的掩码词(掩码语言模型)并区分文本中的两个句子是否按顺序出现(下一个句子预测),如下所述。

- 掩码语言模型:在该任务中,句子中 15%的单词被[MASK]标记替换,并训练模型根据未遮蔽单词提供的上下文来预测原始单词。
- 下一句预测:给出一对(两个)句子,训练模型预测句子 B 是否是句子 A 后面的下一句。

4. 微调

经过预训练后,BERT 可以在特定任务上进行微调,并且训练数据量要少得多。微调涉及向 BERT 添加额外的输出层,并针对特定任务对整个模型进行端到端训练。

事实证明,这种方法可以在各种自然语言处理任务(包括问答、命名实体识别和情感分析等)中取得很好的效果。

BERT 的设计及其预训练/微调方法彻底改变了自然语言处理领域,并促使该领域向在广泛数据上训练大型模型,然后针对特定任务进行微调的方向转变。

6.9.2 对 BERT 进行微调以完成文本分类任务

如前文所述,BERT 已在大量文本数据上进行了预训练,并且可以针对特定任务(包括文本分类)对学习到的表示进行微调。

要对 BERT 进行文本分类微调,可按以下步骤操作。

(1)输入数据预处理:BERT 对输入数据有特定的格式要求。需要使用 BERT 自己的标记器将句子标记为子词,并添加[CLS](分类)和[SEP](分离)等特殊标记。[CLS]标记添加到每个示例的开头,用作分类任务的聚合序列表示。[SEP]标记添加到每个句子的末尾,表示句子边界。然后将所有序列填充到固定长度以形成统一的输入。

(2)加载预训练的 BERT 模型:BERT 有多个预训练模型,应根据手头的任务选择合适的模型。这些模型在模型大小和预训练数据的语言方面有所不同。加载预训练的 BERT 模型后,即可使用它为输入数据创建基于上下文的词向量。

(3)添加分类层:在预训练的 BERT 模型之上添加分类层——分类头(classification head)。此层将接受训练以对文本分类任务进行预测。一般来说,该层是一个全连接的神经网络层,它将对应于[CLS]标记的表示作为输入,并输出类别的概率分布。

(4)对模型进行微调:微调涉及使用标记数据对特定任务(在本例中为文本分类)的模型进行训练。此过程可以通过多种方式完成。常见的方法是更新预训练的 BERT 模型和新添加的分类层的权重,以最小化损失函数——对于分类任务来说,通常是交叉熵损失(cross-entropy loss)函数。

在微调期间使用较低的学习率很重要,因为较大的学习率可能会破坏预学习权重的稳定性。此外,建议的 epoch 数量为 2~4,这样模型可以学习任务但不会过拟合。这种方法的好处是模型权重将被调整以在特定任务上表现良好。或者,你也可以冻结 BERT 层并仅更新分类器层权重。

(5)评估模型:一旦模型经过微调,即可在验证集上对其进行性能评估。这涉及计算准确率、精确率、召回率和 F1 分数等指标。在训练和评估任务期间,与其他机器学习和深度学习模型类似,你也可以执行超参数调整。

(6)应用模型:现在可以使用微调后的模型对新的未见文本数据进行预测。与训练数据一样,这些新数据也需要预处理为 BERT 期望的格式。

注意

请注意,使用 BERT 需要大量的计算资源,因为模型有大量的参数。通常建议使用 GPU 来微调和应用 BERT 模型。有些轻量模型如 DistilBERT,性能略低,可以在受计算或内存资源限制的情况下使用。

此外,BERT 仅能够处理 512 个标记,这限制了输入文本的长度。如果想要处理较长的文本,Longformer 或 BigBird 是不错的选择。

上述解释和限制对于其他类似的语言模型(如 RoBERTa、XLNet 等)同样适用。

总之,对 BERT 进行文本分类的微调涉及预处理输入数据、加载预训练的 BERT 模型、添加分类层、在标记数据上对模型进行微调,然后评估和应用该模型。

本章后面将演示微调 BERT 的范例，然后应用它，你将有机会亲自使用它并根据你的需要进行调整。

6.9.3 GPT-3 简介

GPT-3 是生成式预训练 Transformer 3（generative pretrained transformer 3）的缩写，是 OpenAI 公司开发的一种自回归语言模型，它可以使用深度学习技术生成类似人类写作风格的文本。它是 GPT 系列的第三个版本。后面的章节还将介绍其后续版本（GPT-3.5 和 GPT-4），因为我们将展开对大语言模型的讨论。

1. GPT-3 的设计和架构

GPT-3 扩展了其之前版本使用的 Transformer 模型架构。该架构基于使用多层 Transformer 块的 Transformer 模型，其中每个块都由自注意力和前馈神经网络层组成。

与之前的版本相比，GPT-3 规模庞大。它由 1750 亿个机器学习参数组成。这些参数是在训练阶段学习的，模型在此阶段将学习预测单词序列中的下一个单词。

GPT-3 的 Transformer 模型旨在处理数据序列（在本例中为文本中的单词或标记序列），因此非常适合语言任务。它按从左到右的顺序处理输入数据，并生成序列中下一个项目的预测。这也是 BERT 和 GPT 之间的区别——在 BERT 中，来自两侧的单词都将用于预测被屏蔽的单词，但在 GPT 中，只使用左侧的单词进行预测，这使其成为生成任务的理想选择。

2. 预训练

与 BERT 和其他基于 Transformer 的模型类似，GPT-3 也涉及两步过程：预训练和微调。

在预训练阶段，GPT-3 将在大量文本数据上进行训练。它将学习预测句子中的下一个单词。但是，与使用左右两侧双向上下文进行预测的 BERT 不同，GPT-3 仅使用左侧上下文（即句子中的前几个单词）。

3. 微调

在预训练阶段之后，GPT-3 可以使用少量特定任务的训练数据针对特定任务进行微调。这可以是任何自然语言处理任务，例如文本完成、翻译、摘要、问答等。

4. 零样本学习、单样本学习和小样本学习

GPT-3 最令人印象深刻的功能之一是其能够进行小样本学习。当给定一个任务和该任务的几个样本时，GPT-3 通常可以学会准确地执行该任务。

在零样本学习（zero-shot learning）中，模型被赋予一个没有任何先前样本的任务。例

如，模型在"猫"和"狗"等类别上训练过，因此模型能够准确地识别出"猫"和"狗"的图片，但是，当模型遇到"猪"这个新类别时，由于从未见过，因此传统模型无法做出判断。零样本学习在没有任何训练样本的情况下，借助一些辅助知识（如属性、词向量、文本描述等）即可学习一些从未见过的新类别。

在单样本学习（one-short learning）中，模型仅被赋予一个样本。它将通过借鉴已知类别的知识来泛化到新类别。

在小样本学习（few-shot learning）中，模型被赋予少数几个样本以供学习。

在数据稀缺的情况下，这些学习范式和能力尤其重要。

6.9.4 使用 GPT-3 的挑战

尽管 GPT-3 功能强大，但它也带来了一些挑战。由于规模庞大，它需要大量计算资源进行训练。它有时会生成不正确或无意义的响应，并且会反映训练数据中存在的偏差。此外，它还难以完成需要深入了解世界或进行常识推理（超出文本所能学到的范围）的任务。

6.10 Jupyter Notebook 中的自然语言处理-深度学习系统设计示例

本节将研究一个实际问题，并了解如何使用自然语言处理流程来解决它。此部分的代码已作为 Google Colab Notebook 在 Ch6_Text_Classification_DL.ipynb 中共享。你需要结合该代码来理解本节内容。

6.10.1 商业目标

在本示例中，假设我们处于医疗保健领域。我们的目标是开发一个通用的医学知识引擎，该引擎要与医疗保健领域的最新发现保持同步。

6.10.2 技术目标

首席技术官从商业目标中得出了几个技术目标。其中一个目标与机器学习团队有关：鉴于与医学出版物相对应的结论越来越多，那些建议性的结论应该被识别出来。这将使我们能够发现源自基础研究的医疗建议。

6.10.3 工作流程

现在让我们看看本示例项目工作流程的不同部分，如图 6.9 所示。

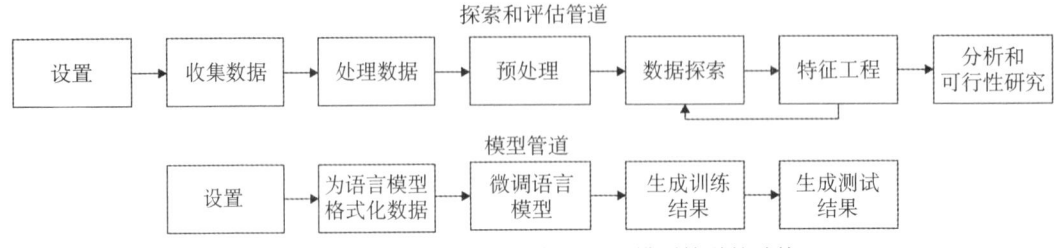

图 6.9 典型的探索和评估管道以及模型管道的结构

请注意此设计与我们在图 5.2 中看到的设计的区别。在图 5.2 中，探索和评估部分利用了机器学习模型后来使用的相同特征工程技术。而在这里，我们使用了语言模型，特征工程不是建模准备工作的一部分。预训练模型（尤其是标记器）将执行特征工程，这会产生与二进制、BoW 或 TF-IDF 特征有很大不同且可解释性较差的特征。

注意
本示例的代码不包含从"设置"到"生成传统机器学习模型的结果"部分，这些部分本质上与 5.11 节讨论的部分相同。唯一的区别与数据的差异有关。

6.10.4 深度学习

在这部分的代码中，我们采用了深度学习语言模型。

当希望通过语言模型应用迁移学习并根据我们的目标和数据对语言模型进行微调时，有若干种堆栈可供选择。最突出的是 Google 的 TensorFlow 和 Meta 的 PyTorch。一个名为 Transformers 的软件包被构建为这些堆栈的包装器，以便更简单地实现此类代码。在本示例中，我们利用了 Transformers 模型的简单性和丰富性。

值得一提的是，创建并支持 Transformers 软件包的公司是 Hugging Face。Hugging Face 致力于围绕免费开源深度学习模型的收集和共享创建整个生态系统，其中包括许多用于实现这些模型的组件。最具可操作性的工具是 Transformers 软件包，这是一个 Python 软件包，专门用于挑选、导入、训练和使用大量且不断增长的深度学习模型。

我们在此讨论的代码不仅仅提供了现实世界中机器学习/深度学习系统设计的示例，还展示了 Hugging Face 的 Transformers 的应用。

6.10.5 格式化数据

本示例需要以适合 Transformers 库的格式设置数据。列名必须非常具体。

6.10.6 评估指标

我们决定了要优化哪个指标,并将其纳入训练过程。对于这个二元分类问题,我们优化了准确率指标,并将结果与数据集的基线准确率进行比较,以此获得评估结果。

6.10.7 Trainer 对象

Trainer 是 Transformers 中训练语言模型的核心对象。它包含一组预定义的配置。一些关键的训练配置如下。
- 神经网络的数学学习超参数,例如:
  - 学习率
  - 梯度降低设置
- 训练 epoch 数。
- 计算硬件使用率。
- 日志设置,用于在整个训练过程中捕捉目标指标的进展。

6.10.8 微调神经网络参数

微调语言模型的基本概念是迁移学习。神经网络非常适合迁移学习,因为人们可以简单地从结构末端剥离任意数量的层,并用未经训练的层替换它们,这些层将根据潜在问题进行训练。其余未被移除且未经训练的层将继续以同语言模型最初训练时(最初构建时)完全相同的方式运行。如果我们替换最后一层但保留其余原始层,则可以将这些层视为监督特征工程,或者相反,视为嵌入机制。这一特性反映了迁移学习的概念。

理想情况下,模型有望很好地解决我们的潜在问题,因此我们将选择保留绝大多数原始层,而只有少数层会被替换和训练。通过这种方式,一个需要数周时间进行预训练的大型深度学习模型可以在几分钟内迁移并适应新问题。

在我们的代码中,设置模型,即精确地指定要微调的层,这是我们基于性能和计算资源的设计选择。一种选择是在最终输出之前对最后一层进行微调,另一种选择是对所有层进行微调。在我们的代码中,明确调用模型的配置,它控制对哪一层进行微调,因此可以按任何适合设计的方式更改代码。

我们配置 Trainer 对象以实时记录训练的性能。它会将这些日志打印到表格中,以便我们观察和监控它们。

训练完成后,我们会绘制训练和评估的进度图。这有助于了解训练结果和评估结果的演变之间的关系。由于 Trainer 使用的评估集可以看作是 Trainer 上下文中的保留集,因此进度图将使我们能够调查欠拟合和过拟合。

6.10.9　生成训练结果——用于设计选择

我们查看了训练集的结果以及 Trainer 打印出的日志。我们将它们与基线准确率进行了比较,发现准确率有所提高。

可以通过迭代若干种不同的设计选择并进行比较来了解设计的质量。迭代多组设计参数的过程将自动转换为代码,以便对最佳设置进行系统评估。我们没有在 Notebook 中这样做,只是为了让示例中的事情变得简单。

一旦我们相信找到了最佳设置,即可说该过程已经完成了。

6.10.10　生成测试结果——用于展示性能

与 5.11 节中的示例代码一样,本示例最后的步骤也是检查测试结果。值得注意的是评估集和测试集之间的区别。有些人可能会认为,由于 Trainer 不使用评估集进行训练,因此可以将其用作保留的测试集,这样就无须从训练中排除那么多观察结果,并为模型提供更多标记数据。然而,虽然 Trainer 没有使用评估集,但我们确实使用过它来做出设计决策。例如,我们观察了 6.10.8 节中提到的训练和评估的进度图,并以此判断哪个 epoch 数是最佳的,以实现最佳拟合。在 5.11 节中,也使用了评估集,但并不需要明确定义它,因为它是作为 K 折交叉验证机制的一部分执行的。

6.11　小　　结

本章富有启发性,全面探索了深度学习及其通过语言模型实现的在文本分类任务中的出色应用。

我们首先简要介绍了有关深度学习的基础知识,揭示了它从大量数据中学习复杂模式的强大能力,以及它在推进先进自然语言处理系统中无可争议的作用。

在此之后，我们深入研究了 Transformer 模型的架构，该模型通过为处理序列数据的传统循环神经网络和卷积神经网络提供有效的替代方案，彻底改变了自然语言处理领域。通过阐释注意力机制（Transformer 的一个关键特性），我们强调了它能够关注输入序列的不同部分，从而更好地理解上下文。

我们还深入探索了 BERT 模型，详细介绍了其架构，强调了它开创性地使用双向训练来生成上下文信息丰富的词向量，并重点介绍了其预训练过程，该过程可以从大型文本语料库中学习语言语义。

但是，我们的探索并未就此结束；我们还介绍了 GPT，这是另一种 Transformer 模型，它以略有不同的方式利用了 Transformer 的功能——专注于生成类似人类写作风格的文本。通过比较 BERT 和 GPT，我们揭示了它们独特的优势和用例。

最后，本章还提供了一个实用的自然语言处理-深度学习系统设计示例，介绍如何使用这些高级模型设计和实现文本分类模型。我们带你了解了这个过程的所有阶段，从数据预处理和模型配置到训练、评估，最后是对未见数据进行预测。

总而言之，本章提供了对自然语言处理中深度学习的全面理解，从基本原理过渡到实际应用。有了这些知识，你现在就可以利用 Transformer 模型、BERT 和 GPT 的功能来完成文本分类任务。无论你是想进一步深入研究自然语言处理世界，还是在实际环境中应用这些技能，本章都为你提供了坚实的基础。

在下一章中，我们将深入研究大语言模型。

第 7 章 揭开大语言模型的神秘面纱：理论、设计和 LangChain 实现

本章将深入探讨大语言模型（large language model，LLM）的复杂世界以及推动其出色表现的基础数学概念。这些模型的出现彻底改变了自然语言处理领域，在理解、生成人类语言以及与人类语言进行交互方面提供了无与伦比的能力。

LLM 是人工智能模型的一个子集，可以理解和生成类似人类写作风格的文本。它们通过在各种互联网文本上进行训练（从而学习有关世界的大量事实）来实现这一点。它们还学会了预测一段文本的后续内容，这使它们能够生成富有创意、流畅且上下文连贯的句子。

在探索 LLM 的运作时，我们将介绍困惑度（perplexity）这一关键指标，困惑度是衡量不确定性的指标，对于确定这些模型的性能至关重要。困惑度越低，表示语言模型（language model，LM）在预测序列中的下一个单词时越有信心，从而显示其熟练程度。

本章引用了多篇深入探讨 LLM 数学见解的出版物。其中包括 *A Neural Probabilistic Language Model*、*Attention is All You Need* 和 *PaLM: Scaling Language Modeling with Pathways*。这些资料有助于我们理解 LLM 所依赖的强大机制及其卓越功能。

我们还将在语言模型的背景下探索基于人类反馈的强化学习（reinforcement learning from human feedback，RLHF）这一新兴领域。RLHF 已被证明是微调 LLM 性能从而生成更准确、更有意义的文本的强大工具。

通过全面了解 LLM 的数学基础并深入研究 RLHF，我们将获得有关这些先进的 AI 系统的丰富知识，为该领域未来的创新和进步铺平道路。

最后，我们还将讨论最新模型的详细架构和设计，例如 Pathways 语言模型（Pathways Language Model，PaLM）、Large Language Model Meta AI（LLaMA）和 GPT-4。

本章包含以下主题：

- 什么是 LLM？它与 LM 有何不同？
- 开发和使用大语言模型的动机
- 开发大语言模型面临的挑战

7.1 技术要求

本章的学习需要你掌握扎实的机器学习基础概念,特别是在 Transformer 和强化学习领域。了解基于 Transformer 的模型至关重要,因为这些模型是当今许多大语言模型的基础。这包括熟悉自注意力机制、位置编码和编码器-解码器架构等概念。

了解强化学习的原理也很重要,因为我们将深入研究 RLHF 在 LM 微调中的应用。熟悉策略梯度、奖励函数和 Q 学习等概念将大大增强你对这些内容的理解。

最后,编程能力(尤其是 Python 编程能力)至关重要。这是因为许多概念将通过编程的视角进行演示和探索。具有 PyTorch 或 TensorFlow、流行的机器学习库以及 Hugging Face 的 Transformers 库(使用 Transformer 模型的关键资源)的使用经验也将大有裨益。

当然,如果你觉得自己在某些方面有所欠缺,也不要灰心。本章旨在引导你了解这些主题的复杂性,并在此过程中弥补任何知识上的差距。所以,请做好学习的准备,让我们深入探索大语言模型的迷人世界吧!

7.2 语言模型简介

语言模型(LM)是一种机器学习模型,经过训练后可以根据序列中的单词(或字符或子单词,具体取决于模型的粒度)预测下一个单词(在某些模型中为前后单词)。语言模型是一种概率模型,能够生成遵循特定语言风格或模式的文本。

在基于 Transformer 的模型如 GPT 和 BERT 出现之前,还有若干其他类型的语言模型广泛用于自然语言处理任务。本节将讨论其中的几种。

7.2.1 n-gram 模型

n-gram 模型是一些简单的语言模型。n-gram 模型可使用 ($n-1$) 个前面的单词来预测句子中的第 n 个单词。例如,在二元语法(2-gram)模型中,可使用前一个单词来预测下一个单词。这些模型易于实现且计算效率高,但它们的性能通常不如更复杂的模型,因为它们无法捕获单词之间的长距离依赖关系。

n-gram 模型的性能会随着 n 的增加而下降，因为它们受到数据稀疏性问题的影响（没有足够的数据来准确估计所有可能的 n-gram 的概率）。

7.2.2　隐马尔可夫模型

隐马尔可夫模型（HMM）考虑了生成的观测数据的"隐藏"状态。在语言建模的背景下，每个单词都是一个观测状态，而"隐藏"状态将是某种无法直接观测到的语言特征（例如单词的词性）。但是，与 n-gram 模型一样，HMM 也很难捕捉单词之间的长距离依赖关系。

7.2.3　循环神经网络

循环神经网络（RNN）是一种神经网络，其中节点之间的连接沿着时间序列形成有向图。这使得它们能够使用其内部状态（记忆）来处理输入序列，使其成为语言建模的理想选择。它们可以捕捉单词之间的长距离依赖关系，但难以应对所谓的梯度消失问题，这使得它们在实践中很难学习这些依赖关系。

1. 长短期记忆网络

长短期记忆（LSTM）网络是一种特殊的 RNN，旨在学习长期依赖关系。它们通过使用一系列的"门"来实现这一点，这些"门"控制信息在网络记忆状态中的进出。LSTM 是语言建模领域的一大进步。

2. 门控循环单元网络

门控循环单元（GRU）网络是 LSTM 网络的变体，其架构中使用了一组略有不同的门。它们通常比 LSTM 更简单、训练速度更快，但它们的表现是优于还是劣于 LSTM 往往取决于手头的具体任务。

这些模型各有优缺点，没有哪个模型天生就比其他模型好或差——这完全取决于具体任务和数据集。但是，基于 Transformer 的模型在各种任务中的表现通常都优于所有这些模型，使得它们目前在自然语言处理领域很受欢迎。

7.3 大语言模型脱颖而出的原因

大语言模型（例如 GPT-3 和 GPT-4）同样是语言模型，只不过它们是基于大量文本进行训练的，具有大量参数。模型越大（就参数和训练数据而言），它理解和生成复杂多样文本的能力就越强。以下是大语言模型与小型语言模型的一些主要区别。

- 数据：大语言模型接受大量数据的训练。这使它们能够从广泛的语言模式、风格和主题中学习。
- 参数：大语言模型具有大量参数。机器学习模型中的参数是从训练数据中学习到的模型的部分。模型的参数越多，它可以学习的模式就越复杂。
- 性能：由于大语言模型经过更多数据训练，具有更多参数，因此其性能通常优于小型语言模型。它们能够生成更连贯、更多样化的文本，并且更善于理解上下文、进行推断，甚至回答问题或生成有关广泛主题的文本。
- 计算资源：大语言模型需要大量的计算资源（包括处理能力和内存）进行训练，训练时间也更长。
- 存储和推理时间：大语言模型需要更多的存储空间，并且需要更长的时间来生成预测（尽管在现代硬件上这种推理时间通常仍然相当快）。

因此，我们可以说，大语言模型本质上是小型语言模型的放大版，它们使用更多数据进行训练，具有更多参数，并且通常能够产生更高质量的结果，但它们也需要更多资源来训练和使用。除此之外，大语言模型的一个重要优势是，我们可以在大量数据上对它们进行无监督训练，然后使用有限数量的数据对它们进行微调以完成不同的任务。

7.4 开发和使用大语言模型的动机

开发和使用大语言模型的动机源自与这些模型的功能相关的几个因素，以及它们在不同应用中可能带来的好处。本节将介绍其中一些主要动机。

7.4.1 提高性能

经过足够数据训练的大语言模型通常比小型模型表现出更好的性能。它们更有能力理解上下文和识别细微差别并且生成连贯且与上下文相关的响应。这种性能提升适用于自然语言处理中的各种任务,包括文本分类、命名实体识别、情感分析、机器翻译、问答和文本生成。表 7.1 将 BERT(首批知名的大语言模型之一)和 GPT 的性能与以前的模型在通用语言理解评估(General Language Understanding Evaluation,GLUE)基准数据集上的性能进行了比较。GLUE 基准是各种自然语言理解(natural language understanding,NLU)任务的集合,旨在评估模型在多种语言挑战中的表现。该基准涵盖情感分析、问答和文本蕴涵(textual entailment)等任务。它是 NLU 领域广受认可的标准,为比较和改进语言理解模型提供了一套全面的工具。可以看出,BERT 在所有任务中的表现都更好。

表 7.1 比较不同模型在 GLUE 上的表现(此比较基于 2018 年的 BERT 和 GPT 版本)

模型	平均(所有任务)	情感分析	语法理解	相似性
BERT large 版本	82.1	94.9	60.5	86.5
BERT base 版本	79.6	93.5	52.1	85.8
OpenAI GPT	75.1	91.3	45.4	80.0
以前开放的 AI 的最新版本	74.0	93.2	35.0	81.0
双向长短期记忆(Bidirectional Long Short-Term Memory,BiLSTM)网络 + Embeddings from Language Model(ELMo)+ Attention	71.0	90.4	36.0	73.3

7.4.2 更广泛的泛化能力

在不同数据集上训练的大语言模型可以更好地泛化不同的任务、领域或语言风格。它们可以有效地从训练数据中学习,以识别和理解各种语言模式、风格和主题。这种广泛的泛化能力使它们适用于各种应用:从聊天机器人到内容创建,再到信息检索。

当语言模型更大时,意味着它具有更多参数。这些参数允许模型捕获和编码数据中更复杂的关系和细微差别。换句话说,更大的模型可以从训练数据中学习和保留更多信息。因此,它更有能力在训练后处理更广泛的任务和上下文。正是这种增加的复杂性和容量使得更大的语言模型在不同任务中具有更强大的泛化能力。正如我们在图 7.1 中看到的那样,更大的语言模型在不同任务中表现更好。

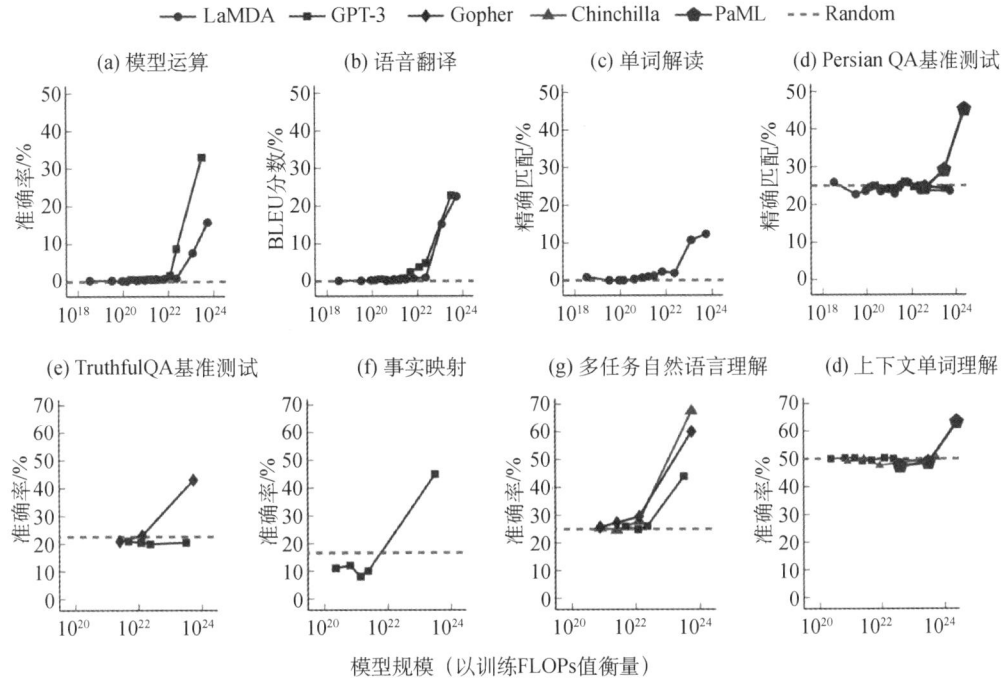

图 7.1 大语言模型的性能取决于它们的规模和训练

> **提示**
> FLOPs 表示每秒钟能够执行的浮点运算次数。其计算公式如下：
> $$FLOPs = 浮点运算数量/运行时间$$

在图 7.2 中可以看到过去几年内大语言模型的发展进度。

当然，值得一提的是，虽然较大的模型往往泛化能力更强，但它们也带来了挑战，例如增加了计算要求和过拟合的风险。此外，我们还必须确保训练数据能够代表模型预期执行的任务和领域，因为模型可能会保留训练数据中存在的任何偏差。

7.4.3 小样本学习

GPT-3、GPT-3.5 和 GPT-4 等大语言模型已展示出令人印象深刻的小样本学习能力。只要给出少数几个示例（"样本"），这些模型即可泛化以有效地完成类似的任务。这使得可以更加高效地在实际应用中调整和部署这些模型。例如，在 GPT4 中，提示（prompt）可以设计为包含模型需要参考的信息，如示例问题及其相应的答案。

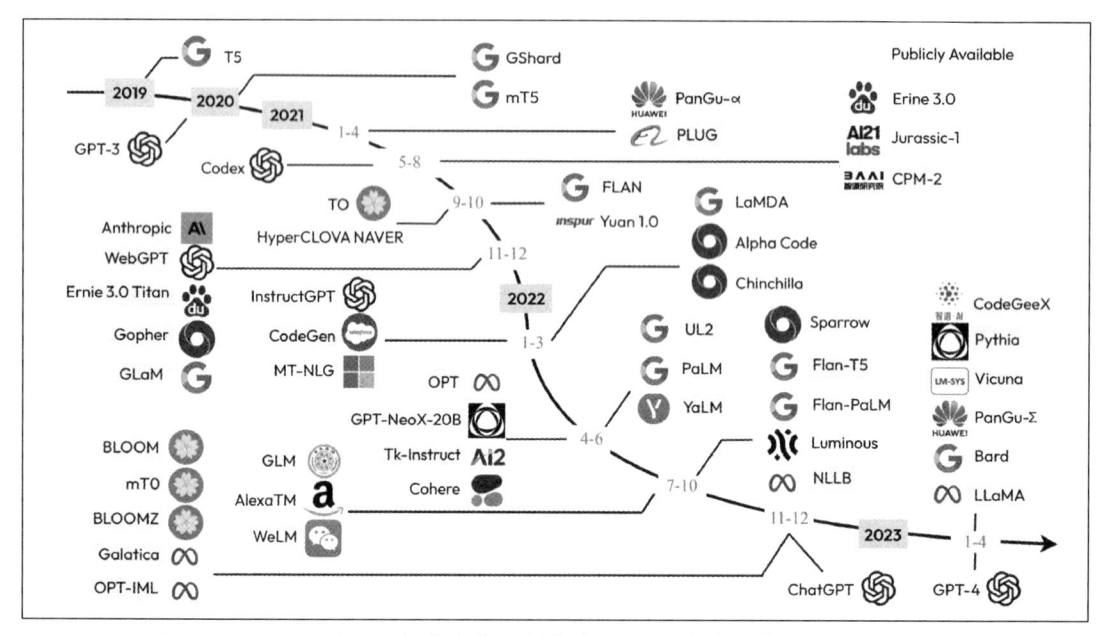

图 7.2　2019 年至 2023 年发布的语言模型（已公开发布的模型被突出显示）

在这种情况下，模型将暂时从给出的示例中学习，并将给定信息作为附加来源。例如，当大语言模型被用作个人助理或顾问时，可以将有关用户的背景信息附加到提示中，让模型"了解你"，这样它就会使用你的个人信息提示作为参考。

7.4.4　理解复杂语境

大语言模型具有理解复杂语境的优势，因为它们在大量数据上进行了训练，这些数据涵盖了各种主题、文学风格和细微差别，并且拥有深层架构和大参数空间。这种能力使它们即使在复杂或存在细微差别的情况下也能理解并做出适当的回应。

例如，假设用户要求模型给一篇复杂的科学文章编写摘要，大语言模型可以理解文章的知识背景和技术语言，并生成连贯且简化的摘要。

7.4.5　多语言能力

大语言模型可以有效处理多种语言，适合全球应用。以下是一些著名的多语言模型。

1. mBERT

mBERT 是 Google 发布的多语言 BERT（multilingual BERT），它是 BERT 的一个扩展，使用掩码语言模型目标，基于最大的维基百科数据对前 104 种语言进行了预训练。

2. 跨语言模型

跨语言模型（cross-lingual language model，XLM）使用了 100 种语言进行训练。它扩展了 BERT 模型，包括多种跨语言模型训练方法。

3. XLM-RoBERTa

XLM-RoBERTa 扩展了 RoBERTa，它本身是 BERT 的优化版本，并在涵盖多语言的更大的语料库上进行了训练。

4. MarianMT

MarianMT 是 Hugging Face 的 Transformers 库的一部分，是一种基于 Transformer 的先进模型，针对翻译任务进行了优化。

5. DistilBERT Multilingual

这是 mBERT 的更小、更快的版本，通过蒸馏（distillation）过程实现。

6. T2T Multilingual

这是文本到文本迁移 Transformer（Text-to-Text Transfer Transformer，T5）模型的变体，针对翻译任务进行了微调。

这些模型在翻译、命名实体识别、词性标注、多语言情感分析等多种任务中取得了显著的效果。

7.4.6 类似人类写作风格的文本生成

大语言模型在生成类似人类写作风格的文本方面表现出了非凡的能力。它们可以在对话中做出符合上下文语境的回应，撰写文章，还能生成诗歌和故事等创意内容。GPT-3、ChatGPT 和 GPT-4 等模型在文本生成任务中均表现出色。

必须指出的是，虽然大语言模型有很多优点，但使用大语言模型也存在诸多挑战和潜在风险。它们不但需要大量的计算资源来训练和部署，而且人们一直担心它们会产生有害或有偏见的内容、它们的可解释性以及它们对环境的影响。研究人员正在积极研究如何在利用这些模型的强大功能的同时缓解这些问题。

由于这些原因，一些公司正在尝试实现和训练更大的语言模型（图 7.3）。

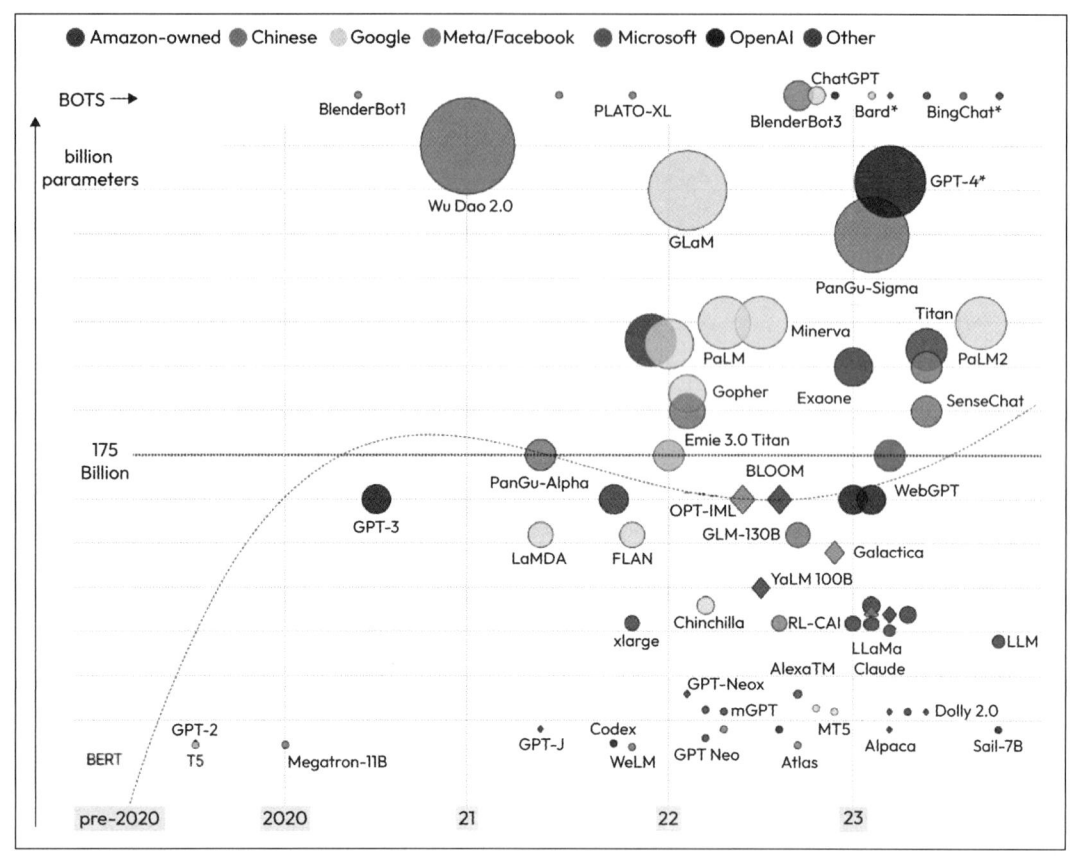

图 7.3　更新的语言模型及其规模,以及开发者

7.5　开发大语言模型面临的挑战

开发大语言模型面临着一系列独特的挑战,包括但不限于处理大量数据、需要大量计算资源以及引入或延续偏见的风险。

现在让我们来仔细看看这些挑战。

7.5.1　数据量

大语言模型需要大量数据进行训练。随着模型规模的增长,对多样化、高质量训练数据的需求也在增长。但是,收集和管理如此庞大的数据集是一项艰巨的任务。它可能既耗时又昂贵，而且还存在着在训练集中无意间包含敏感或不适当数据的风险。

为了更直观地了解大语言模型训练的数据量，可以看看以下一组数据。

BERT 使用了来自 Wikipedia 和 BookCorpus 的 33 亿个单词进行训练。GPT-2 在 40 GB 文本数据上进行了训练，GPT-3 已在 570 GB 文本数据上进行了训练。

表 7.2 显示了几个语言模型的参数数量和训练数据大小。

表 7.2 一些语言模型的参数数量和训练数据大小

模型	参数	训练数据的大小
GPT-3.5	1750 亿	3000 亿个标记
GPT-3	1750 亿	3000 亿个标记
PaLM	5400 亿	7800 亿个标记
LLaMA	650 亿	1.4 万亿个标记
Bloom	1760 亿	3660 亿个标记

7.5.2 计算资源

训练大语言模型需要大量的计算资源。这些模型通常具有数十亿甚至数万亿个参数，并且需要在训练期间处理大量数据，这需要高性能硬件（例如 GPU 或 TPU）和大量时间。这可能成本高昂，并且可能只有拥有这些资源的人才能开发此类模型。例如，训练 GPT-3 需要 100 万个 GPU 小时，成本约为 460 万美元（2020 年的数据）。

表 7.3 显示了几个语言模型的计算资源和训练时间。

表 7.3 一些语言模型的硬件和训练时间

模型	硬件	训练时间
PaLM	6144 TPU v4	—
LLaMA	2048 80G A100	21 天
Bloom	384 80G A100	105 天
GPT-3	1024 A100	34 天
GPT-4	25000 A100	90~100 天

7.5.3 偏见风险

大语言模型可以学习并延续其训练数据中存在的偏见。这可能是显性偏见，例如语言使用方式中的种族或性别偏见，也可能是更微妙的偏见，例如某些主题或观点的代表性不足。这个问题很难解决，因为语言偏见是一个根深蒂固的社会问题，而且在特定情况下，甚至很难确定什么可能会被视为偏见。

7.5.4 模型的稳定可靠性

确保大语言模型在所有可能情况下都能表现良好是一项挑战，尤其是当输入与训练数据不同时。这包括处理模糊查询、处理分布外的数据以及确保响应具有一定程度的一致性。

确保模型没有过度训练有助于建立更稳定可靠的模型，但要建立真正稳定可靠的模型，还需要做更多的事情。

7.5.5 可解释性和调试

与大多数深度学习模型一样，大语言模型通常被描述为"黑匣子"。很难理解它们为什么会做出特定的预测或如何得出结论。如果模型开始产生不正确或不适当的输出，这将使调试变得具有挑战性。

提高可解释性是一个活跃的研究领域。例如，一些库试图通过使用特征重要性分析（这涉及删除一些单词并分析梯度的变化）等技术来搞清楚语言模型的决策过程。

例如，其中一种方法是输入扰动（input perturbation）技术。在这种方法中，输入文本中的一个或多个单词被扰动或删除，并分析模型输出的变化。其背后的原理是了解特定输入词对模型的输出预测的影响。如果删除某个词显著改变了模型的预测，则可以推断模型认为这个词对其预测很重要。

分析梯度变化是另一种常用方法。通过研究删除某个词时输出相对于输入的梯度如何变化，可以深入了解该特定词如何影响模型的决策过程。

这些解释技术为大语言模型的复杂决策过程提供了更透明的视角，使研究人员能够更好地理解和改进他们的模型。LIME 和 SHAP 等库提供了模型解释任务的工具，从而使研究人员更容易理解该过程。

7.5.6 环境影响

训练大语言模型所需的大量计算资源可能会对环境产生重大影响。训练这些模型所需的能源可能会导致大量碳排放，从可持续发展的角度来看这是一个令人担忧的问题。

除此之外，人们还担心大语言模型的隐私和安全问题。例如，建议不要共享使用患者医疗信息训练的模型，或者不要将敏感信息输入 ChatGPT 等公开的大语言模型，因为它可以将其作为问题的答案返回给其他用户。

7.6　Transformer 模型的优点

大语言模型通常是在大量文本数据上进行训练的神经网络架构。其名称中的"大"是指这些模型在参数数量和训练数据规模方面的大小。

Transformer 模型是大语言模型浪潮中的佼佼者。它们是基于 Transformer 架构的，该架构使用自注意力机制来衡量输入中不同单词在进行预测时的相关性。

Transformer 是 Vaswani 等人在论文 *Attention is All You Need* 中引入的一种神经网络架构。Transformer 的一个显著优势（尤其是对于训练大语言模型而言）是适合并行计算。

在传统的循环神经网络模型（例如 LSTM 和 GRU）中，必须按顺序处理标记序列（文本中的单词、子词或字符）。这是因为每个标记的表示不仅取决于标记本身，还取决于序列中的前一个标记。这些模型固有的顺序性使其运算难以并行化，而这也极大地限制了训练过程的速度和效率。

相比之下，Transformer 通过使用一种称为自注意力（或缩放点积注意力）的机制消除了顺序处理的必要性。在自注意力过程中，每个标记的表示被计算为序列中所有标记的加权和，权重则由注意力机制决定。重要的是，每个标记的这些计算与其他标记的计算无关，因此它们可以并行执行。

这种并行化能力为训练大语言模型带来了诸多优势，让我们仔细看看。

7.6.1　速度

通过并行化计算，Transformer 模型可以比循环神经网络更快地处理大量数据。这种速度可以显著减少大语言模型的训练时间，因为大语言模型通常需要处理大量数据。

7.6.2　可扩展性

Transformer 的并行化使扩大模型规模和增加训练数据量变得更加容易。此功能对于开发大语言模型至关重要，因为这些模型通常受益于在更大的数据集上进行训练并拥有更多参数。

7.6.3 长距离依赖关系

Transformer 可以更好地捕获标记之间的长距离依赖关系,因为它们会同时考虑序列中的所有标记,而不是一次处理一个标记。此功能在许多语言任务中非常有用,并且可以提高大语言模型的性能。

这些 Transformer 模型各有优缺点,最佳模型的选择取决于具体任务、可用训练数据的数量和类型以及可用的计算资源。

7.7 最新大语言模型的设计和架构

本节将深入研究本书撰写时一些最新大语言模型的设计和架构。

7.7.1 GPT-3.5 和 ChatGPT

ChatGPT 的核心是 Transformer。在 7.6 节中介绍过,Transformer 架构可使用自注意力机制在进行预测时权衡输入中不同单词的相关性。它允许模型在生成响应时考虑输入的完整上下文。

ChatGPT 是基于 GPT 版本的 Transformer 的。GPT 模型经过训练,可以根据所有前面的单词预测单词序列中的下一个单词。它们从左到右处理文本(单向上下文),这使得它们非常适合文本生成任务。例如,GPT-3 是 ChatGPT 所基于的 GPT 版本之一,包含 1750 亿个参数。

7.7.2 ChatGPT 的训练过程

ChatGPT 的训练过程分为两个步骤:预训练和微调。

1. 预训练

在此步骤中,模型将使用来自互联网的大量公开文本进行训练。但值得一提的是,它并不知道其训练集中包含哪些文档,也无法访问任何特定文档或来源。

2. 微调

预训练后,基础模型将根据 OpenAI 创建的自定义数据集进行进一步训练(微调),其中包括正确行为的演示以及对不同响应进行排名的比较。

一些提示来自 Playground 在线平台和 ChatGPT 应用程序的用户，但它们是匿名的，并且不包含个人身份信息。

7.7.3 RLHF

微调过程的一部分涉及基于人类反馈的强化学习（RLHF）。RLHF 指的是人类 AI 训练员针对一系列示例输入提供模型输出反馈，并利用此反馈改进模型的响应。RLHF 是用于训练 ChatGPT 的微调过程的关键组成部分。它是一种通过从人类评估者提供的反馈中学习以改进模型的技术。

1. RLHF 的总体思想

现在让我们来看看 RLHF 的总体思想。

RLHF 的第一步是收集人类反馈。对于 ChatGPT 来说，这通常涉及让人类 AI 训练员参与对话，他们扮演双方（用户和 AI 助手）。训练员还可以访问模型编写的建议，以帮助他们撰写回复。这种对话（AI 训练员本质上是在与自己对话）被添加到数据集中以进行微调。

除了对话之外，还可以创建比较数据，让多个模型响应按质量进行排名。这是通过回合对话、生成不同的响应并让人工评估员对它们进行排名来实现的。评估员不仅可根据事实正确性对响应进行排名，还可基于他们认为的响应的实用性和安全性进行排名。

在收集到人类反馈和创建比较数据之后，即可使用近端策略优化（proximal policy optimization，PPO）对模型进行微调。PPO 是一种强化学习算法，可尝试根据人工反馈改进模型的响应，对模型的参数进行微调，以增加获得更好评分的响应的可能性，同时降低获得更差评分的响应的可能性。

RLHF 是一个迭代过程。收集人工反馈、创建比较数据和使用 PPO 算法微调模型以逐步改进模型性能的过程会重复多次。

2. PPO 算法

现在让我们更详细地看看 PPO 算法的工作原理。

PPO 是一种强化学习算法，主要用于优化代理（agent）的 π 策略。该策略定义代理如何根据其当前状态（state，s）选择动作（action，a）。PPO 旨在优化此策略以最大化预期累积奖励（reward，R）。

在深入研究 PPO 之前，定义奖励模型非常重要。在强化学习的背景下，奖励模型是一个 $R(s,a)$ 函数，它将为每个状态-动作对 (s,a) 分配一个奖励值。代理的目标是学习一个策

略 π，以最大化这些奖励的预期总和。

从数学上来说，强化学习的目标可以定义如下：

$$J(\pi) = E_\pi \left(\sum_t R(s_t, a_t) \right)$$

其中：
- $E_{\pi[\cdot]}$ 是对遵循策略 π 生成的轨迹（状态-动作对的序列）的期望。
- s_t 是时刻 t 的状态。
- a_t 是在时刻 t 采取的动作。
- $R(s_t, a_t)$ 是在时刻 t 收到的奖励。

PPO 修改了此目标，以鼓励探索策略空间，同时防止每次更新时策略发生太大变化。这是通过引入比率 $r_t(\theta)$ 来实现的，它表示当前策略 π_θ 与旧策略 $\pi_{\theta\text{ old}}$ 的概率之比：

$$r_t(\theta) = \frac{\pi_\theta(a_t \mid s_t)}{\pi_{\theta\text{ old}}(a_t \mid s_t)}$$

PPO 的目标定义如下：

$$J_{\text{PPO}}(\pi) = E_{\pi\text{ old}}(\min(r_t(\theta)A_t, \text{clip}(r_t(\theta), 1-\epsilon, 1+\epsilon)A_t)$$

其中，A_t 是优势函数（advantage function），用于衡量在状态 s_t 处采取的行动与平均行动相比有多好，而 $\text{clip}(r_t(\theta), 1-\epsilon, 1+\epsilon)$ 则是 $r_t(\theta)$ 的一个裁剪（clip）版本，用于阻止过大的策略更新。

然后，该算法使用随机梯度上升（stochastic gradient ascent，SGA）优化该目标，调整策略参数 θ 以增加 $J_{\text{PPO}}(\pi)$。

在 ChatGPT 和 RLHF 语境中，状态对应于对话历史，动作对应于模型生成的消息，奖励则对应于人类对这些消息的反馈。因此，PPO 可用于调整模型参数，以提高根据人类反馈判断的生成消息的质量。

人工评分用于创建奖励模型，该模型量化了每个响应的好坏。奖励模型是一个函数，它接收状态和动作（在 ChatGPT 中为对话上下文和模型生成的消息），并输出标量奖励。在训练期间，模型会尝试最大化其预期累积奖励。

RLHF 的目标是使模型的行为与人类价值观保持一致，并提高其生成有用的且安全的响应的能力。通过从人类反馈中学习，ChatGPT 可以适应更广泛的对话环境并提供更合适、更有帮助的响应。值得注意的是，尽管做出了这些努力，系统仍可能犯错，处理这些错误并改进 RLHF 流程是一个正在进行的研究领域。

7.7.4 生成响应

在生成响应时，ChatGPT 会将对话历史记录作为输入，其中包括对话中的先前消息以及最新的用户消息，并产生由模型生成的消息作为输出。

对话历史记录被标记化并输入模型中，模型生成一系列响应标记，然后这些标记被去标记化以形成最终的输出文本。

7.7.5 系统级控制

OpenAI 还实施了一些系统级控制，以减少 ChatGPT 的有害或不真实输出。其中包括一个 Moderation API，用于警告或阻止某些类型的不安全内容。

7.7.6 ChatGPT 中 RLHF 的逐步流程

由于 RLHF 是 ChatGPT 和其他几种先进模型的重要组成部分，因此更好地理解它大有裨益。近年来，语言模型表现出了非凡的能力，能够根据人工生成的提示创建各种各样引人入胜的文本。但即便如此，准确定义什么是"好"文本仍然具有挑战性，因为它本质上是一个主观判断并且很大程度上取决于上下文背景。例如，编写故事时需要想象力和创造力，撰写知识性文章时需要内容准确和严谨，代码片段则需要切实可执行。

定义一个损失函数来封装这些属性似乎几乎是不可能的，因此大多数语言模型都是使用基本的下一个标记预测（next-token prediction）损失函数（例如交叉熵）进行训练的。为了克服此类损失函数的局限性，人们还开发了更符合人类偏好的指标，例如双语评估替补（bilingual evaluation understudy，BLEU）或 ROUGE。

BLEU 分数可用于衡量机器翻译文本与一组高质量参考译文之间的比较效果。虽然这些指标在评估性能方面更有效，但它们本质上是有局限性的，因为它们只是使用基本规则将生成的文本与参考译文进行比较。

如果我们可以将人工对生成文本的反馈用作性能衡量标准，甚至更进一步，将其作为优化模型的损失，那么这无疑具有变革性的意义。这正是 RLHF 背后的理念——利用强化学习技术直接使用人工反馈来优化语言模型。

RLHF 已经开始使语言模型能够让基于一般文本语料库训练的模型与复杂的人类价值观保持一致。

RLHF 最近成功的应用之一是 ChatGPT 的开发。

RLHF 的概念因其多方面的模型训练过程和各种部署阶段而带来了巨大的挑战。因此，接下来，我们将该训练过程分解为 3 个基本组成部分进行介绍：
- 语言模型的初始预训练。
- 数据收集和奖励模型训练。
- 使用强化学习改进语言模型。

让我们先来看看语言模型的预训练阶段。

1. 语言模型的预训练

RLHF 需要使用一个已经按传统预训练目标训练过的语言模型作为基础，这意味着我们需要根据训练数据创建标记器，设计模型架构，然后使用训练数据对模型进行预训练。

例如，OpenAI 广受好评的 RLHF 模型 InstructGPT 就采用了较小版本的 GPT-3 作为基础模型。相比之下，Anthropic 使用了为此任务训练的 1000 万到 520 亿个参数的 Transformer 模型，而 DeepMind 则使用了其 2800 亿个参数的模型 Gopher。

如图 7.4 所示，这个基础模型还可以根据额外的文本或特定条件进一步完善，尽管这并不总是必要的。例如，OpenAI 选择使用被标记为 preferable（更合适）的人工生成的文本来完善其模型。该数据集可用于通过 RLHF 模型进一步微调模型，根据来自人类的上下文提示提炼原始语言模型。

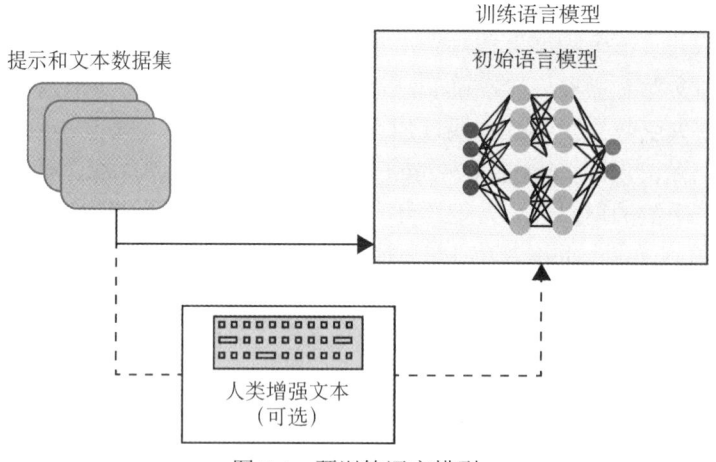

图 7.4 预训练语言模型

一般而言，对于哪一种模型是 RLHF 的最佳启动点，并没有明确的答案。RLHF 训练的可用选项尚未得到广泛探索。

一旦语言模型准备就绪，接下来，就需要生成数据来训练奖励模型。这一步对于将人类偏好融入系统至关重要。

2. 训练奖励模型

在新提出的方法中，RLHF 被用作奖励模型（reward model，RM），也称为偏好模型（preference model）。这里的主要思想是获取文本并返回反映人类偏好的标量奖励。这种方法可以通过以下两个步骤实现。

首先，实现端到端大语言模型，它将为我们提供首选输出。此过程可以通过微调大语言模型或从头开始训练大语言模型来执行。

其次，使用一个额外的组件，对大语言模型的不同输出进行排序并返回最佳输出。

用于训练奖励模型的数据集是一组提示-生成对（prompt-generation pairs）。提示是从预先确定的数据集（Anthropic 的数据）中采样的。这些提示由初始语言模型进行处理以生成新文本。

人工注释者对语言模型生成的文本输出进行排序。让人类直接为每个文本片段分配一个标量分数以生成奖励模型似乎很直观，但事实证明这在现实中具有挑战性。不同的人类价值观使这些分数不标准化且不可靠。因此，可使用排名来比较多个模型输出，从而创建一个更好的正则化数据集。

文本的排名有多种策略。一种成功的方法是让用户比较两个语言模型在给出相同提示的情况下生成的文本。通过直接比较来评估模型输出，Elo 评分系统（Elo rating system）可以生成模型和输出的相对排名。然后将这些不同的排名方法标准化为标量奖励信号以供训练。最初为国际象棋开发的 Elo 评分系统（在国际象棋领域称为"埃洛等级分系统"）也适用于语言模型的 RLHF。

在语言模型的背景下，每个模型或变体（例如，处于不同训练阶段的模型）都可以看作是一个"棋手"。它的 Elo 评分反映了它在生成人类偏好的输出方面的表现。

Elo 评分系统的基本机制保持不变。以下是它适应语言模型中的 RLHF 的方式。

- 初始化：所有模型都以相同的 Elo 评分开始，通常为 1000 或 1500 分。
- 比较：对于给定的提示，两个模型（A 和 B）生成输出。然后，人工评估者对这些输出进行排序。如果评估者认为模型 A 的输出更好，则模型 A "赢得"比赛，而模型 B 则"输掉"比赛。

每次评估后，Elo 评分都会以这种方式更新。随着时间的推移，它们会根据人类偏好对模型进行持续、动态的排名。这对于跟踪训练过程中的进度以及比较不同的模型或模型变体非常有用。

成功的 RLHF 系统已采用不同大小的奖励语言模型来生成文本。例如，OpenAI 使用了 1750 亿个参数的语言模型和 60 亿个参数的奖励模型，Anthropic 使用了 100 亿到 520 亿个参数的语言模型和奖励模型，DeepMind 使用了 700 亿个参数的 Chinchilla 模型作为语言模型和奖励模型。这是因为偏好模型必须拥有理解文本所需的容量。

图 7.5 显示了强化学习奖励模型的训练方式。

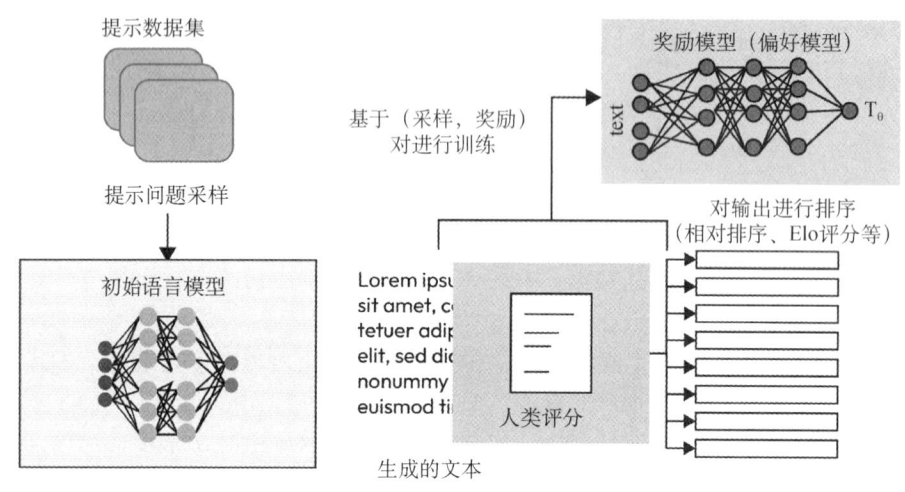

图 7.5　强化学习的奖励模型

也就是说，在 RLHF 流程这个阶段，我们拥有一个能够生成文本的初始语言模型和一个可以根据人类感知为任何文本分配分数的偏好模型。接下来，我们将应用强化学习来基于奖励模型优化原始语言模型。

3. 使用强化学习微调模型

在相当长的一段时间内，由于技术和算法方面的挑战，使用强化学习训练语言模型被认为是不可能实现的。但是，一些组织已经使用策略梯度强化学习（policy-gradient reinforcement learning）算法（即 PPO）实现了对初始语言模型副本的部分或全部参数进行微调。语言模型的参数保持静态，因为微调具有 100 亿或 1000 亿以上参数的整个模型的成本过高。有关详细信息，可参考论文 *LoRA: Low-Rank Adaptation of Large Language Models* 或参照 DeepMind 的 Sparrow 模型的训练过程（Sparrow 模型有 700 亿个参数）。

💡 提示

低秩自适应（Low-Rank Adaptation，LoRA）是一种轻量级模型调整技术，它通过在预训练的大模型中引入低秩分解，仅调整一小部分参数来实现模型的微调。

LoRA 通过在预训练模型的某些层中插入可训练的低秩分解矩阵，从而在不显著增加计算负担的情况下，对模型进行微调以适应新的任务或数据集。这种技术特别适用于资源受限的环境，因为它只需要对原始模型进行小的修改，而不需要重新训练整个模型。

PPO是一种较为成熟的方法，有大量可用的指南来解释其功能。这种成熟度使其成为扩展到RLHF分布式训练新应用的有吸引力的选择。看起来，在确定如何使用已知算法更新大语言模型方面，RLHF已经取得了重大进展。

我们可以将此微调任务表述为强化学习问题。最初，策略是一个语言模型，它接受提示并生成文本序列（或仅仅是文本的概率分布）。此策略的动作空间（action space）是与语言模型词汇表（通常约为5万个标记）对齐的所有标记，观察空间（observation space）是可能的输入标记序列的分布，考虑到强化学习的先验用途，该分布也非常大。假设词汇量为m，输入标记序列的长度为n，则该分布的维度近似于m^n。奖励函数可将偏好模型与策略转移约束融合在一起。

奖励函数是系统将所有讨论的模型整合到一个RLHF流程中的环节。给定来自数据集的提示x，文本y由微调策略的当前迭代创建。此文本与原始提示相结合，传递给偏好模型，该模型将返回"偏好度"的标量度量r_θ。

此外，强化学习策略中的每个标记概率分布将与初始模型中的概率分布进行对比，以计算对它们差异的惩罚。在OpenAI、Anthropic和DeepMind发布的多篇论文中，此惩罚被构建为这些标记分布序列之间的Kullback-Leibler（KL）散度的缩放版本r_{KL}。该KL散度项将惩罚强化学习策略，以防止其在每个训练批次中明显偏离初始预训练模型，从而确保生成合理连贯的文本片段。

如果没有这个惩罚，则优化可能会开始生成乱码文本，以某种方式欺骗奖励模型给予很高的奖励。实际上，KL散度是通过从两个分布中采样来近似的。传输到强化学习更新规则的最终奖励如下：

$$r = r_\theta - \lambda r_{KL}$$

一些RLHF系统已将附加项纳入奖励函数。例如，OpenAI的InstructGPT成功尝试将额外的预训练梯度（来自人类注释集）混合到PPO的更新规则中。预计随着RLHF的持续研究，该奖励函数的公式将继续发展。

最后，更新规则是来自PPO的参数更新，可优化当前数据批次中的奖励指标（PPO是按策略更新的，这意味着参数仅使用当前批次的提示-生成对进行更新）。PPO是一种信任区域优化算法，它对梯度施加约束以确保更新步骤不会破坏学习过程的稳定性。DeepMind为Gopher使用了类似的奖励设置，但采用了同步优势actor（synchronous advantage actor）。

图7.6显示了使用强化学习微调模型的原理。

如图7.6所示，当输入提示x: A dog is...（狗是……）时，初始语言模型的输出为y: a furry mammal（毛茸茸的哺乳动物），而经过RLHF微调之后的语言模型的输出则为y: man's best friend（人类的好朋友）。表面上看起来是两个模型对同一提示产生了不同的响应，但实际情况是，强化学习策略会生成文本，然后将其提供给初始模型以得出其对 KL 惩罚的相对概率。

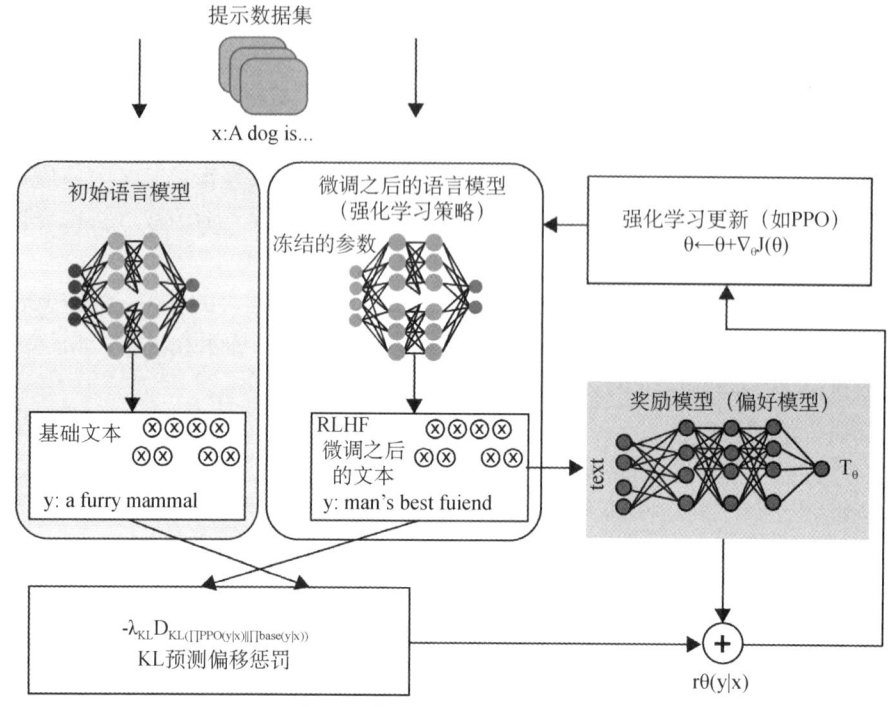

图 7.6　使用强化学习微调模型

RLHF 也可以从此阶段开始，以循环方式不断更新奖励模型和策略。随着强化学习策略的发展，用户可以维护这些输出相对于模型先前版本的排名。但是，大多数论文尚未解决此操作的实现问题，因为收集此类数据所需的部署模式仅适用于可以访问活跃用户群的对话代理（dialogue agent）。Anthropic 的原始论文中将这种替代方案称为迭代在线 RLHF（iterated online RLHF），其中策略的迭代被纳入跨模型的 Elo 评分系统。这带来了策略和奖励模型演变的复杂动态，也代表了一个复杂且未解决的研究问题。

在后面的小节中，我们还将介绍一些著名的 RLHF 开源工具。

7.7.7　GPT-4

在撰写本书时，我们对 GPT-4 模型的设计知之甚少。由于 OpenAI 迟迟没有透露，因此人们认为 GPT-4 不是一个单一模型，而是 8 个 2200 亿参数模型的组合，这一假设得到了人工智能界关键人物的证实。这一假设表明 OpenAI 采用了"混合专家"（mixture of experts，MoE）策略来创建模型。所谓"混合专家"是一种机器学习设计策略，它的产生远在大语言模型之前。虽然我们（作者）支持这一假设，但它尚未得到 OpenAI 的官方证实。

尽管存在猜测，但无论其内部结构如何，GPT-4 的卓越表现都是不可否认的。它在写作和编码任务中的能力非常出色，无论它是一个模型，还是捆绑在一起的 8 个模型，都不会改变其影响力。

一种普遍的说法是，OpenAI 巧妙地管理了人们对 GPT-4 的期望，专注于其功能，并出于市场竞争的考虑而选择不披露其技术规范。围绕 GPT-4 的保密措施让许多人相信它是一个科学奇迹。

7.7.8　LLaMA

Meta 已公开推出 LLaMA，这是一个旨在帮助人工智能研究人员的高性能大语言模型。此举使那些无法使用广泛基础设施的个人能够研究这些模型，从而扩大了这一快速发展领域的访问权限。

LLaMA 模型之所以具有吸引力，是因为它们所需的计算能力和资源明显较少，因此可以探索新的方法和用例。这些模型有多种大小可供选择，旨在针对各种任务进行微调，并且是根据负责任的 AI 实践开发的。

尽管大语言模型取得了进步，但由于训练和运行它们需要大量的计算资源，因此研究的可及性受到限制。较小的模型（例如 LLaMA）使用更多标记进行训练，因此更容易重新训练和调整以适应特定用例。

与其他模型类似，LLaMA 以单词序列作为输入来预测下一个单词并生成文本。尽管 LLaMA 功能强大，但它在偏见、恶意评论和幻觉（hallucination）方面与其他模型面临同样的挑战。通过分享 LLaMA 的代码，Meta 使研究人员能够测试在大语言模型中解决这些问题的新方法。

Meta 强调整个人工智能社区需要合作，以制定负责任的人工智能和大语言模型的指导方针。他们预计 LLaMA 将促进该领域的新学习和发展。

7.7.9　PaLM

PaLM 是一个拥有 5400 亿个参数的密集激活的 Transformer 语言模型，使用新的机器学习系统 Pathways 在 6144 个 TPU v4 芯片上进行训练，可以跨多个 TPU pod 进行高效训练。

PaLM 已被证明在各种自然语言任务上取得了突破性的表现，其中包括：
- 多步骤推理任务。
- 最近发布的 Beyond the Imitation Game Benchmark（BIG-bench）。
- 多语言任务。
- 源代码生成。

1. BIG-bench 简介

BIG-bench 基准值得我们做进一步的介绍，因为它是业界公认的衡量基准集合。

BIG-bench 是一种专为大语言模型设计的广泛评估机制。它是一个基础广泛的以社区为中心的基准，它提供了多种任务来评估模型在不同学科中的表现及其在自然语言理解、解决问题和推理方面的能力。

BIG-bench 共有来自 132 家机构的 450 名贡献者提出的 204 项任务，涵盖了语言学、儿童发展、数学、常识推理、生物学、物理学、软件开发甚至社会偏见等各种学科。它专注于目前被认为超出现有语言模型能力范围的挑战。

BIG-bench 的主要目标并非仅限于简单的模仿或图灵测试式评估，而是旨在对这些大型模型的能力和限制进行更深入、更细致的评估。这一倡议基于这样的信念：开放、协作的评估方法将为更全面地了解这些语言模型及其潜在的社会影响铺平道路。

2. PaLM 的优点

5400 亿个参数的 PaLM 在各种多步骤推理任务中的表现都超越了经过微调的最新技术，并在 BIG-bench 基准测试中超越了人类的平均表现。

随着 PaLM 规模扩大到最大，许多 BIG-bench 任务的性能都有了显著的飞跃，这表明该模型仍在不断改进。

PaLM 在多语言任务和源代码生成方面也具有强大的能力。例如，PaLM 可以在 50 种语言之间进行翻译，并且可以生成多种编程语言的代码。

PaLM 论文的作者还讨论了与大语言模型相关的道德问题，并探讨了潜在的缓解该问题的策略。例如，他们建议，必须意识到大语言模型中可能存在的偏见，并且必须开发检测和缓解偏见的技术。

3. PaLM 的架构

PaLM 在解码器专用设置中采用了传统的 Transformer 模型架构，这使得每个时间步（timestep）仅关注自身和之前的时间步。此设置进行了多项修改，包括以下内容。

- SwiGLU 激活：PaLM 不使用标准 ReLU、GeLU 或 Swish 激活，而是使用 SwiGLU 激活（Swish(xW)·xV）作为多层感知器（multilayer perceptron，MLP）中间激活，因为它们在提高质量方面具有出色的性能。当然，这种方法需要在 MLP 中进行三次矩阵乘法，而不是传统的两次。
- 并行层：PaLM 并不采用典型的"串行"运行方法，而是对每个 Transformer 块采用"并行"公式。

  标准结构如下：
  $$y = x + \text{MLP}(\text{LayerNorm}(x + \text{Attention}(\text{LayerNorm}(x))))$$

  而并行结构如下：
  $$y = x + \text{MLP}(\text{LayerNorm}(x)) + \text{Attention}(\text{LayerNorm}(x))$$

  由于多层感知器（MLP）和注意力（Attention）输入矩阵乘法的融合，这使得更大规模的模型的训练速度提高了大约 15%。
- 多查询注意力（multi-query attention）机制：在传统的 Transformer 公式中，会采用 k 个注意力头（attention head）。对于每个时间步，输入向量会线性投影到查询、键和值张量中，这些张量的形状为 $[k,h]$，其中，h 表示注意力头的大小。

  在新方法中，"键"和"值"的投影在所有注意力头之间共享，这意味着"键"和"值"会投影到 $[1,h]$，而"查询"则保持 $[k,h]$ 的形状。

  作者声称，这种方法不会显著影响模型质量或训练速度，但却能显著降低自回归解码期间的成本。造成这种情况的原因在于，标准多头注意力机制在自回归解码期间在加速器硬件上的效率低下，因为键/值张量不会在样本之间共享，并且每个时刻仅解码一个标记。
- 旋转位置嵌入（rotary position embedding，RoPE）：RoPE 嵌入在较长的序列长度上表现出色，比绝对或相对位置嵌入更受欢迎。
- 共享的输入-输出嵌入（input-output embedding）：输入和输出嵌入矩阵是共享的，这种做法在以前的工作中很常见，但并不普遍。
- 无偏差：该模型避免在任何密集内核或层规范中使用偏差，从而增强更大模型的训练稳定性。
- 词汇表：PaLM 使用为训练语料库中的各种语言设计的 256k-token SentencePiece 词汇表，确保高效训练，避免过度标记。这保留了所有空格和词汇表之外的 Unicode 字符，同时将数字拆分为单个数字标记，以方便理解。

总而言之，PaLM 是一款功能强大的语言模型，具有广泛应用的潜力。它仍处于开发阶段，但已证明能够在多项任务上取得突破性进展。

7.7.10 RLHF 的开源工具

OpenAI 于 2019 年发布了第一个执行 RLHF 的开源代码。他们已经实施了这种方法来改进 GPT-2，以适应不同的用例，例如创建文本摘要。根据人类的反馈，该模型经过优化，具有与人类相似的输出，例如复制笔记的部分内容。有关该项目的更多信息，请访问以下链接：

`https://openai.com/research/fine-tuning-gpt-2`

该代码也可以在以下链接中找到：

`https://github.com/openai/lm-human-preferences`

Transformers Reinforcement Learning（TRL）是一款专为使用 PPO 在 Hugging Face 生态系统中微调预训练语言模型而设计的工具。

TRLX 是 CarperAI 开发的增强版，能够处理更大的模型进行在线和离线训练。目前，TRLX 配备了可用于生产环境的 API，支持使用 PPO 和隐式语言 Q 学习（implicit language Q-learning，ILQL）的 RLHF，可部署多达 330 亿个参数的大语言模型。

TRLX 的未来版本旨在容纳多达 2000 亿个参数的语言模型，使其成为在这种规模下工作的机器学习工程师的理想选择。

TRL 的代码可在以下链接获取：

`https://github.com/lvwerra/trl`

TRLX 的代码可以在以下链接找到：

`https://github.com/CarperAI/trlx`

还有一个不错的库是 Reinforcement Learning for Language Models（RL4LMs）。RL4LMs 项目解决了训练大语言模型以符合人类偏好指标的挑战。它认识到许多自然语言处理任务可以看作是序列学习问题，但由于强化学习训练不稳定、自动化自然语言处理指标差异大以及奖励作弊等问题，它们的应用受到限制。该项目可通过以下方式提供解决方案。

- 通过持续更新的通用强化语言理解评估（GRUE）基准提供何时使用强化学习的指导，并建议合适的自然语言处理任务/指标。
- 引入新的强化学习算法——自然语言策略优化（Natural Language Policy Optimization，NLPO），旨在更好地处理大型语言动作空间和奖励方差。
- 为 Hugging Face 库中的 Transformer 训练提供强化学习超参数以及其他强化学习

算法的高质量实现的实用建议。

该项目的代码可以在以下链接找到：

https://github.com/allenai/RL4LMs

7.8 小　　结

本章深入研究了复杂且仍在快速发展的大语言模型世界。我们讨论了它们卓越的泛化能力，这使其成为适用于各种任务的多功能工具。我们还强调了理解复杂情境的关键方面，这些模型通过掌握语言的细微差别和各种主题的复杂性而脱颖而出。

我们探索了 RLHF 的范式以及如何将其应用于增强语言模型。RLHF 可利用标量反馈通过模仿人类判断来改进语言模型，从而帮助缓解自然语言处理任务中遇到的一些常见问题。

我们阐释了开发和使用大语言模型的动机以及开发大语言模型面临的挑战，讨论了使用这些模型的技术要求，强调用户需要掌握有关 Transformer、强化学习和编码技能等领域的基础知识。

本章还介绍了一些著名的语言模型，例如 GPT-4 和 LLaMA，并讨论了它们的架构、方法和性能。

总而言之，本章全面概述了大语言模型的现状，探讨了其能力、挑战和用于微调的方法。

7.9 参 考 文 献

- *Hugging Face*: huggingface.co
- *Large language model*: https://en.m.wikipedia.org/wiki/Large_language_model#
- *Zhao, Wayne Xin, Kun Zhou, Junyi Li, Tianyi Tang, Xiaolei Wang, Yupeng Hou, Yingqian Min et al. "A survey of large language models."* arXiv preprint arXiv:2303.18223 (2023).
- *Introducing LLaMA: A foundational, 65-billion-parameter large language model*: https://ai.facebook.com/blog/large-language-model-llama-meta-ai/
- *Model Details*: https://github.com/facebookresearch/llama/blob/main/MODEL_CARD.md

- *Touvron, Hugo, Thibaut Lavril, Gautier Izacard, Xavier Martinet, Marie-Anne Lachaux, Timothée Lacroix, Baptiste Rozière et al. "Llama: Open and efficient foundation language models."* arXiv preprint arXiv:2302.13971 (2023).
- *Elo rating system*: https://en.wikipedia.org/wiki/Elo_rating_system
- *Chowdhery, Aakanksha, Sharan Narang, Jacob Devlin, Maarten Bosma, Gaurav Mishra, Adam Roberts, Paul Barham et al. "Palm: Scaling language modeling with pathways."* arXiv preprint arXiv:2204.02311 (2022).
- *BIG-bench*: https://github.com/google/BIG-bench
- *Srivastava, Aarohi, Abhinav Rastogi, Abhishek Rao, Abu Awal Md Shoeb, Abubakar Abid, Adam Fisch, Adam R. Brown et al. "Beyond the imitation game: Quantifying and extrapolating the capabilities of language models."* arXiv preprint arXiv:2206.04615 (2022).

第 8 章 访问大语言模型的强大功能：高级设置和 RAG 集成

在这个充满活力的人工智能和机器学习时代，了解各种可用资源并学习如何有效利用它们是至关重要的。GPT-4 等大语言模型在内容生成和复杂问题解决等各种任务中展现出前所未有的性能，彻底改变了自然语言处理领域。它们的巨大潜力不仅延伸到理解和生成类似人类写作风格的文本，而且还可以弥合机器与人类在通信和任务自动化方面的差距。拥抱大语言模型的实际应用使企业、研究人员和开发人员能够创建更直观、更智能、更高效的系统，以满足广泛的需求。本章提供了设置大语言模型访问权限的指南，指导你使用它们并通过它们构建管道。

我们的探索旅程从深入研究利用应用程序编程接口（application programming interface，API）的闭源模型开始，以 OpenAI 的 API 为典型示例。我们将带你了解和探索一个实际应用场景，说明如何在 Python 代码中使用 API 密钥与此 API 进行交互，展示此类模型在现实世界中的潜在应用。

继续向前，我们将把重点转移到开源工具领域，为你介绍可通过 Python 操作的广泛使用的开源模型。我们的目标是让你了解这些模型提供的强大功能和多功能性，强调由社区驱动的开源开发的好处。

随后，我们将向你介绍检索增强生成（retrieval-augmented generation，RAG），特别是 LangChain，这是一款专为与大语言模型交互而设计的强大工具。LangChain 对于大语言模型的实际应用至关重要，因为它为大语言模型提供了统一且抽象的接口，以及一套简化大语言模型应用开发和部署的工具和模块。我们将引导你了解 LangChain 的基本概念，重点介绍其独特的方法，以规避大语言模型带来的固有挑战。

该方法的基础是将数据转换为嵌入。我们将阐明语言模型和大语言模型在此转换中发挥的关键作用，展示它们如何参与创建这些嵌入。

接下来，我们将讨论建立本地向量数据库（local vector database）的过程，为你简要介绍向量数据库及其在管理和检索这些嵌入方面的关键作用。

然后，我们将介绍用于提示的大语言模型的配置，该大语言模型可能与用于嵌入过程的大语言模型相同。我们将带你逐步完成设置过程，详细介绍此策略的优势和潜在应用。

我们还将讨论在云中部署大语言模型的主题。云服务的可扩展性和成本效益导致托管

AI 模型的采用率不断提高。我们将介绍一些领先的云服务提供商，包括 Microsoft Azure、Amazon Web Services（AWS）和 Google Cloud Platform（GCP），让你深入了解它们的服务产品以及如何利用这些服务产品进行大语言模型部署。

当我们开始探索大语言模型时，必须认识到这些模型所处的数据环境在不断发展。数据的动态性质（其数量、多样性和复杂性的增长）要求我们采取前瞻性的方法来开发、部署和维护大语言模型。

在后续章节中，我们还将深入探讨这些不断发展的数据环境的战略意义，帮助你应对它们带来的挑战和机遇。这种基础性理解不仅可以增强你当下使用大语言模型的相关工作，还可以确保你的项目在面对快速的技术和数据驱动变化时保持弹性和相关性。

本章包含以下主题：
- 设置大语言模型应用——基于 API 的闭源模型
- 提示工程和启动 GPT
- 设置大语言模型应用——本地开源模型
- 通过 Python 获得 Hugging Face 大语言模型
- 探索先进的系统设计——RAG 和 LangChain
- 在 Jupyter Notebook 中查看简单的 LangChain 设置
- 云端大语言模型

8.1 技术要求

学习本章需要以下条件。
- 编程知识：必须熟悉 Python 编程，因为开源模型、OpenAI 的 API 和 LangChain 都是通过 Python 代码进行演示和说明的。
- 访问 OpenAI 的 API：需要 OpenAI 的 API 密钥才能探索闭源模型。你可以通过在 OpenAI 创建账户并同意其服务条款来获取该密钥。
- 开源模型：需要访问本章中提到的特定开源模型。可以从其各自的存储库或通过 pip 或 conda 等包管理器访问和下载这些模型。
- 本地开发环境：需要安装 Python 的本地开发环境。可以使用集成开发环境（integrated development environment，IDE），例如 PyCharm、Jupyter Notebook 或简单的文本编辑器。我们推荐免费的 Google Colab Notebook，因为它将所有这些要求封装在一个无缝的 Web 界面中。

- 安装库的能力：你必须拥有安装所需 Python 库（例如 NumPy、SciPy、TensorFlow 和 PyTorch）的权限。请注意，我们提供的代码包含所需的安装，你无须事先安装它们。我们只是强调你应该拥有这样做的权限。实际上，使用免费的 Google Colab Notebook 就足够了。
- 硬件要求：根据你所使用的模型的复杂性和大小，需要一台具有足够处理能力（可能包括用于机器学习任务的性能很好的 GPU）和充足内存的计算机。这仅在不使用免费的 Google Colab 时才有意义。

现在我们已经理解了大语言模型的变革潜力，并拥有各种可用的工具，让我们深入研究并探索如何使用 API 有效地设置大语言模型应用程序。

8.2 设置大语言模型应用——基于 API 的闭源模型

在寻求使用通用模型（尤其是大语言模型）时，有各种设计选择和权衡。一个关键选择是将模型托管在本地环境中还是通过通信渠道远程使用模型。本地开发环境是指可以运行代码的任何地方，包括你的个人计算机、本地服务器和你自己的云环境等。你的选择将影响许多方面，例如成本、信息安全、维护需求、网络过载和推理速度。

本节将介绍一种通过 API 远程使用大语言模型的快速简便方法。这种方法快速而简单，因为它使我们无须配置价格高昂的计算资源来本地托管大语言模型。大语言模型通常需要大量内存和计算资源，这对于个人环境来说是一个很高的成本，能节省掉当然是好事。

8.2.1 选择远程大语言模型提供商

在深入实施项目之前，我们需要选择一个符合项目要求的合适的大语言模型提供商。OpenAI 提供了 GPT-3.5 和 GPT-4 模型的多个版本以及全面的 API 文档，因此是一个不错的选择。

8.2.2 在 Python 中通过 API 实现 GPT 的远程访问

要访问 OpenAI 的大语言模型 API，需要在其网站上创建一个账户。此过程包括注册、账户验证和获取 API 凭据等步骤。

OpenAI 的网站提供了这些常见操作的指导，你将能够快速完成设置。

注册之后，你可以熟悉一下 OpenAI 的 API 文档。该文档将指导你了解与大语言模型交互的各种端点、方法和参数等。

我们将进行的第一个实战操作是通过 Python 使用 OpenAI 的大语言模型。我们整理了一个 Notebook，介绍了通过 API 使用 OpenAI 的 GPT 模型的简单步骤。请参阅本书配套 GitHub 存储库中的 Notebook 文件 Ch8_Setting_Up_Close_Source_and_Open_Source_LLMs.ipynb。

可以看到，该 Notebook 的名称为 Ch8_Setting_Up_Close_Source_and_Open_Source_LLMs，Ch8 表示第 8 章，Setting_Up_Close_Source_and_Open_Source_LLMs 表示设置闭源和开源大语言模型，这意味着它不但包含本小节关于 OpenAI API 部分的操作，也包含后续关于设置本地大语言模型部分的操作。

让我们仔细解释一下相关代码。

（1）首先是安装所需的 Python 库。具体来说，为了与大语言模型 API 通信，我们需要安装必要的 Python 库：

```
!pip install --upgrade openai
```

（2）定义 OpenAI 的 API 密钥。在向大语言模型 API 发出请求之前，必须将个人 API 密钥嵌入库的配置中。当你在 OpenAI 的网站上注册时，会获得提供的 API 密钥。你可以直接复制粘贴密钥的字符串以在代码中进行硬编码，也可以从包含密钥字符串的文件中读取它。请注意，硬编码是最简单的方法，因为它不需要设置额外的文件，但在共享开发环境中工作时它可能不是正确的选择：

```
openai.api_key = "<your key>"
```

（3）设置模型的配置。在这里设置的是控制模型行为的各种参数。

至此，我们已经完成了通过 API 连接到大语言模型的基础工作。

接下来，我们需要将注意力转向同样重要的方面，即提示工程和启动 GPT，探索与这些模型进行有效沟通的艺术。

8.3 提示工程和启动 GPT

在讨论代码的下一部分之前，让我们暂停一下并提供一些背景信息。

提示工程（prompt engineering）是在与大语言模型交互时提供有效提示或指令的一种技术。它需要精心设计提供给模型的输入以引出所需的输出。

通过在提示中提供特定的线索、上下文或约束，提示工程旨在指导模型的行为并鼓励生成更准确、更相关或更有针对性的响应。

该过程通常涉及迭代改进、实验以及了解模型的优势和局限性，以优化提示，从而提高各种任务（例如问答总结或对话生成）的性能。

简而言之，有效的提示工程在利用语言模型的功能并塑造语言模型的输出以满足特定用户要求方面发挥着至关重要的作用。

8.3.1 启动 GPT

现在让我们来探索一下提示工程中最具影响力的工具之一——启动（priming）。priming 是一个心理学术语，指的是在接收信息或刺激之前，先暗示或引导大脑中相应的概念，从而促使人们更快或更容易接受这些信息或刺激，从而做出相关反应。在提示工程的背景下，通过 API 启动 GPT 指的是在生成响应之前向模型提供初始上下文。例如，如果你希望 GPT 帮助你检查一段文字中的错别字，则可以在提供具体文本之前启动 GPT，指示它扮演一个文字编辑的角色，否则的话，它可能更倾向于解读文本内容而忽略文本中的错别字。

启动步骤有助于确定生成内容的方向和样式。通过向模型提供与所需输出相关的信息或示例，我们可以引导它的理解，并鼓励更有针对性和连贯性的响应。

启动可以通过包含特定说明、上下文甚至与期望结果一致的部分句子来完成。有效的启动可增强模型生成更符合用户意图或特定要求的响应的能力。

启动是通过向 GPT 引入以下几种类型的消息来完成的。

- 主要的信息是系统提示（system prompt）。该信息告知模型它可能扮演的角色、它应该如何回答问题、它可能具有的限制等。
- 第二种类型的消息是用户提示（user prompt）。用户提示在启动阶段发送给模型，它代表一个用户提示的样本，很像你可能在 ChatGPT 的 Web 界面中输入的提示。当然，在启动时，此消息可以作为如何处理此类提示的样本呈现给模型。开发人员将引入某种用户提示，然后向模型展示如何回答该提示。

例如，我们可以看到以下启动代码：

```
response = client.chat.completions.create(
    model="gpt-3.5-turbo",
    messages=[
        {"role": "system",
         "content": "You are a helpful assistant. You provide short answers and you format them in Markdown syntax"},
        {"role": "user",
         "content": "How do I import the Python library
```

```
pandas?"},
        {"role": "assistant",
        "content": "This is how you would import
pandas: \n```\nimport pandas as pd\n```"},
        {"role": "user",
        "content": "How do I import the python library
numpy?"}
    ])
    text = response.choices[0].message.content.strip()
    print(text)
)
```

其输出如下:

```
To import numpy, you can use the following syntax:
```python
import numpy as np
```
```

可以看到,我们启动了模型,指示它以 Markdown 格式提供简洁的答案。在本示例中,用于教导模型的示例采样了问题和答案的形式。

首先通过用户(user)提示提出了一个问题:

```
How do I import the Python library pandas?
```

(如何导入 pandas 库?)

然后通过助手(assistant)提示告诉模型可能的答案如下:

```
This is how you would import pandas:
```
import pandas as pd
```
```

最后,我们为模型提供了另一个用户提示,这是我们希望模型解决的实际问题:

```
How do I import the python library numpy?
```

(如何导入 numpy 库?)

输出结果表明,模型能够依照我们提供的示例正确回答问题。

通过查看 OpenAI 有关提示工程的文档,你会发现还有其他类型的提示可以用来启动 GPT 模型。

回到我们的 Notebook 和代码,在本节示例中,我们利用了 GPT-3.5 Turbo 模型,以最简单的方式启动它,仅给它一个系统提示,以展示如何从系统提示中产生额外的功能。我们告诉模型,当提示中出现拼写错误时,需要发出提醒并纠正它们。

然后,在用户提示部分,我们提供了所需的提示,并在其中插入了一些拼写错误。你可以尝试运行该代码并看看输出结果。

8.3.2 尝试使用 OpenAI 的 GPT 模型

本阶段将向模型发送提示。

以下简单示例代码将在 Notebook 文件 Ch8_Setting_Up_Close_Source_and_Open_Source_LLMs.ipynb 中运行一次。你可以将其包装在函数中并在自己的代码中重复调用它。

一些值得注意的方面如下。

- 解析和处理模型返回的输出:我们以连贯的方式构造输出响应,以便用户阅读:

```
print(f"Prompt: {user_prompt_oai}\n\n{openai_model}'s Response:
\n{response_oai}")
```

- 错误处理:我们设计的代码允许多次失败尝试后才接受使用 API 的失败:

```
except Exception as output:
    attempts += 1
    if attempts >= max_attempts:
        […]
```

- 速率限制和成本缓解:在本示例中我们没有实施这样的限制,但在实验环境和生产环境中有必要同时实施这两项限制。

上述代码的执行结果如下:

```
Prompt: If neuroscience could extract the last thoughts a person
had before they dyed, how would the world be different?
gpt-3.5-turbo's Response:
If neuroscience could extract the last thoughts a person had
before they died, it would have profound implications for
various aspects of society.
This ability could potentially revolutionize fields such as
psychology, criminology, and end-of-life care.
Understanding a person's final thoughts could provide valuable
insights into their state of mind, emotional well-being, and
potentially help unravel mysteries surrounding their death.
It could also offer comfort to loved ones by providing a glimpse
```

```
into the innermost thoughts of the deceased.
However, such technology would raise significant ethical
concerns regarding privacy, consent, and the potential misuse of
this information.
Overall, the world would be both fascinated and apprehensive
about the implications of this groundbreaking capability.
Typos in the prompt:
1. "dyed" should be "died"
2. "diferent" should be "different"
Corrections:
If neuroscience could extract the last thoughts a person had
before they died, how would the world be different?
```

该模型为我们提供了合理、简洁的响应。它报告了发现的拼写错误,这与我们提供的系统提示完全一致。

这是一个展示如何利用远程、场外、闭源大语言模型的示例。虽然利用 OpenAI 等付费 API 的强大功能可以提供便利性和尖端性能,但利用免费的开源大语言模型也具有巨大的潜力。因此,接下来就让我们看看这些经济高效的替代方案。

8.4 设置大语言模型应用——本地开源模型

本节将讨论闭源实现的补充方法,即开源的本地实现。

我们将看到如何实现与 8.3 节中讨论过的类似功能结果,而无须注册账户、付款或与第三方供应商(例如 OpenAI)共享可能包含敏感信息的提示。

8.4.1 开源和闭源的区别

在开源大语言模型(例如 LLaMA 和 GPT-J)和闭源的基于 API 的模型(例如 OpenAI 的 GPT)之间进行选择时,必须考虑以下关键因素。

(1)成本是一个主要因素。开源大语言模型通常没有许可费用,但它们需要大量计算资源进行训练和推理,这可能产生很高的成本。闭源模型虽然可能需要订阅或按使用付费,但不需要大量硬件投资。

(2)模型的处理速度和维护与计算资源密切相关。如果将开源大语言模型部署在足够强大的系统上,虽然可以提供较高的处理速度,但需要开发团队持续进行维护和更新。相比之下,由服务提供商管理的闭源模型可确保持续维护和模型更新,通常效率更高,停机时间更短，但处理速度可能取决于提供商的基础设施和网络延迟。

（3）关于模型更新，开源模型提供了更多的控制权，但需要采取主动的方法来纳入最新的研究和改进。相比之下，闭源模型会由提供商定期更新，确保用户不需要额外的努力即可获得最新的模型。

（4）无论是开源还是闭源，安全和隐私都是最重要的。开源模型可能更安全，因为它们可以在私有服务器上运行，从而确保数据隐私。当然，它们需要强大的内部安全协议。另一方面，由外部提供商管理的闭源模型通常带有内置安全措施，但由于数据由第三方处理，因此对于用户来说存在潜在的隐私风险。

总体而言，开源和闭源大语言模型之间的选择取决于成本、控制、便利性和隐私安全等因素之间的权衡，每个选项都有各自的优势和挑战。

如果你想要使用开源大语言模型，则不妨了解一下 Hugging Face，这家公司整合了大量易用的免费语言模型。在接下来的示例中，我们将利用 Hugging Face 提供的简单且免费的库：transformers。

8.4.2 Hugging Face 的模型中心

在为你手头的任务选择大语言模型时，建议参考 Hugging Face 模型在线页面。它们提供了大量基于 Python 的开源大语言模型。每个模型都有一个专门的页面，你可以在其中找到有关它的信息，包括在个人环境中通过 Python 代码使用该模型所需的语法。

需要注意的是，为了在本地实现模型，运行 Python 代码的机器必须具有互联网连接。但是，由于此要求在某些情况下可能会成为瓶颈（例如，当开发环境受到公司内联网的限制或由于防火墙限制而导致互联网访问受限时），因此还有其他方法。我们推荐的方法是从 Hugging Face 的域克隆模型存储库。这是一种稍微复杂一些且较少使用的方法。Hugging Face 在每个模型的网页上都提供了必要的克隆命令。

8.4.3 选择模型

在选择模型时，可能需要考虑多个因素。根据你的意图，你可能关心配置速度、处理速度、存储空间、计算资源和合法使用限制等。

另一个值得注意的因素是模型的流行度。它体现了该模型被社区中的其他开发人员选择的频率。例如，如果你寻找标记为零样本分类的语言模型，你将找到一个非常大的可用模型集合。但是，如果你进一步缩小搜索范围，只剩下基于新闻文章数据训练的模型，那么你将得到更小的一组可用模型。在这种情况下，你可能需要参考每个模型的流行度，并从使用最多的模型开始探索。

其他可能让你感兴趣的因素包括：模型的开发人员、发布该模型的公司或大学、用于训练该模型的数据集、该模型设计的架构、评估指标，以及 Hugging Face 网站上每个模型的网页上可能提供的其他潜在因素。

8.5 通过 Python 获得 Hugging Face 大语言模型

现在让我们来看一个使用 Hugging Face 免费资源在本地实现开源大语言模型的示例。我们将继续使用 8.2.2 节介绍的 Notebook，即 Ch8_Setting_Up_Close_Source_and_Open_Source_LLMs.ipynb。

本示例的操作步骤如下。

（1）安装所需的 Python 库：为了自由使用 Hugging Face 的开源模型和其他各种资源，需要安装一些必要的 Python 库。

通过终端上的 pip 运行以下命令：

```
pip install -upgrade transformers
```

或者，如果直接从 Jupyter Notebook 运行，则可以将！添加到命令的开头。

（2）尝试使用微软的 DialoGPT-medium：该大语言模型专门用于对话式应用程序。它由微软生成，在常见基准测试中与其他大语言模型相比，它得分较高。因此，它在 Hugging Face 平台上也颇受欢迎，因为机器学习开发人员经常下载它。

（3）在 Notebook 中的 Settings（设置）代码部分，为此代码定义参数，导入模型及其标记器（tokenizer）：

```
hf_model = "microsoft/DialoGPT-medium"
max_length = 1000
tokenizer = AutoTokenizer.from_pretrained(hf_model)
model = AutoModelForCausalLM.from_pretrained(hf_model)
```

> **注意**
>
> 请注意，此代码需要访问互联网。即使模型已在本地部署，也需要互联网连接才能导入它。当然，如果你愿意，你也可以从 Hugging Face 克隆该模型的存储库，这样你就不再需要访问互联网了。

（4）定义提示：从下面的代码块中可以看出，本示例中我们选择了一个简单的提示，很像 GPT-3.5-Turbo 模型的用户提示。

（5）尝试使用模型：在这一部分提供了你需要掌握的适合此代码的语法。如果你想使用此模型创建滚动对话，则可以将此代码包装在一个函数中并对其进行迭代，实时收集来自用户的提示。

（6）生成结果。

例如，我们输入了以下提示：

```
If dinosaurs were alive today, would they possess a threat to people?
```

（如果恐龙现在还活着，它们会对人类构成威胁吗？）

输出结果如下：

```
microsoft/DialoGPT-medium's Response:
I think they would be more afraid of the humans
```

至此，我们已经拥有了必要的背景知识，可以学习和探索高效大语言模型应用程序开发的新领域——使用 LangChain 等工具构建管道。接下来，让我们深入了解这种先进的方法。

8.6 探索先进的系统设计——RAG 和 LangChain

检索增强生成（retrieval-augmented generation，RAG）是一种开发框架，旨在与大语言模型无缝交互。

大语言模型凭借其通用性，能够胜任各种任务。但是，它们的通用性往往使它们无法对需要专业知识或某个领域深度专业技能的查询提供更详细的响应。例如，如果你希望使用大语言模型来解决有关特定学科（如法律或医学）的查询，那么它可能只会令人满意地回答一般性查询，但无法准确响应那些需要详细见解或最新知识的查询。

RAG 旨在为大语言模型处理中经常遇到的局限性问题提供全面的解决方案。在 RAG 框架中，文本语料库要先经过初步预处理，在此过程中它被分割成摘要或不同的块，然后被嵌入到向量空间中。当进行查询时，模型将识别这些数据中最相关的部分并利用它们形成响应。此过程涉及离线数据预处理、在线信息检索和将大语言模型用于响应生成等操作的组合。这是一种通用方法，可以适应各种任务，包括代码生成和语义搜索。RAG 模型可充当协调这些过程的抽象层。

随着大语言模型的发展，并且在提示处理过程中需要更多上下文丰富的数据，该方法的有效性不断提高，其应用范围也在不断扩大。在第 10 章中，我们将更深入讨论 RAG 模型及其在未来大语言模型解决方案中的作用。

在理解了 RAG 模型的功能之后，让我们来看一个特定示例，即 LangChain。我们将探索其设计原则的具体细节，了解它如何与数据源交互。

8.6.1　LangChain 的设计理念

本小节将剖析 LangChain 出色的核心方法和架构决策，深入了解其结构框架、数据处理效率以及将大语言模型与各种数据源集成的创新方法。

LangChain 最显著的优点之一是能够将任意大语言模型连接到定义的数据源。所谓任意，是指它可以是任何现成的大语言模型，其设计和训练与我们希望将其连接到的数据无关。使用 LangChain 使我们能够根据自己的领域对其进行自定义。数据源将在构建用户提示的答案时用作参考。该数据可能是公司拥有的专有数据，也可能是你个人机器上的本地个人信息。

当然，在谈到利用给定的数据库时，LangChain 所做的不仅仅是将大语言模型指向数据；它还采用了一种特定的处理方案，并使其快速高效。

简而言之，它创建了一个向量数据库（vector database）。给定原始文本数据（无论是 .txt 文件中的自由文本、格式化文件还是其他各种文本数据结构），使用指定模型将文本分块为适当的长度并创建数字文本嵌入，即可创建向量数据库。

> **注意**
>
> 请注意，如果选择指定的嵌入模型（embedding model）为大语言模型，则它不必与用于提示的大语言模型相同。例如，你可以选择嵌入模型为免费、次优、开源大语言模型，而提示模型（prompting model）则可以是具有最佳性能的付费大语言模型。

然后，这些嵌入被存储在向量数据库中。你可以清楚地看到，这种方法非常节省存储，因为我们将文本（可能是已编码文本）转换为一组有限的数值，而这些数值本质上是密集的。

当用户输入提示时，将进入以下处理过程。

（1）搜索机制会识别嵌入数据源中的相关数据块。提示会嵌入相同的指定嵌入模型。

（2）然后，搜索机制会应用相似度指标（例如余弦相似度），在定义的数据源中找到最相似的文本块。

（3）检索这些块的原始文本。

（4）再次发送原始提示，这次发送给提示大语言模型。不同之处在于，这次提示不仅包含最初的用户提示，它还包含检索到的文本作为参考。这使大语言模型不但能够获得问题，还能获得丰富的文本补充以供参考。

（5）大语言模型参考添加的信息生成答案。

如果没有这种设计，当用户想要找到问题的答案时，他们就需要阅读大量材料才能找到相关部分。这些材料可能是公司的整个产品文档，由许多 PDF 文档组成。此过程利用自动智能搜索机制，将相关材料缩小到可以放入提示的文本量。然后，大语言模型框定问题的答案并立即呈现给用户。如果你愿意，还可以将该处理管道设计为引用原始文本来框定答案，从而实现透明度和验证。

图 8.1 描述了这一范式。

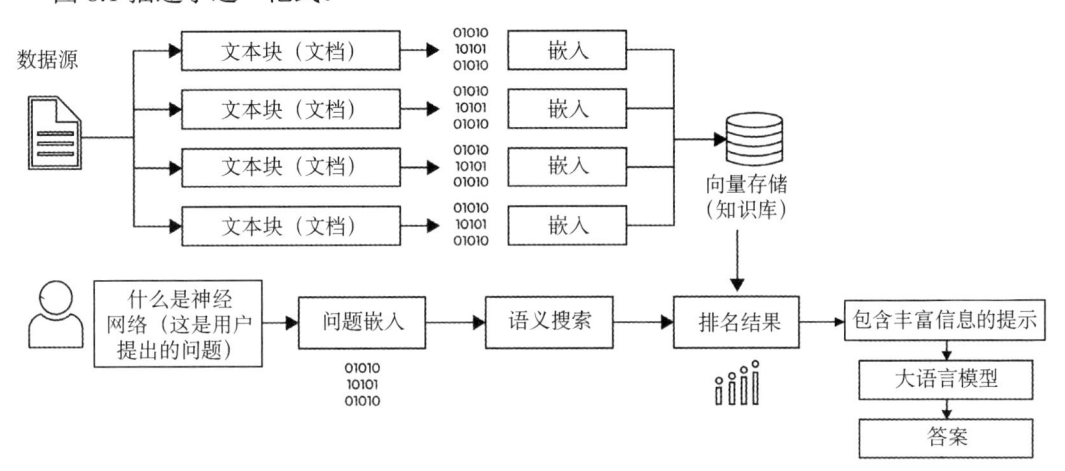

图 8.1 典型 LangChain 管道的范式

为了解释 LangChain 管道背后的提示工程，让我们来看一个财务信息用例。假设你的数据源是美国证券交易委员会（Securities & Exchange Commission，SEC）的一批上市公司文件，你希望找到向股东派发股息的公司以及派发股息的年份。

你的提示将如下所示：

```
Which filings mention that the company gave dividends in the year 2023?
```

（哪些文件提到该公司在 2023 年发放了股息？）

然后，管道将嵌入该问题并查找具有类似上下文的文本块（例如，讨论已支付股息的文本块）。它将识别出许多这样的块，例如以下内容：

```
"Dividend Policy. Dividends are paid at the discretion of the Board of
Directors. In fiscal 2023, we paid aggregate quarterly cash dividends
```

```
of $8.79 per share […]"
```

然后，LangChain 管道会形成一个包含已识别块的文本的新提示。在此示例中，我们假设提示的大语言模型是 OpenAI 的 GPT。LangChain 会将信息嵌入发送到 OpenAI 的 GPT 模型的系统提示中：

```
"prompts": [
    "System: Use the following pieces of context to answer the user's
question. \nIf you don't know the answer, just say that you don't
know, don't try to make up an answer.\n----------------\n Dividend
Policy. Dividends are paid at the […]"
]
```

可以看到，该系统提示可指导模型如何行动，并提供了上下文。

现在我们已经了解了 LangChain 的基本方法和优势，让我们深入了解其复杂的设计概念，首先是它如何有效地将大语言模型连接到不同的数据源。

8.6.2 未预先嵌入的数据

前面我们介绍了经过预处理的以向量数据库形式存储的数据，但除此之外，你也可以访问尚未处理成嵌入形式的外部数据源。例如，你可能希望利用 SQL 数据库来补充其他数据源。这种方法称为多个检索源（multiple retrieval sources）。

现在我们已经了解了 LangChain 与各种数据源有效交互的方式，接下来，还必须掌握实现其功能的核心结构元素——链和代理。

8.6.3 链

LangChain 中的原子构建块称为组件（component）。典型的组件可以是提示模板、对各种数据源的访问以及对大语言模型的访问等。当我们将各种组件组合成一个系统时，就形成了一个链（chain）。一个链可以代表一个完整的大语言模型驱动的应用程序。

接下来，我们将介绍代理的概念，并通过一个代码示例展示链和代理如何结合在一起，以创造出不久之前还相当复杂的功能。

8.6.4 代理

组件的上一层是链，链的上一层则是代理（agent）。代理可以利用链，并通过额外的计算和决策对其进行补充。虽然链可能会对简单的请求提示做出响应,但代理会处理该响应并根据规定的逻辑做进一步的下游处理。

你可以将代理视为一种推理机制,它采用了所谓的工具。工具将大语言模型与其他数据或功能连接起来,对大语言模型起到了补充作用。

大语言模型有一个典型缺点,那就是它无法完美地执行多任务,在这种情况下,代理以预先规定和受控方式使用工具,从而使得它们可以检索必要的信息,将信息用作背景知识,并使用指定的现有解决方案执行操作。然后,代理将观察结果并使用规定的逻辑执行进一步的下游流程。

举个例子,假设我们要计算本地区一名普通入门级程序员的薪资变化轨迹。这项任务由 3 个关键子任务组成——找出平均起薪,确定薪资增长的因素(例如,生活成本的变化或典型的绩效加薪),然后进行预测。

理想的大语言模型应该能够独立完成整个过程,只需要一个连贯的提示即可。但是,考虑到幻觉和有限的训练数据等典型缺陷,目前的大语言模型仍无法将整个过程执行到可以在商业产品中投入生产的水平。最佳实践是将任务分解并通过代理监控思维过程。

在最简单的设计中,这需要执行以下步骤。

(1)定义一个可以访问互联网并能基于给定的增长因子计算时间序列未来值的代理。

(2)给代理提供一个全面的提示。

(3)代理将提示分解为不同的子任务:
- 从互联网获取平均工资。
- 获取增长因子。
- 使用计算工具将增长因子应用于起薪并创建薪资值的未来时间序列。

为了举例说明代理方法,让我们来看一个简单的任务,该任务涉及从网络获取特定细节,并用于执行计算。

(1)首先安装必要的包:

```
!pip install openai
!pip install wikipedia
!pip install langchain
!pip install langchain-openai
```

(2)然后运行以下代码:

```
from langchain.agents import load_tools, initialize_agent
from langchain_openai import OpenAI
import os
os.environ["OPENAI_API_KEY"] = "<your API key>"
```

```
llm = OpenAI(model_name='gpt-3.5-turbo-instruct')
tools = load_tools(["wikipedia", "llm-math"], llm=llm)
agent = initialize_agent(tools, llm=llm,
agent="zero-shot-react-description",
verbose=True)
agent.run("Figure out how many pages are there in the book
Animal Farm. Then calculate how many minutes would it take me to
read it if it takes me two minutes to read one page.")
```

输出显示如下：

```
> Finished chain.
'It would take me approximately 224 minutes or 3 hours and 44
minutes to read Animal Farm.'
```

> **注意**
> 请注意，我们没有采用任何方法来修复大语言模型以重现此确切响应。再次运行此代码将得到略有不同的答案。

在后续章节中，我们将深入研究多个代码示例。特别是，我们将编写一个多代理框架，让多个代理在一个项目上联合工作。

8.6.5　长期记忆和参考之前的对话

另一个需要阐释的非常重要的概念是长期记忆（long-term memory）。

前面我们讨论了 LangChain 如何通过附加其他数据源来补充大语言模型的知识，其中一些数据源可能是专有的，使其为特定用例高度定制。但是，它仍然缺少一个非常重要的功能，即参考之前的对话并从中学习的能力。

例如，你可以为项目经理设计一个助手程序。当用户与其交互时，理想情况下，该助手程序会每天更新工作进度、交互和出现的问题等。如果该助手程序能够消化所有新积累的知识并维持下去，那就非常好了。这将会出现以下场景。

- 用户："对于 Jim 团队的任务，我们的进度如何？"
- 助手程序："根据最初的路线图，Jim 团队将根据客户的反馈来进行原型设计。根据上周的更新，客户只提供了部分反馈，你认为这还不足以让 Jim 团队开始工作。"

下一章将更多地讨论记忆的概念。

8.6.6 通过增量更新和自动监控确保持续相关性

为了在动态信息环境中保持大语言模型输出的准确性和相关性，必须实施持续更新和维护向量数据库的策略。随着知识库的不断扩大和发展，作为大语言模型响应基础的嵌入也必须如此。结合增量更新技术，这些数据库可以在新信息可用时刷新其嵌入，确保大语言模型能够提供最准确且最新的响应。

增量更新（incremental update）指的是定期将最新信息重新嵌入现有数据源。此过程可以自动扫描数据源中的更新，重新嵌入新内容或更新内容，然后将这些更新的嵌入集成到现有向量数据库中，而无须进行彻底改造。这样做可确保数据库反映最新的知识，增强大语言模型提供相关且详细的响应的能力。

自动监控在这个生态系统中发挥着关键作用，它将不断评估大语言模型成果的质量和相关性。这涉及建立跟踪大语言模型性能的系统，确定由于信息过时或缺少上下文背景而导致响应不足的领域。当发现此类差距时，监控系统可以触发增量更新过程，确保数据库仍然能够准确反映当前的知识格局。

采用这些策略可确保 LangChain 和类似的 RAG 框架能够长期保持其有效性。这种方法不仅增强了大语言模型应用程序的相关性，而且还将确保它们能够适应快速发展的信息格局，保持其在自然语言处理技术方面的领先地位。

接下来，我们将使用 LangChain 进行实战练习。

8.7 在 Jupyter Notebook 中查看简单的 LangChain 设置

本节将建立一个完整的管道，以执行各种自然语言处理任务。

请参阅本书配套 GitHub 存储库中的 Notebook 文件 Ch8_Setting_Up_LangChain_Configurations_and_Pipeline.ipynb。该 Notebook 实现了 LangChain 框架。我们将逐步介绍它，解释不同的构建块。

我们选择了一个简单的用例，因为此代码的重点是展示如何设置 LangChain 管道。

8.7.1 业务场景假设

本节示例场景假设我们处于医疗保健行业，有很多医护人员，每个人都照料着很多病人。总医师代表医院的所有医生提出请求，希望能够在他们的医疗笔记中使用智能搜索功能。他们听说了大语言模型的新兴功能，因此希望能有一个工具，可以在他们撰写的医疗报告中进行智能搜索。

例如，一位医生的要求如下：

"我经常会遇到一些可能与几个月前我看过的病人相关的病例，但我记不清他是谁了。我希望有一个工具，我可以问'那个抱怨耳朵疼痛并且有偏头痛家族史的病人是谁？'然后它就能帮我找到那个病人。"

因此，本示例的业务目标如下：

"首席技术官要求我们以 Jupyter Notebook 形式创建一个快速原型。我们将从医院的数据库中收集几份临床报告，并使用 LangChain 按照示例中医生描述的方式搜索这些报告。"

现在让我们直接开始用 Python 设计解决方案。

8.7.2 使用 Python 设置 LangChain 管道

首先，我们需要安装一些必需的库。与其他项目一样，我们有一个需要安装的库列表。由于我们在 Jupyter Notebook 中编写代码，因此可以在代码中安装它们，然后执行以下操作。

（1）加载包含模拟的医生笔记的文本文件：在本示例中，我们整理了一些模拟的医生笔记，加载它们并按照 LangChain 范例进行处理。需要强调的是，这些并不是真正的医疗笔记，其中描述的人并不存在。

（2）处理数据，以便为嵌入做好准备：该阶段将根据嵌入模型的要求拆分文本。正如我们在前面章节中提到的，语言模型（例如用于嵌入的语言模型）具有有限的输入文本窗口，它们可以在单个批次中处理。该大小在其设计架构中是硬编码的，并且对于每个特定模型都是固定的。

（3）创建将存储在向量数据库中的嵌入：向量数据库是 LangChain 范式的关键支柱之一。本步骤将获取文本并为每个项目创建一个嵌入。然后，这些嵌入被存储在专用的向量数据库中。LangChain 库允许你使用多个不同的向量数据库。虽然我们选择了一个特定的数据库，但你可以参考 Vector Store（向量存储）页面以了解有关不同选择的更多信息。

（4）创建向量数据库：该阶段将创建向量数据库。对于每个数据库选择，此过程可能略有不同。但是，这些数据库的创建者将确保完成所有繁重的工作，只留下一个简单的交钥匙功能，只要提供适当的向量形式嵌入，即可为你创建数据库。在这里我们利用了 Meta 的 Facebook AI 相似性搜索（Facebook AI Similarity Search，FAISS）数据库，因为它简单、部署快速且免费。

（5）根据我们内部的文档进行相似性搜索：这是流程的关键部分。我们引入了几个问题，并使用 LangChain 的相似性搜索来识别最能回答问题的医生笔记。

在结果中可以看到，相似性搜索功能能够很好地处理大多数问题。它将嵌入问题并寻找包含相似嵌入的医疗报告。

当然，相似性搜索在正确回答问题方面只能做到这个地步了。它很容易将要解决的问题与其中一份非常相似的医疗笔记联系起来，但二者之间微小的差异却可能使相似性搜索机制出现问题。例如，相似性搜索过程实际上在本节示例的第二个问题中犯了一个错误，错误地确定了不同的月份，从而给出了错误的答案。

为了解决这个问题，我们希望它做的不仅仅是相似性搜索，还希望大语言模型能够审查相似性搜索的结果并运用其判断。在下一章中将讨论如何做到这一点。

在了解了 LangChain 在 Python 中的实际应用之后，接下来，让我们看看云如何发挥其关键作用，尤其是在利用当代计算范式中的大语言模型的真正潜力时。

8.8 云端大语言模型

在大数据和计算时代，云平台已成为管理大规模计算的重要工具，它可以提供基础设施、存储和服务，进行快速配置和发布，却只需要很少的管理工作。

本节将重点介绍云端计算环境。今天，云环境已成为许多业界领先公司和机构的主导选择。作为一个组织，在云端还是在本地拥有计算环境会产生很大的不同。它会影响共享资源以及管理分配、维护和成本的能力。使用云服务而不是拥有物理机器有很多权衡因素。你可以通过在线搜索，甚至向聊天大语言模型发问，来了解具体的权衡因素。

云计算平台之间的一个显著区别在于云服务提供商围绕它构建的生态系统。当你选择一家云提供商的计算平台作为你的计算中心时，你将利用该提供商一整套额外的产品和服务，从而打开一个全新的功能世界，否则你将无法获得这些功能。

本节将重点关注这些服务的大语言模型方面。

3 个主要的云平台是 AWS、Microsoft Azure 和 GCP。这些平台提供大量服务，可满足企业和开发人员的不同需求。在自然语言处理和大语言模型方面，每个平台都提供了专用的资源和服务，以促进实验、部署和生产。

接下来，我们将探索每个平台，看看它们如何满足用户的特定需求。

8.8.1 AWS

AWS 目前仍然是云计算领域的主导力量，提供全面且不断发展的服务套件，满足机器学习和 AI 开发的需求。AWS 以其强大的基础设施、广泛的服务产品以及与机器学习工具和框架的深度集成而闻名，使其成为希望通过大语言模型进行创新的开发人员和数据科学家的首选平台。

1. 在 AWS 上实验大语言模型

AWS 提供了丰富的工具和服务生态系统，旨在促进大语言模型的开发和实验，确保研究人员和开发人员能够使用最先进的机器学习功能。

- Amazon SageMaker：SageMaker 是 AWS 上机器学习的基石，是一项完全托管的服务，可简化整个机器学习工作流程。它提供用于实验的 Jupyter Notebook 实例、广泛的框架支持（包括 TensorFlow 和 PyTorch），以及用于模型构建、训练和调试的一系列工具。SageMaker 的功能不断增强，以支持训练和微调大语言模型的复杂性，提供可扩展的计算选项和优化的机器学习环境。

- AWS 深度学习容器和深度学习 AMI：对于那些希望定制其机器学习环境的用户，AWS 提供预装了流行机器学习框架的深度学习容器和 Amazon 机器镜像（Amazon Machine Image，AMI）。这些资源简化了大语言模型实验的设置过程，使开发人员能够专注于创新而不是基础设施配置。

- 预训练模型和 SageMaker JumpStart：AWS 扩展了可通过 SageMaker JumpStart 访问的预训练模型库，方便使用大语言模型快速实验各种自然语言处理任务。JumpStart 还提供解决方案模板和可执行示例 Notebook，使开发人员更容易启动和扩展他们的机器学习项目。

2. 在 AWS 上部署大语言模型并投入生产

AWS 提供了一套旨在高效部署和管理大规模大语言模型的服务，确保模型在不同负载下都易于访问且性能良好。

- SageMaker 端点：为了部署大语言模型，SageMaker 端点提供具有自动扩展功能的完全托管服务。此服务允许开发人员快速将经过训练的模型部署到生产中，并且基础设施会自动调整以适应应用程序的需求。

- Elastic Inference 和 Amazon EC2 Inf1 实例：为了优化推理成本，AWS 提供了 Elastic Inference，它为 SageMaker 实例添加了 GPU 驱动的推理加速。为了获得更高的性能和成本效率，由 AWS Inferentia 芯片提供支持的 Amazon EC2 Inf1 实例可以为深度学习模型提供高吞吐量和低延迟的推理。

- AWS Lambda 和 Amazon Bedrock：对于无服务器部署，AWS Lambda 支持无须配置或管理服务器即可运行推理，非常适合需求多变的应用程序。Amazon Bedrock

代表了一次重大飞跃，可通过 API、模型定制和组织网络内的无缝集成提供对基础模型的无服务器访问，确保数据隐私和安全。

接下来，让我们认识一下 Microsoft Azure 平台。

8.8.2 Microsoft Azure

Microsoft Azure 站在云计算服务的前沿，为机器学习和大语言模型的开发、部署和管理提供了强大的平台。Azure 利用与 OpenAI 的战略合作伙伴关系，提供对 GPT 模型的独家云访问，将自己定位为旨在利用先进自然语言处理技术力量的开发人员和数据科学家的关键资源。Azure 最新的增强特性扩展了其功能，使其成为对那些希望突破 AI 和机器学习应用程序界限的人更具吸引力的选择。

1. 在 Azure 上实验大语言模型

Azure 大大丰富了其产品以支持大语言模型的研究和实验，提供了各种工具和平台来满足 AI 开发社区的多样化需求。

- Azure OpenAI 服务：该服务将 OpenAI 的尖端模型（包括最新的 GPT 版本、DALL-E 和 Codex）直接集成到 Azure 生态系统中。该服务使开发人员能够轻松地将复杂的 AI 功能集成到他们的应用程序中，同时还能享受 Azure 的可扩展性和管理工具的额外优势。
- Azure Machine Learning（Azure ML）：这为特定数据集上的大语言模型的自定义训练和微调提供了一个高级环境，从而提高了模型在特定任务上的性能。Azure Machine Learning Studio 的预构建和可自定义的 Jupyter Notebook 模板支持多种编程语言和框架，从而促进了无缝的实验过程。
- Azure Cognitive Service：这提供了对一套预构建的 AI 服务的访问，包括文本分析、语音服务和由大语言模型提供支持的决策功能。这些服务使开发人员能够快速将复杂的 AI 功能添加到应用程序中，而不需要深厚的机器学习专业知识。

2. 在 Azure 上部署大语言模型并投入生产

Azure 的基础设施和服务为大语言模型应用程序的部署和投入生产提供了全面的解决方案，确保了可扩展性、高性能和安全性。

- 部署选项：Azure 通过 Azure 容器实例（Azure Container Instance，ACI）支持各种部署方案，以满足轻量级部署需求，并通过 Azure Kubernetes 服务（Azure Kubernetes Service，AKS）满足更大、更复杂应用程序较高的可扩展性需求。这些服务允许高效扩展大语言模型应用程序以满足用户需求。

- 模型管理：通过 Azure ML，开发人员可以轻松管理其大语言模型的生命周期，包括版本控制、审计和治理等。这确保部署的模型不仅性能卓越，而且还符合行业标准和监管要求。
- 安全性和合规性：Azure 强调其所有服务的安全性和合规性，提供数据加密、访问控制和全面合规性认证等功能。这一承诺确保在 Azure 上构建和部署的应用程序符合最高的数据保护和隐私标准。

8.8.3 GCP

GCP 是云计算领域的巨头，提供广泛的服务套件，可满足不断变化的 AI 和机器学习开发需求。GCP 以其在 AI 和机器学习领域的尖端创新而闻名，它提供了丰富的工具和服务生态系统，可促进大语言模型的开发、部署和扩展，使其成为旨在利用最新 AI 技术的开发人员和研究人员的理想平台。

1. 在 GCP 上实验大语言模型

GCP 进一步增强了其实验和开发大语言模型的能力，提供了一套全面的工具来支持从数据提取、模型训练到超参数调整和评估的完整机器学习工作流程。

- Vertex AI：作为 GCP 机器学习产品的核心，Vertex AI 提供了一套集成的工具和服务，可简化机器学习工作流程。它提供了用于训练和微调大语言模型的高级功能，包括用于自动选择最佳模型架构和超参数的 AutoML 功能。Vertex AI 与 GCP 平台强大的数据和分析服务的集成使得开发人员可以轻松管理训练大语言模型所必需的大型数据集。
- 集成开发环境（IDE）：Vertex AI 内置的 Notebook 服务提供完全托管的 JupyterLab 环境，使开发人员能够无缝编写、运行和调试机器学习代码。此环境针对机器学习开发进行了优化，支持 TensorFlow 和 PyTorch 等流行框架，这些框架对于构建和实验大语言模型至关重要。
- AI 和机器学习库：GCP 一直在扩展其预训练模型和机器学习 API 库，包括专为自然语言处理和理解而设计的库。这些工具使开发人员能够将高级自然语言处理功能快速集成到他们的应用程序中。

2. 在 GCP 上部署大语言模型并投入生产

GCP 为部署大语言模型并投入生产提供了强大且可扩展的解决方案，确保在其平台上构建的应用程序能够满足实际使用的需求。

- Vertex AI 预测：一旦大语言模型经过训练，Vertex AI 的预测服务就可以轻松将模型部署为完全托管的自动扩展端点。此服务简化了使应用程序可以访问大语言模型的过程，基础设施会自动调整以适应工作负载需求。
- Google Kubernetes 引擎（Google Kubernetes Engine，GKE）：对于需要高可用性和可扩展性的更复杂的部署场景，GKE 提供了一个托管环境来部署容器化的大语言模型应用程序。GKE 的全球基础设施可确保你的模型具有高可用性，并且可以扩展以满足企业级应用程序的需求。

8.8.4 关于云服务的结论

云计算领域将继续快速发展，AWS、Azure 和 GCP 各自为大语言模型的开发和部署提供了独特的优势。

AWS 以其广泛的基础设施和与机器学习工具的深度集成而脱颖而出，使其成为各种机器学习和 AI 项目的理想选择。

Azure 拥有对 OpenAI 模型的独家访问权，并与 Microsoft 生态系统深度集成，为希望利用尖端 AI 技术的企业提供了独特的机会。

GCP 因其在 AI 和机器学习方面的创新而得到认可，它提供的工具和服务反映了 Google 内部 AI 的进步，吸引了那些寻求最新 AI 研究和开发成果的人。

随着这些平台的功能不断扩展，它们之间的选择将越来越取决于特定的项目需求、组织协调和战略伙伴关系，这凸显了对基于云 AI 和机器学习的当前和未来格局进行深思熟虑的评估的重要性。

8.9 小　　结

随着自然语言处理和大语言模型领域的不断发展，系统设计的各种实践也在不断涌现。本章讨论了大语言模型应用程序和管道的设计过程。我们阐释了这些方法的组成部分，涉及基于 API 的闭源和本地开源解决方案，并且为你提供了代码示例。

本章深入研究了系统设计过程并介绍了 LangChain。我们介绍了 LangChain 的组成，并讲解了在 Python 中设置 LangChain 管道。

为了完善系统设计过程，我们还介绍了目前领先的一些云服务，这些服务允许你实验、开发和部署基于大语言模型的解决方案。

在下一章中，我们将重点关注特定的用例，并附带代码。

第 9 章 前沿探索：大语言模型推动的高级应用和创新

在快速发展的自然语言处理（NLP）领域，大型语言模型（LLM）标志着革命性的进步，它重塑了我们与信息进行交互、自动化信息处理流程以及从庞大数据池中获取见解的方式。本章将前几章介绍的理论基础与实际的前沿应用相结合，阐明了大语言模型在与正确的工具和技术结合使用时所具有的卓越能力。

我们将深入研究大语言模型应用程序中最新和最激动人心的进步，并通过专为实战学习而设计的详细 Python 代码示例进行展示。这种方法不仅说明了大语言模型的强大功能，还使你具备在实际场景中实现这些技术的技能。本章中涵盖的主题经过精心挑选，以展示一系列高级功能和应用程序。

本章的重要性怎么强调都不为过。它不仅反映了自然语言处理的最新进展，而且是通向未来的桥梁，这些技术将无缝集成到日常解决方案中。

到本章结束时，你将全面了解如何应用最新的大语言模型技术和创新，使你能够突破自然语言处理及其他领域的可能性界限。让我们一起踏上这段激动人心的旅程，释放大语言模型的全部潜力。

本章包含以下主题：
- 使用 RAG 和 LangChain 增强大语言模型性能
- 使用链的高级方法
- 自动从各种网络来源检索信息
- 压缩提示和降低 API 成本
- 多代理框架

9.1 技术要求

学习本章需要以下条件。
- 编程知识：必须熟悉 Python 编程，因为开源模型、OpenAI 的 API 和 LangChain 都是通过 Python 代码进行演示和说明的。

- 访问 OpenAI 的 API：需要 OpenAI 的 API 密钥才能探索闭源模型。你可以通过在 OpenAI 创建账户并同意其服务条款来获取该密钥。
- 开源模型：需要访问本章中提到的特定开源模型。可以从其各自的存储库或通过 pip 或 conda 等包管理器访问和下载这些模型。
- 本地开发环境：需要安装 Python 的本地开发环境。可以使用集成开发环境（integrated development environment，IDE），例如 PyCharm、Jupyter Notebook 或简单的文本编辑器。我们推荐免费的 Google Colab Notebook，因为它将所有这些要求封装在一个无缝的 Web 界面中。
- 安装库的能力：你必须拥有安装所需 Python 库（例如 NumPy、SciPy、TensorFlow 和 PyTorch）的权限。请注意，我们提供的代码包含所需的安装，你无须事先安装它们。我们只是强调你应该拥有这样做的权限。实际上，使用免费的 Google Colab Notebook 就足够了。
- 硬件要求：根据你所使用的模型的复杂性和大小，需要一台具有足够处理能力（可能包括用于机器学习任务的性能很好的 GPU）和充足内存的计算机。这仅在不使用免费的 Google Colab 时才有意义。

现在我们已经理解了大语言模型的变革潜力，并拥有各种可用的工具，让我们深入研究并探索如何使用 API 有效地设置大语言模型应用程序。

9.2 使用 RAG 和 LangChain 增强大语言模型性能

检索增强生成（RAG）框架已成为针对特定领域或任务定制大型语言模型的工具，它可以弥合提示工程的简单性与模型微调的复杂性之间的差距。

提示工程是最初的、最易用的定制大语言模型的技术，它利用了模型根据输入提示解释和响应查询的能力。例如，要询问 Nvidia 公司在其最新公告中是否发布了超出盈利预期的消息，可以在提示中直接提供该公司盈利电话会议的内容，这样就可以弥补大语言模型缺乏即时信息和最新背景的缺陷。这种方法虽然简单明了，但却取决于模型在单个或一系列精心设计的提示中消化和分析所提供信息的能力。

当查询范围超出提示工程所能容纳的范围时（例如分析近十年的科技行业收益电话会议），RAG 就变得不可或缺。

在采用 RAG 之前，替代方案是微调，这是一个资源密集型过程，需要对大语言模型的架构进行重大调整以整合大量数据集。

RAG 则可以通过预处理和将大量数据存储在向量数据库中来简化此过程。它可以智能地隔离和检索与查询相关的数据段，有效地将大量信息压缩为大语言模型可管理的提示大小的上下文（prompt-size context）。这项创新大大减少了模型熟悉大量数据所需的时间、资源和专业知识。

第 8 章介绍了 RAG 的一般概念，特别是 LangChain，一个以其先进功能而著称的 RAG 框架。

接下来，我们将讨论 LangChain 为增强大语言模型应用程序提供的其他独特功能，并阐释有关其实现的实用见解。

9.2.1 使用 Python 的 LangChain 管道——通过大语言模型增强性能

现在我们从 8.7 节的示例继续讨论。在该场景中，我们处于医疗保健行业，医院护理人员表示需要能够根据对患者或其病情的粗略描述快速显示患者的记录。例如，"去年我看到的那个怀了三胞胎的孕妇是谁？""我是否曾遇到过父母双方都有癌症病史的患者，并且他们对临床试验感兴趣？"等。

> **注意**
> 需要强调的是，这些并不是真正的医疗记录，记录中描述的人也不是真实的。

在 8.7 节的示例中，我们只是简单地利用临床笔记嵌入的向量数据库，将管道的复杂性保持在最低水平，然后应用相似性搜索来根据简单请求查找笔记。我们注意到，其中的一个问题（即第二个问题）在相似性搜索算法中得到了错误答案。

现在我们将增强这一管道。我们不会满足于相似性搜索的结果和将它们呈现给医生；我们将采用那些被认为在内容上与请求相似的结果，使用大语言模型来审查这些结果，并告诉我们哪些结果确实与医生的问题相关。

9.2.2 付费大语言模型与免费大语言模型

我们将使用此管道来举例说明付费或免费大语言模型的实用性。

本示例通过 paid_vs_free 变量为你提供选择：是使用 OpenAI 的付费 GPT 模型还是使用免费大语言模型。使用 OpenAI 的付费模型将利用它的 API 并需要 API 密钥。但是，免费大语言模型可被导入到运行 Python 代码的本地环境中，因此任何拥有互联网连接和足够计算资源的人都可以使用它。

接下来，让我们开始操作并试验代码。

9.2.3 应用高级 LangChain 配置和管道

请参阅本书配套 GitHub 存储库中的 Notebook 文件 Ch9_Advanced_LangChain_Configurations_and_Pipeline.ipynb。

> **注意**
> 该 Notebook 的第一部分与 8.7 节中使用的 Notebook 相同,因此我们将跳过该部分的描述。

9.2.4 安装所需的 Python 库

本示例需要扩展已安装的库集并安装 openai 和 gpt4all。此外,为了使用 gpt4all,还需要从网上下载一个 .bin 文件。

这两个步骤都可以通过 Notebook 轻松完成。

9.2.5 设置大语言模型

如前文所述,你需要选择是通过 OpenAI 的付费 API 还是通过来自 Hugging Face 的免费大语言模型来运行此示例。

请记住,由于 OpenAI 的服务包括托管大语言模型和处理提示,因此它只需要基本的互联网连接,而不需要你花费多少资源和时间。

当然,它还需要你将提示发送到 OpenAI 的 API 服务。这些提示可能包含在现实环境中属于个人或组织的专有信息。因此,个人或组织需要就数据的安全性做出决定。在过去的十年中,类似的顾虑也是公司计算从本地转移到云端的重要考虑因素。

与该要求相反,使用来自 Hugging Face 的免费大语言模型时,你可以在本地托管它,可以避免将任何信息导出到计算环境之外,缺点是你需要自行处理一切。

另一个需要考虑的方面是每个大语言模型的使用条款,因为每个大语言模型可能有不同的许可条款。虽然大语言模型可能允许你免费试用,但它也可能会限制你在商业产品中使用它。

此外,在运行时间和计算资源受限的情况下,为此示例选择付费的大语言模型将获得更快的响应。

为了满足你尝试免费大语言模型的愿望,并且由于我们希望你能在 Google Colab 上快速免费地运行代码,因此必须将大语言模型的选择限制为那些可以在 Google 免费账户提供的有限内存上运行的大语言模型。为了做到这一点，我们选择了精度较低的大语言模型，也称为量化大语言模型（quantized LLM）。

根据你选择的是基于 API 的大语言模型还是免费的本地大语言模型，llm 变量将被赋予相应的值。

9.2.6 创建 QA 链

本示例设置了一个 RAG 框架，用于接收各种文本文档并进行设置以供检索。

9.2.7 以大语言模型为"大脑"

现在我们将运行与 8.7 节示例中完全相同的请求。这些请求将在相同的医疗笔记和包含相同嵌入的相同向量数据库中执行。所有这些都没有改变，不同之处在于我们将让大语言模型监督答案的处理。

在 8.7 节中，我们看到第二个问题的答案是错误的。该问题是：

```
"Are there any pregnant patients who are due to deliver in September?"
```

（是否有预产期在 9 月的孕妇？）

在 8.7 节中，我们看到的答案是错误的，因为答案中的孕妇的预产期为 8 月。该错误是由于相似性算法的缺陷造成的。确实，该孕妇的医疗记录的内容与问题基本相似，从而导致分娩月份不同这一细节被忽略了。

在本示例中，应用了 OpenAI 的大语言模型，它做出了正确的判断，告诉我们没有孕妇将于 9 月分娩。

> **注意**
> 请注意，选择免费的大语言模型时，结果会出错。这体现了该模型的次优方面，因为它被量化以节省内存需求。

为了完成这个示例，我们整合了一个内部搜索机制，让用户（在本示例中是医生）可以搜索患者的医疗笔记，根据某些标准查找患者。该系统设计的一个独特方面是能够让大语言模型从外部数据源检索相关答案，而不仅限于它所训练的数据。这个范例是 RAG 的基础。

接下来，我们将展示大语言模型的更多用途。

9.3 使用链的高级方法

本节将继续探索利用大语言模型管道的方法,这一次将重点关注链。

请参阅本书配套 GitHub 存储库中的 Notebook 文件 Ch9_Advanced_Methods_with_Chains.ipynb。

此 Notebook 展示了链式管道的演变,因为每次迭代都体现了 LangChain 允许我们使用的另一个功能。

为了尽量减少计算资源、内存和时间的使用,我们将使用 OpenAI 的 API。你也可以选择使用免费的大语言模型,其操作方式与 9.2 节示例中设置 Notebook 的方式类似。

和以前一样,我们的 Notebook 从基本配置开始,因此可以跳过这一部分。

9.3.1 向大语言模型询问一个常识性问题

本示例将使用大语言模型来回答一个简单问题,这个问题需要经过训练的大语言模型所应具备的常识:

```
"Who are the members of Metallica. List them as comma separated."
```

("金属乐队的成员都有谁。请用逗号分隔的方式列出他们的名字。")

然后我们定义一个名为 LLMChain 的简单链,并将 LLM 变量和提示输入其中。模型确实可以从其知识库中获得答案并返回:

```
'James Hetfield, Lars Ulrich, Kirk Hammett, Robert Trujillo'
```

9.3.2 要求大语言模型以特定的数据格式提供输出

这一次,我们希望输出采用特定的语法,以方便将其用于下游任务:

```
"List the first 10 elements from the periodical table as comma separated list."
```

(以逗号分隔列表的形式列出周期表中的前 10 个元素)

我们需要添加一个实现该语法的功能。具体做法是定义一个 output_parser 变量,并使用不同的函数 predict_and_parse() 来生成输出。

其输出如下：

```
['Hydrogen',
 'Helium',
 'Lithium',
 'Beryllium',
 'Boron',
 'Carbon',
 'Nitrogen',
 'Oxygen',
 'Fluorine',
 'Neon']
```

9.3.3 实现流利的对话

要实现流利的对话，我们需要插入一个记忆元素，将之前的交互作为后续提示的参考和上下文背景。

此功能为该链带来了新层次的价值。在此之前，提示没有任何上下文。大语言模型实际上是独立处理每个提示。例如，如果你想问一个后续问题，你将得不到想要的结果。管道没有将你之前的提示和回答作为参考。

为了从只能提出零散的问题转变为可拥有持续不断的对话式体验，LangChain 提供了 ConversationChain() 函数。在此函数中有一个 memory 参数，它可将与链的先前交互映射到当前提示。因此，提示模板就是该 memory "居住"的地方。

使用基本模板进行提示：

```
"List all the holidays you know as comma separated list."
```

（列出你知道的所有节日，以逗号分隔）

模板现在可容纳记忆功能：

```
"Current conversation:
{history}
Your task:
{input}}"
```

在这里，你可以认为该字符串的格式类似于 Python 的 f"…"字符串，其中 history 和 input 是字符串变量。ConversationChain() 函数将处理该提示模板，插入这两个变量以完成提示字符串。input 变量是由函数本身在我们激活记忆机制时生成的，然后对话的输入变量将由我们在运行以下命令时提供：

```
conversation.predict_and_parse(input="Write the first 10 holidays you
know, as a comma separated list.")
```

其输出如下：

```
['Christmas',
 'Thanksgiving',
 "New Year's Day",
 'Halloween',
 'Easter',
 'Independence Day',
 "Valentine's Day",
 "St. Patrick's Day",
 'Labor Day',
 'Memorial Day']
```

现在让我们提出一个只有放在前一个请求和输出的上下文背景中才能理解的后续请求：

```
conversation.predict_and_parse(input=" Observe the list of holidays
you printed and remove all the non-religious holidays from the list.")
```

conversation.predict_and_parse() 函数中的 input 就是我们的提示，要求查看在前一次对话中输出的节日列表，然后从该列表中删除所有非宗教性节日。

确实，我们得到了正确的输出结果：

```
['Christmas',
 'Thanksgiving',
 "New Year's Day",
 'Easter',
 "Valentine's Day",
 "St. Patrick's Day,"]
```

为了完善该示例，假设我们的目的是快速生成一个包含一些节日名称和描述的表格：

```
"For each of these, tell about the holiday in 2 sentences.
Form the output in a json format table.
The table's name is "holidays" and the fields are "name" and
"description".
For each row, the "name" is the holiday's name, and the "description"
is the description you generated.
The syntax of the output should be a json format, without newline
characters."
```

现在，我们从该链中获取一个格式化的字符串：

```
{
    "holidays": [
        {
            "name": "Christmas",
            "description": "Christmas is a religious holiday that celebrates the birth of Jesus Christ and is widely observed as a secular cultural and commercial phenomenon."
        },
        {
            "name": "Thanksgiving",
            "description": "Thanksgiving is a national holiday in the United States, celebrated on the fourth Thursday of November, and originated as a harvest festival."
        },
        {
            "name": "Easter",
            "description": "Easter is […]
```

然后可以使用 pandas 将该字符串转换为表：

```
dict = json.loads(output)
pd.json_normalize(dict[ "holidays"])
```

当 pandas 将 dict 处理成 DataFrame 后，即可看到如表 9.1 所示的结果。

表 9.1 pandas 将表从 dict 转换为 DataFrame，从而适合下游处理

	Name	Description
0	Christmas	Christmas is a Christian holiday that celebrates the birth of Jesus Christ. It is observed on December 25 each year.
1	Thanksgiving	Thanksgiving is a holiday in which people gather together to express gratitude for the blessings in their lives. It is celebrated on the fourth Thursday in November in the United States.
2	New Year's Day	New Year's Day marks the beginning of the Gregorian calendar year. It is celebrated on January 1 with various traditions and festivities.
3	Easter	Easter is a Christian holiday that commemorates the resurrection of Jesus Christ from the dead. It is observed on the first Sunday following the first full moon after the vernal equinox.
4	Valentine's Day	Valentine's Day is a day to celebrate love and affection. It is traditionally associated with romantic love, but it is also a time to express appreciation for friends and family.
5	St. Patrick's Day	St. Patrick's Day is a cultural and religious holiday that honors the patron saint of Ireland, St. Patrick. It is celebrated on March 17 with parades, wearing green, and other festive activities.

以上就是本节 Notebook 展示的各种链功能。请注意我们如何利用链和大语言模型带来的功能。例如，虽然记忆和解析功能完全由链端处理，但以特定格式（例如 JSON 格式）呈现响应的能力则完全归功于大语言模型。

接下来，我们将继续使用大语言模型和 LangChain 展示新颖的实用程序。

9.4　自动从各种网络来源检索信息

本节将展示如何利用大语言模型访问网络和提取信息。

在日常工作中，我们可能希望研究某个特定主题，因此需要整合来自多个网页、若干个介绍该主题的 YouTube 视频等的所有信息。这样的努力可能需要一段时间，因为内容可能非常庞大。例如，你可能需要好几个小时才能看完多个 YouTube 视频。一般来说，人们需要观看了视频的大部分内容后才知道该视频是否对自己有用。

另一个用例是希望实时跟踪各种趋势。这可能包括跟踪新闻来源、YouTube 视频等。在这种情况下，速度至关重要。在前面介绍的为了研究某个特定主题而浏览网页和查看视频的例子中，速度对于节省我们的个人时间很重要，而在本示例中，速度对于让我们的算法实时识别新出现的趋势非常重要。

下面让我们来看一个非常简单的示例。

9.4.1　从 YouTube 视频中检索内容并进行总结

请参阅本书配套 GitHub 存储库中的 Notebook 文件 Ch9_Retrieve_Content_from_a_YouTube_Video_and_Summarize.ipynb。

我们将在名为 EmbedChain 的库上构建应用程序。EmbedChain 可以利用 RAG 框架并允许向量数据库包含来自各种 Web 源的信息，其网址如下：

```
https://github.com/embedchain/embedchain
```

本示例将选择一个特定的 YouTube 视频，其标题为 *Robert Waldinger: What makes a good life? Lessons from the longest study on happiness*。该视频来自 TED 频道，其网址如下：

```
https://www.youtube.com/watch?v=8KkKuTCFvzI&ab_channel=TED
```

我们希望将该视频的内容处理到 RAG 框架中，然后向大语言模型提出与该视频内容相关的问题和任务，这样我们无须观看该视频即可提取我们关心的有关该视频的所有内容。

需要强调的是，该方法依赖的一个关键特性是 YouTube 为其许多语音视频都附上了文字记录。这使得视频文本上下文的导入变得非常顺畅。当然，如果你希望将此方法应用于未附文字记录的视频，那么这也不是什么问题。你只需要选择一个语音转文本模型即可，现在有许多提供此类功能的模型，它们都是免费的，而且质量非常高。你可以通过这种模型处理视频的音频，提取文字记录，然后将其导入 RAG 流程。

9.4.2 安装、导入和设置

与之前的 Notebook 一样，在这里我们也需要安装一些软件包，导入所有相关的包，并设置我们的 OpenAI API 密钥。

然后执行以下操作。

（1）选择模型。

（2）选择一个将服务于 RAG 的向量数据库功能的嵌入模型。

（3）选择提示大语言模型。注意设置控制模型输出的更多参数，例如 maximum length（返回的最大标记数）或 temperature（温度）。

（4）选择你想要应用此代码的 YouTube 视频，并使用该视频的 URL 设置字符串变量。

9.4.3 建立检索机制

现在需要设置 EmbedChain 的 RAG 流程。你可以指定要传递 YouTube 视频的路径，并提供视频的 URL。

你还可以打印出获取的文本并验证它确实与我们要分析的视频一致。

9.4.4 审阅、总结和翻译

现在可以观察此代码产生的值。

我们要求大语言模型审阅视频文本内容、整理摘要，并用英语、俄语和德语呈现该摘要：

```
Please review the entire content, summarize it to the length of 4
sentence, then translate it to Russian and to German.
Make sure the summary is consistent with the content.
Put the string '\n----\n' between the English part of the answer and
the Russian part.
Put the string '\n****\n' between the Russian part of the answer and
```

第 9 章 前沿探索：大语言模型推动的高级应用和创新

the German part.

返回的输出非常准确，因为它完全抓住了 TED 演讲的精髓。我们对其进行编辑以删除分隔符字符串，然后得到：

```
The content emphasizes the importance of good
relationships in keeping us happy and healthy
throughout our lives. It discusses how social
connections, quality of close relationships, and
avoiding conflict play crucial roles in our wellbeing.
The study follows the lives of 724 men over
75 years, highlighting the significance of
relationships over wealth and fame in leading a
fulfilling life.
Russian:
Содержание подчеркивает
Важность [...]
German:
Der
Inhalt betont die Bedeutung [...]
```

现在，为了让德语人士能够轻松理解内容，我们要求大语言模型将德语摘要整理成几个最能描述视频内容的要点。

大语言模型做得很好，其输出如下：

```
- Betonung der Bedeutung guter Beziehungen für Glück und Gesundheit
- Diskussion über soziale Verbindungen, Qualität enger Beziehungen und
Konfliktvermeidung
- Verfolgung des Lebens von 724 Männern über 75 Jahre in der Studie
- Hervorhebung der Bedeutung von Beziehungen im Vergleich zu Reichtum
und Ruhm
- Fokus auf Beziehungen als Schlüssel zu einem erfüllten Leben
```

虽然此代码仅作为基本概念验证，但从中也可以看出，想要添加更多数据源、自动运行并根据发现采取动作是很简单的。虽然这些可读的摘要很有帮助，但你也可以更改代码，以根据识别的内容采取动作并执行下游应用程序。

至此，我们已经了解了大语言模型可以执行的多种功能，你还可以改进使用这些大语言模型的方式。例如，你可以考虑减少大语言模型的处理工作，从而节省 API 成本，或者在使用本地大语言模型时减少推理计算。这正是接下来我们将要讨论的主题。

9.5 压缩提示和降低 API 成本

本节将介绍使用基于 API 的大语言模型（例如 OpenAI 的服务）时资源优化方面的最新进展。

如前文所述，在考虑使用远程大语言模型作为服务或选择在本地托管大语言模型时，其中的一个关键指标就是成本。特别是，根据你的应用程序和使用情况，API 的成本可能会累积到相当大的数额。API 成本主要由发送和接收的大语言模型服务的标记数量决定。

为了说明这种支付模式对商业计划的重要性，不妨来看一下某个社交网络的业务部门的情况。假设该业务部门的产品或服务依赖于 OpenAI 的 GPT API 调用（OpenAI 充当第三方供应商）。该社交网络允许用户在大语言模型的帮助下对帖子发表评论。在该用例中，用户有兴趣对帖子发表评论，而不必写完整的评论，这项功能允许用户使用 3~5 个单词描述他们对帖子的感受，后端流程会补充完整的评论。

在这个特定的例子中，引擎收集了用户的 3~5 个单词，还收集了被评论的帖子内容，这意味着它还将收集所有其他社交网络专家认为与评论相关的补充信息。例如，用户的个人资料描述、他们过去的几条评论等。

这意味着每次用户希望增强评论时，社交网络的服务器就会通过 API 向第三方的大语言模型发送详细的提示。

很明显，这种类型的流程会累积高昂的 API 成本。

本节将分析一种通过减少 API 发送到大语言模型的标记数量来降低此成本的方法。基本假设是，人们总是可以减少发送到大语言模型的单词数量，从而降低成本，但性能的降低可能会很显著。我们的动机是在保持高质量性能的同时减少这个数量。因此，我们可以考虑只发送"正确"的单词，而忽略其他"非实质性"单词。这个概念让人想起了文件压缩的概念，即采用智能和定制的算法来减小文件的大小，同时保持其用途和价值。

9.5.1 压缩提示

在这里，我们将介绍由 Microsoft 开发的 LLMLingua，它旨在通过压缩来解决信息"稀疏"的提示。

LLMLingua 可以利用紧凑且经过训练的语言模型（例如 LLaMA-7B）来识别和删除提示中的非必要标记。这种方法能够使用大语言模型进行高效推理，实现高达 20 倍的压缩率，同时将性能损失降至最低。有关其详细信息，可访问：

```
https://github.com/microsoft/LLMLingua
```

在以下论文中,作者解释了其算法及优势:

```
https://arxiv.org/abs/2310.05736
https://arxiv.org/abs/2310.06839
```

值得一提的是,除了降低成本外,压缩还可以将关注点集中在剩余内容上,作者表明这可以提高大语言模型的性能,因为它避免了稀疏和嘈杂的提示。

接下来,让我们在真实的例子中进行提示压缩的实验并评估其影响和权衡因素。

9.5.2 进行压缩提示实验并评估利弊

本节实验取自一个现实世界的例子。

在本示例中,我们将开发一项基于学术出版物数据库的功能。该功能允许用户选择特定出版物并提出相关问题。后端引擎会评估问题、审阅出版物并得出答案。

为了缩小该功能的范围以便进行一系列实验,这些出版物来自特定类别的 AI 出版物,用户提出的问题如下:

```
"Does this publication involve Reinforcement Learning?"
```

(该出版物是否涉及强化学习?)

这个问题需要对每一篇出版物进行深入审阅并提取出其中的见解,因为某些情况下,出版物可能讨论了一种新算法,但出版物中并没有明确提到"强化学习"这个术语,我们需要模型可以从新算法的描述中推断出它是否确实利用了强化学习的概念,并据此将其标记为是否涉及强化学习。

请参阅本书配套 GitHub 存储库中的 Notebook 文件 Ch9_RAGLlamaIndex_Prompt_Compression.ipynb。

在此 Notebook 文件代码中,我们运行了一组实验,每个实验都基于上述功能描述进行。具体来说,每个实验都采用完整的端到端 RAG 任务的形式。

在之前的 RAG 示例中,我们使用的是 LangChain,而在这里,我们将引入 LlamaIndex。LlamaIndex 在本示例中的作用与 LangChain 类似。

LlamaIndex 是一个采用 RAG 框架的开源 Python 库,有关其详细信息,可访问:

```
https://docs.llamaindex.ai/en/stable/index.html
```

由 Microsoft 整理的 LLMLingua 代码堆栈可与 LlamaIndex 集成在一起。

接下来，让我们仔细看看代码设置。

9.5.3 代码设置

与之前的 Notebook 类似，在这里我们也需要执行以下操作以进行初始设置。
（1）首先定义一些关键变量。
（2）设定要运行的实验次数。我们需要确保选择的数字足够大，以便能够很好地统计出压缩的影响。
（3）设置 top-k，即 RAG 框架为提示上下文而检索的块数。
（4）预先定义希望通过压缩减少的标记的目标数量。
（5）设置 OpenAI API 密钥。

需要强调的是，本次评估中的一些参数是固定的，目的是限制其复杂性并使其适合教学目的。在商业或学术环境中进行此类评估时，应该对所选值进行定性或定量推理。

定性推理的形式可能是"由于预算限制，我们将所需的减少量固定为 999 个标记"，而定量推理则可能寻求不使用固定数字，而是将减少量作为其他权衡因素的一部分进行优化。在本示例中，我们将这个特定参数固定为一个值，该值被发现可以实现令人印象深刻的压缩率，同时在两种评估方法之间获得良好的一致率。

另一个需要稍加解释的参数是我们选择的实验数量，这是在运行时间、GPU 内存分配和统计能力之间进行权衡的结果。

9.5.4 收集数据

我们需要收集出版物的数据集，并对其进行过滤，以便只留下属于 AI 类别的有限数量的出版物。

9.5.5 大语言模型配置

在这里，我们需要配置将使用的两个大语言模型。

压缩方法 LLMLingua 采用 Llama2 作为压缩大语言模型，会获取通过 LlamaIndex RAG 管道检索到的上下文（也就是用户的问题），然后对该上下文内容进行压缩，减小其大小。

OpenAI 的 GPT 将用作下游大语言模型，以处理提示，这意味着它将获得有关强化学习的问题和额外的相关背景并返回答案。

此外，我们还将在这里定义用户的问题。请注意，我们已经添加了有关 OpenAI GPT

如何呈现答案的说明。

9.5.6 实验

这是 Ch9_RAGLlamaIndex_Prompt_Compression.ipynb Notebook 的核心。for 循环将遍历各种实验。在每次迭代中，都会评估以下两种场景。

（1）场景 1：部署普通的 RAG 任务，不压缩上下文，直接获取上下文，提示由获取到的上下文和用户的问题组成，记录大语言模型返回的答案，以及发送的标记（token）数和处理时间。

（2）场景 2：使用 LLMLingua。检索到的上下文需要经过压缩。压缩后的上下文与用户的问题一起发送给大语言模型。同样，模型返回的答案、发送的标记数量和处理时间等都一起记录下来。

当这个代码单元格运行完成之后，即可获得一个字典 record，它保存了每次迭代的相关值，这些值将用于聚合和得出结论。

9.5.7 分析上下文压缩的影响

现在我们可以汇总实验取得的记录值并推断出提示压缩对大语言模型的性能、处理时间和 API 成本的影响。

我们发现：
- 上下文长度的减少使得一致率达到了 92%。
- 压缩过程使处理时间延长了 11 倍。
- 上下文长度的减少节省了发送标记总成本的 92%。

注意

请注意，上述发现表明，成本降低与一致率呈负相关，因为原本我们预计，成本节省的增加会降低一致率。

这种成本节省的效果是显著的，在某些情况下，可能会使亏损服务转变为盈利服务。

在分析上下文压缩的影响时，需考虑以下因素。

（1）正确理解场景 1（不压缩上下文）和场景 2（使用 LLMLingua 压缩上下文）出现的答案不一致的情况。

虽然这两种方法之间"结果一致"通常暗示它们都是正确的，但"结果不一致"却可能和我们预想的原因不同。一般情况下，你可能会认为，压缩扭曲了上下文，从而使模型无法正确对其进行分类。然而，情况可能恰恰相反，因为上下文压缩可能减少了不相关的内容，使大语言模型专注于更相关的内容，从而使场景 2 产生正确的答案。

（2）上述大语言模型的性能、处理时间和 API 成本指标并未揭示更多的考虑因素，例如压缩所需的计算资源。

本地压缩大语言模型（在我们的例子中为 Llama2）需要本地托管和本地 GPU。这些是普通笔记本电脑上不存在的重要资源，而场景 1 则不需要这些。

普通的 RAG 方法可以使用较小的语言模型（例如基于 BERT 的语言模型）或基于 API 的嵌入来执行嵌入。在我们最初的假设中，提示的大语言模型被选择为远程的和基于 API 的，从而使部署环境仅需要很少的计算资源，即使是普通笔记本电脑也可以胜任。

这次评估证明，LLMLingua 提示压缩方法作为一种降低成本的手段非常有效且有用。

接下来，我们将继续观察此实验的结果，不过这一次我们将组建一个专家团队，每个专家都由一个大语言模型扮演，以增强从分析得出结论的过程。

9.6　多代理框架

本节将介绍大语言模型领域中最新开发的令人兴奋的方法之一，即同时使用多个大语言模型。该方法的基本原理是，我们将定义多个代理（agent，在这种语境下的 agent 也可称为"智能体"），每个代理都由一个大语言模型支持，并被赋予指定的不同角色。与我们在 ChatGPT 中看到的用户直接使用大语言模型不同，在此方法中，用户将设置多个大语言模型并通过为每个大语言模型定义不同的系统提示来设置其角色。

9.6.1　多个大语言模型代理同时工作的潜在优势

常言说"三个臭皮匠，顶个诸葛亮"，同时使用多个大语言模型也有其优势。具体来说，其优点如下。

- 增强验证并减少幻觉：事实证明，当我们向大语言模型提供反馈并要求其推理或检查其响应时，其响应的可靠性会提高。在为团队中的各个大语言模型代理指定角色时，其中至少一个代理的系统提示可能包括批评和验证答案的要求。
- 允许个人根据自己的意愿参与或不参与该过程：在指定各种角色时，用户可以将自己安排到团队中，这样当轮到用户参与对话时，其余代理会等待用户输入。当然，如果需要，用户也可以完全退出，让大语言模型自动工作。
下文将介绍大语言模型自动工作的示例。
- 允许以最佳方式利用不同的大语言模型：今天，我们有若干种先进的大语言模型可用。有些是免费的并且本地托管，有些是基于 API 的。它们的大小和功能各不相同，有些在特定任务上比其他模型更强大。

在组建代理团队时，每个代理都将被赋予不同的角色，你可以设置最适合该角色的不同大语言模型。

例如，在编写代码这一项目背景中，其中一个代理的角色是特定编码语言（如 Python）的程序员，则用户可以选择将该代理的大语言模型设置为在 Python 代码编写方面表现最强大和最稳定的大语言模型。

- 优化资源——使用多个较小的大语言模型：我们可以想象一个同时涉及技术功能和领域专业知识的项目，例如，在医疗领域构建用户平台。你希望有前端工程师、后端工程师、设计师和医疗专家等共同参与，所有这些角色都由项目经理和产品经理管理。如果你要使用多代理框架开发此平台，则可以定义代理，为它们分配各种角色，并选择一个大语言模型来驱动它们。

  如果你要对所有代理使用相同的大语言模型，例如 OpenAI 最新的 GPT，那么该模型必须非常通用，这意味着它将非常庞大，并且可能非常昂贵，速度还可能很慢。但是，如果你可以使用单个大语言模型，每个大语言模型都经过预先训练以仅执行有限的功能（例如，一个大语言模型专用于医疗服务领域，另一个大语言模型专用于 Python 中的后端开发），那么你就可以为每个代理角色分配特定的大语言模型。这可能会导致模型的规模大幅减小，因为当假设上述两种场景的性能相同时，多个专门的大语言模型的组合架构可能比一个通用大语言模型的架构更小。

- 优化资源——指定最佳的单个大语言模型：使用多个大语言模型还有一种特殊情形，即我们试图根据当前任务选择最优的大语言模型。这种情形与上述所有情况都不同，因为它不是让多个大语言模型同时工作。在这种情况下，路由算法将根据约束条件和变量的当前状态选择一个大语言模型。这些约束条件和变量状态可能包括：
  - 计算系统各个不同部分的当前负载。
  - 成本限制，可能会随时间而变化。
  - 提示的来源，不同的客户/地区可能有不同的优先级。
  - 提示的目的，业务可能会优先考虑不同的用例。
  - 提示的要求，对于代码生成任务来说，提示的要求可能是使用小型高效的代码生成大语言模型来获得出色的响应；而对于审查法律文件并提出先例的任务来说，可能需要完全不同的模型。

9.6.2 AutoGen 框架

本小节采用的特定框架被称为 AutoGen，它由 Microsoft 提供，其 GitHub 存储库网址如下：

```
https://github.com/microsoft/autogen/tree/main
```

图 9.1 显示了 AutoGen 框架功能的示意图。以下内容来自其 GitHub 存储库中的声明：

"AutoGen 是一个框架，它支持使用多个可以相互交流以解决任务的代理来开发大语言模型应用程序。AutoGen 代理具有可自定义、可对话的特点，并可无缝允许人类参与。它们可以采用多种模式运行，这些模式可结合使用大语言模型、人类输入和工具。"

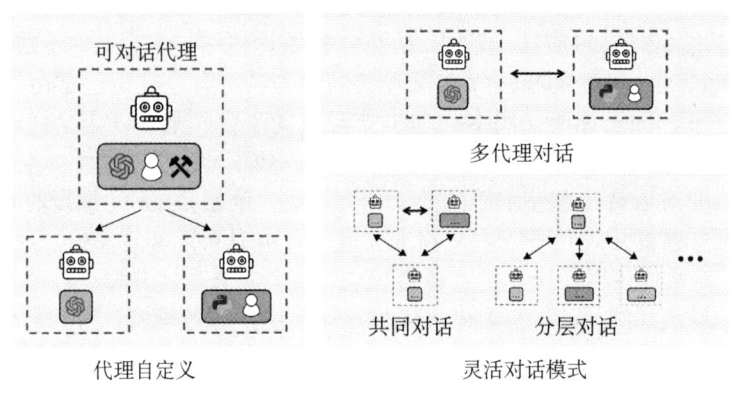

图 9.1　AutoGen 框架功能

在图 9.1 的左侧，可以看到对各个代理的角色和能力的指定；在右侧，则可以看到一些可用的对话结构。

AutoGen 的主要功能在代码库中展示如下。

- AutoGen 能够以最小的努力构建基于多代理对话的下一代大语言模型应用程序。它简化了复杂大语言模型工作流程的编排、自动化和优化。它最大限度地提高了大语言模型的性能并克服了它们的弱点。
- 支持复杂工作流的多种对话模式。借助可自定义且可对话的代理，开发人员可以使用 AutoGen 构建有关对话自主性、代理数量和代理对话拓扑的各种对话模式。
- 它提供了一系列具有不同复杂度的工作系统。这些系统涵盖了来自不同领域和复杂度的广泛应用。这展示了 AutoGen 是如何轻松支持多种对话模式的。
- AutoGen 提供增强的大语言模型推理。它提供 API 统一和缓存等实用程序，还支持错误处理、多配置推理、上下文编程等高级使用模式。

AutoGen 由 Microsoft、宾夕法尼亚州立大学和华盛顿大学的合作研究项目提供支持。接下来，让我们通过代码深入研究一个示例。

9.6.3 完成复杂分析——可视化结果并得出结论

本示例将展示一个由多个代理组成的团队（每个代理都有不同的指定角色）如何充当一个专业团队。我们选择的用例是 9.5 节中示例的延续。在该示例中，我们对提示压缩的效果进行了复杂的评估。当该代码运行完成后，我们得到了两个结果项：一个是保存实验数字测量值的字典，称为 record；另外一个是关于场景 1 和场景 2 结果一致率、标记和成本减少以及处理时间变化的口头陈述。

在之前的 Notebook 中，我们在分析上下文压缩的影响之后就故意停止了，没有将标记和成本的减少可视化，也没有就是否提倡采用提示压缩形成意见。但是，在商业或学术环境中，这两者是需要同时提供的。当你向利益相关者、决策者或研究界展示你的发现时，如果可行，则你应该将实验的统计意义可视化。作为自然语言处理和机器学习领域的专家，你还需要就是否采用实验方法提出自己的见解和建议。

本示例将根据评估的结果，委托一个代理团队为我们完成这项工作！

请参阅本书配套 GitHub 存储库中的 Notebook 文件 Ch9_Completing_a_Complex_Analysis_with_a_Team_of_LLM_Agents.ipynb。

该 Notebook 从安装、导入和设置等常见操作开始。你会注意到 AutoGen 具有以字典形式表示的特定设置格式。它们提供了详细信息，正如你在该 Notebook 中看到的那样。

接下来，让我们继续讨论本示例中有趣的部分！

9.6.4 对实验意义的可视化分析

record.pickle 文件是一个 dict 变量。它是之前评估 Notebook 中的数值结果的集合。我们希望可视化每个实验的标记计数分布，包括场景 1 原始提示的标记计数和场景 2 压缩提示的标记计数。此外还有每个实验的两者之间的比率。

我们将组建一个团队，以可视化上述 3 个分布。

1. 明确团队要完成的任务

首先，我们要做的是清晰定义团队要完成的任务。我们将告诉团队文件保存的位置、dict 中的值的上下文和性质，从而让代理团队了解它们要解决的问题的信息。

然后，我们将描述创建图表和可视化分布的任务。所有这些细节都在描述任务的一个字符串中。请注意，在敏捷 Scrum 工作环境中，此任务字符串类似于用户故事。

> 提示
>
> 在敏捷项目管理中，用户故事（user story）是需求管理的核心工具，用于捕捉产品需求，从用户的角度出发，明确用户希望实现的功能或解决的问题。

现在我们已经形成了全面的描述，应该清楚期望的内容。例如，我们要求标记图形和轴，但没有明确说明期望的标签。代理会自己理解，就像我们自己理解这一点一样，因为标签是从任务和数据字段名称推断出来的。

2. 定义代理并分配团队成员角色

对于此项任务，我们需要 3 个团队成员：一个程序员负责编写代码，一个 QA 工程师负责运行代码并提供反馈，还有一个团队负责人来验证任务何时完成。

对于每个角色，我们都将明确给出一个系统提示。正如我们在第 8 章中了解到的，这个系统提示对大语言模型的功能有重大影响。请注意，我们还为 QA 工程师和团队负责人提供了自行运行代码的能力。这样，它们将能够验证程序员的代码并提供客观的反馈。反之，如果我们让同一个代理编写代码并要求它确认自己编写的代码是正确的，则你可能会发现，在实践中，它会生成初稿，但不会费心运行和验证它，它会在没有验证代码的情况下结束该任务。

3. 定义群组对话

在这里，我们将对话定义为多代理对话，这是 AutoGen 的功能之一。这与你定义一系列对话（每个对话仅涉及两个代理）的情况略有不同。群组对话（group conversation）涉及更多代理。

在定义群组对话时，我们还为该对话定义了一个管理员。

4. 部署团队

团队领导（lead）可将我们定义的任务交给管理员（manager），然后管理员将工作委派给程序员（programmer）和 QA 工程师（qa_engineer）。

以下是屏幕上显示的自动对话的重点：

```
lead (to manager_0):
Refer to the Python dict that is in this [...]
programmer (to manager_0):
```python
import pandas as pd
import matplotlib.pyplot as plt
# Load the record dict from URL
import requests
import pickle
[...]
qa_engineer (to manager_0):
exitcode: 0 (execution succeeded)
```
```

```
Code output:
Figure(640x480)
programmer (to manager_0):
TERMINATE
```

可以看到，该对话有 4 次互动，每次都是在两个代理之间进行的。每次互动都以告诉用户哪个代理正在与哪个代理交谈开始，这些部分在上面的代码中以粗体字母显示。

在第二次互动中，程序员提供了完整的 Python 脚本。为节约篇幅，我们仅粘贴了前 4 个命令，但你可以在 Notebook 中看到完整的脚本。

QA 工程师运行了该脚本并报告其运行良好。如果运行不佳，则它将返回 exitcode:1 并向程序员提供错误规范，以便程序员修复代码。

对话将继续，直至找到解决方案；或者，如果没有找到，则团队将报告失败并结束对话。

此任务为我们提供了创建所需可视化效果的代码。请注意，我们并没有要求代理运行代码并提供可视化效果；我们要求的是代码本身。如果需要，其中一个代理也可以配置大语言模型以运行代码，并提供生成的可视化图像。你可以参考 AutoGen 的 GitHub 存储库以了解各种示例和功能。

在下一个代码单元格中，我们粘贴了团队创建的代码。代码运行良好，并完全按照我们要求的方式可视化了 3 个分布，如图 9.2 所示。

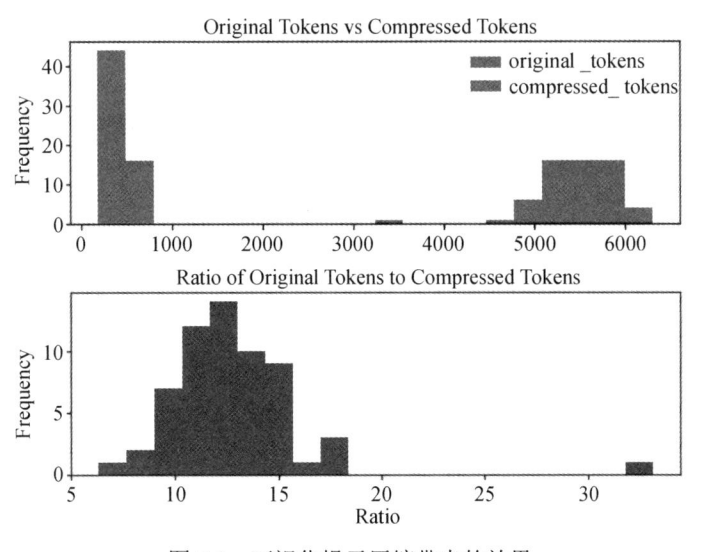

图 9.2　可视化提示压缩带来的效果

在图 9.2 上面的部分显示了原始提示的标记分布（以蓝色显示/黑白印刷显示为浅色）

和压缩提示的标记分布（以橙色显示/黑白印刷显示为深色），在下面的部分则显示了每对提示之间的比率分布。

图 9.2 显示了减少比率的有效性，因为这个比率可以转化为 API 成本的降低。

至此，对实验意义的可视化就结束了。

9.6.5 团队任务中的人工干预

> **注意**
> 所有 3 个代理均由大语言模型驱动，因此整个任务无须人工干预即可自动执行。你可以更改领导（lead）的配置以代表人类用户，也就是你自己。如果你这样做，那么你将能够进行干预并要求 QA 工程师进行某些验证，或要求程序员在代码中添加某些附加功能。

如果你希望在自己的环境中由你自己运行代码，而不是让 QA 工程师代理在其自己的环境中运行代码，那么这可能特别有用。

你的环境与 QA 工程师代理的环境是不同的。这样做的好处体现在代码需要加载你本地的数据文件的时候。如果你告诉代理编写加载此文件的代码，那么当 QA 工程师代理运行它时，QA 工程师会告诉你代码运行失败，因为该数据文件在其环境中不存在。在这种情况下，你可以选择成为与程序员一起迭代的人，以及在迭代期间运行代码并提供反馈的人。

另一种情况是，当 QA 工程师遇到程序员代码中的错误或缺陷，但两个代理无法找出解决方案时，你可能希望成为运行代码并提供反馈的人。在这种情况下，你可能希望干预并提供你的见解。例如，在 for 循环迭代字典的键而不是其值的情况下，你可以干预并输入以下提示：

```
The code runs but the for loop is iterating on the dict's keys. It should
iterate over its values for the key 'key1'.
```

（代码虽已运行，但 for 循环正在迭代字典的键，它应该迭代键 'key1' 的值。）

接下来，我们将对实验评估做出结论。

9.6.6 审查实验结果并形成合理的结论

与每个复杂的评估一样，我们会针对特定特征的影响进行实验，现在我们希望对结果进行定性总结，并为受众（公司的决策者或学术界的研究人士）提供我们的结论。

这部分的独特之处在于，得出结论的过程不需要让任何数学或算法模型来推导，因为我们人类掌控着各种评估，虽然我们可能会尽可能地寻求自动化以形成最终结论，但我们才是形成最终印象和结论的实体。

在这里，我们尝试将最后一部分也进行自动化。具体做法是，指派一个专家代理团队，对评估 Notebook 打印出的结果提供有根据的总结。然后，我们将敦促团队提出建议，说明是否应该实现提示压缩的新功能。

我们向团队提供了评估 Notebook 的实际结果，但为了检查其可靠性，还为团队提供了更差的模拟结果以对其进行测试，希望团队能够运用判断力并提供不同的建议。所有这些都是在没有任何人工干预的情况下完成的。

和 9.6.4 节所做的一样，接下来，我们将首先定义团队要完成的任务。

1. 明确团队要完成的任务

我们的目标是为团队提供 9.6.4 节中的评估 Notebook 的输出结果。该输出结果以文字形式描述了一致率的变化、对提示标记数量的影响以及处理运行时间等，所有这些结果都源于采用了 LLMLingua 提示压缩方法。

然后我们从之前的 Notebook 中复制它并将其粘贴为文本字符串。

> **注意**
> 请注意，我们还创建了另一个结果文本字符串（这些结果是模拟结果，比真实结果差得多），在该结果中可以看到一致率非常低，并且由于压缩而导致的标记计数减少不那么明显。

和 9.6.4 节所做的一样，我们需要为团队创建说明，将结果粘贴到任务描述中，供团队在得出结论时参考。我们有两个任务描述，因为我们将进行两次单独的运行，一次运行真实结果，一次运行模拟的不良结果。

接下来，我们需要分配角色。

2. 定义代理并分配团队成员角色

此项任务需要 3 个团队成员：一个是经验丰富的首席工程师，一个是根据首席工程师的反馈撰写结论的技术作家，还有一个团队负责人，它将验证任务何时完成，这在上一个任务中已经定义。

3. 定义群组对话

在这里，我们将定义群组对话，就像 9.6.4 节中所做的那样。这一次，我们有一个新的群组对话管理员，因为群组由不同的代理组成。

4. 部署团队

团队领导（lead）将我们定义的任务交给管理员（manager）。然后管理员将工作委派给技术作家（writer）和首席工程师（principal_engineer）。

以下是屏幕上显示的自动对话的重点：

```
lead (to manager_1):
Refer to the results printed below.
These are the results that stem from [...]
writer (to manager_1):
The experiments on prompt compression using LLMLingua have produced
the following results:
- Classification Performance:
   - Agreement rate of [...]
principal_engineer (to manager_1):
[...]
```

代理之间经过若干次迭代，最后就摘要和结论达成一致。

它们提供了数值结果的摘要，并提出了以下建议：

```
It is imperative to carefully consider the trade-offs presented by
prompt compression, as while it may lead to resource savings, there
might be implications on processing efficiency. The decision to adopt
prompt compression should be made with a thorough understanding of
these trade-offs.
```

可以看到，团队认为，虽然提示压缩可能会节省资源，却会对处理效率产生影响。因此，在做出采用提示压缩的决定时，应充分了解这些权衡因素。

换言之，虽然团队被赋予了决定权，却避免了直接做出决定。

这也意味着，团队认为，无法就是否应采用提示压缩方法做出明确决定。

5. 对团队判断的评估

现在，我们将要求团队执行相同的操作，只不过这一次为其提供的是模拟结果，这些结果使提示压缩方法看起来效率大大降低，并且与非压缩方法的分类一致性也大大降低。

团队进行了对话，最终意见和建议如下：

```
Overall, the results indicate that while prompt compression may lead
to cost savings and resource reduction, it comes at the expense of
decreased classification performance and significantly increased
processing times.
**Recommendation:** Prompt compression using LLMLinguam is **not
```

```
recommended** as it can negatively impact classification performance
and significantly increase processing times, outweighing the potential
cost savings.
```

可以看到，团队的总体结论是，虽然提示压缩可能会节省成本和资源，但这是以降低分类性能和显著增加处理时间为代价的。

有鉴于此，团队给出的建议是：不使用 LLMLinguam 进行快速压缩，因为它会对分类性能产生负面影响，并显著增加处理时间，超过潜在的成本节约带来的好处。

显然，在本示例中，团队得出明确结论就容易得多。它们不需任何人工干预，仅根据给出的数值结果即可得出结论。

9.6.7 关于多代理团队的总结

这种同时使用多个大语言模型的新兴方法正在人工智能领域引起人们的兴趣和关注。在本节介绍的代码实验中，毫无疑问地证明了 AutoGen 的群组对话可以在专业环境中提供切实可行的价值。

尽管这些代码实验需要一系列反复试验才能正确设置代理角色并正确描述任务，但这表明该框架正在朝着需要较少人为干预的方向发展。当然，对这些代理团队工作成果的人工监督、反馈和评估似乎仍然具有重要意义。

需要强调的是，在本书分享的各种应用和创新中，我们认为多代理框架是最具发展潜力的，并且它有可能成为最受欢迎的框架。做出该判断的理由有两点：一是业界对人工智能自动化前景的展望，二是对人工智能拥有类人专业知识的巨大期望。在这些方面，Autogen 和后来的 Autodev（均由 Microsoft 推出）等创新正在体现出日益增长的可行性和能力。

9.7 小　　结

本章包含全书主题的关键内容，深入探索了大语言模型的最新和突破性应用，并通过综合 Python 代码示例进行了演示。

我们首先介绍了如何使用 RAG 框架和 LangChain 增强大语言模型在执行特定领域任务时的性能，这已经属于高级功能范畴。

接下来，我们使用了 LangChain 链中的高级方法进行复杂的格式化和处理，并介绍了自动从各种 Web 源检索信息的方法。

我们通过提示压缩技术解决了提示工程的优化问题,显著降低了 API 的使用成本。

最后,我们介绍了多代理框架,通过组建一个协同工作以解决复杂问题的模型团队,探索了大语言模型的协作潜力。

如果你能了解这些主题并熟悉其具体应用,则意味着你已经掌握了一套强大的技能,这将使你能够充分利用大语言模型的强大功能进行各种应用。这些新开发的能力不仅可以帮助你应对自然语言处理中的当前挑战,还可以让你获得创新的洞察力,并突破该领域可能性边界。总之,从本章中获得的实践知识将使你能够将高级大语言模型技术应用于实际问题,为提升效率、激发创造力和解决问题创造新的机会。

下一章将带我们进入人工智能和大语言模型技术的新兴趋势领域。我们将深入研究最新的算法发展,评估它们对各个商业领域的影响,并思考人工智能的未来前景。这些讨论将让你全面了解该领域的发展方向,并始终处于技术创新的前沿。

第 10 章　乘风破浪：分析大语言模型和人工智能的过去、现在和未来趋势

自然语言处理（NLP）和大语言模型（LLM）处于语言学和人工智能的交汇处，是人机交互发展史上的重要里程碑。它们的故事要从基于规则的系统开始说起，这些系统虽然在当时具有创新性，但由于人类语言复杂微妙和变化多端的特性，它们常常因无法捕捉和适应这种微妙变化而遭遇挫败。这些系统的局限性凸显了转变的必要性，也为机器学习（ML）时代铺平了道路。在机器学习时代，数据和模式造就了设计和模型。

本章将讨论自然语言处理和大语言模型中出现的关键趋势，其中一些趋势足够广泛，可以涵盖整个 AI 的发展方向。我们将从定性的角度探讨这些趋势，旨在强调它们的意义、价值和影响。

我们还将分享我们对未来的看法。希望本章能激发你的好奇心，并激励你与我们一起探索这些新兴之路。

本章包含以下主题：
- 围绕大语言模型和人工智能的关键技术趋势
- 计算能力——大语言模型背后的发展引擎
- 大型数据集及其对自然语言处理和大语言模型的不可磨灭的影响
- 大语言模型的演变——意义、价值和影响
- 自然语言处理和大语言模型中的文化趋势
- 商业世界中的自然语言处理和大语言模型
- 人工智能和大语言模型引发的行为趋势——社会层面

现在让我们仔细聊一聊我们所看到的诸多趋势，从技术趋势开始。

10.1　围绕大语言模型和人工智能的关键技术趋势

本章将讨论我们认为的自然语言处理和大语言模型领域的关键趋势。我们将从技术趋势开始，然后再谈谈更为软性的文化趋势。

有关技术趋势的讨论涉及以下 3 个方面。

- 计算能力——大语言模型背后的发展引擎
- 大型数据集及其对自然语言处理和大语言模型的不可磨灭的影响
- 大语言模型的演变——意义、价值和影响

10.2 计算能力——大语言模型背后的发展引擎

随着技术的发展,尤其是计算领域的发展,许多技术领域都在蓬勃发展,尤其是自然语言处理和大语言模型。这不仅仅体现在更快的计算速度和更大的参数空间,它还带来了新的可能性并重塑了我们的数字世界。

以下我们将探讨计算领域的这种发展如何为当今的自然语言处理和大语言模型奠定基础,重点关注它们的意义、价值和影响力。

10.2.1 意义——为进步铺平道路

在人工智能和机器学习的初期,模型还很初级——这并不是因为缺乏想象力或意图,而是因为计算能力边界的限制。我们现在认为的基本任务,例如简单的模式识别,在早期都是重大任务,因为它们需要很先进的算法才能降低算法复杂度(algorithm complexity)。在那时的计算机科学课上,我们都被教导,当算法复杂度超过线性时,算法的可持续性差,其可扩展性不切实际。

随着计算能力的提高,研究人员的野心也随之增长,他们不再局限于一些简单问题或理论设置。计算能力的演进意味着他们现在可以设计和测试相当复杂和有深度的模型,这被视为高级自然语言处理和大语言模型的先决条件。

并行处理的出现和图形处理单元(GPU)的发展标志着一个根本性的转变。由于旨在同时处理多个操作,这些创新似乎是为自然语言处理的需求量身定制的,允许训练神经网络等大规模计算任务并促进实时处理。

10.2.2 价值——扩大潜力和效率

计算能力的爆发式增长不仅提高了可能性,还改变了实用性。今天训练大模型在经济上已变得可行,确保众多研究机构和公司能够以较低的成本试验、迭代和改进其模型。

数字时代带来了海量数据。高效地处理、解析和从海量信息中获取见解的能力主要得益于计算能力的指数级增长。这有助于大语言模型能够在大量数据集上进行自我训练,提

取细微的语言模式并将其视为预测和 AI 辅助等下游任务的信号。

如今的用户已经习惯了日益增长的处理速度，他们要求即时交互。无论是提供建议的数字助理还是人工智能驱动的客户服务平台，实时响应都是标准要求。增强的计算能力确保了过去需要数分钟甚至数小时的复杂自然语言处理任务今天在终端设备上仅需几秒钟即可轻松完成。

10.2.3 影响——重塑数字交互和洞察力

随着计算能力的提高，人工智能驱动的应用程序接口已成为常态。从网站上的聊天机器人到语音激活的家庭助理，自然语言处理和大语言模型在先进处理能力的加持下已成为日常生活的一部分。

艺术、文学和娱乐领域已经看到了人工智能的渗入，由于自然语言处理/大语言模型与计算强度之间的密切关系，人工智能驱动的内容创建程序和音乐生成器等工具均已成为可能。

凭借处理多种语言数据的计算手段，自然语言处理模型现在可提供多语言支持，打破语言障碍并促进全球数字包容性。

2023 年，我们见证了一个重要的里程碑，Meta 发布了 SeamlessM4T，这是一种多语言大语言模型，它是一个单一模型，可对多达 100 种语言执行语音到文本（speech-to-text）、语音到语音（speech-to-speech）、文本到语音（text-to-speech）和文本到文本（text-to-text）的翻译。有关详细信息，可访问：

> https://about.fb.com/news/2023/08/seamlessm4t-ai-translation-model/#:~:text=SeamlessM4T%20is%20the%20first%20all,languages%20depending%20on%20the%20task

总而言之，计算能力及其与自然语言处理和大语言模型的关系是一个共同成长和进化的故事。这个故事强调了硬件进步与软件创新之间的联系。

展望未来，随着量子计算和神经形态芯片的发展，计算能力还将继续以飞跃式提高，可以想象，自然语言处理和大语言模型也将随之迎来进一步革命。这些计算能力进步的意义、价值和影响证明了它作为人工智能驱动的语言革命基石的作用。

接下来，让我们看看在计算能力提高背景下自然语言处理未来的发展。

10.2.4 从自然语言处理的角度看计算能力的未来发展

从 AI（特别是自然语言处理）领域来看，计算能力的提高将刺激并推动多方面的进步。

1. 速度呈指数级增长

摩尔定律（Moore's law）传统上认为，微芯片上的晶体管数量大约每两年翻一番。尽管有人质疑其传统意义上的可持续性，但它为预估计算能力的增长提供了有用的指导。芯片架构的进步，如 3D 堆叠和创新的晶体管设计，可能有助于维持甚至加速这种增长。

从翻译服务到语音助理，对实时自然语言处理应用的需求将继续推动对更快计算速度的需求。在这种情况下，我们正在见证 AI 专用硬件的新趋势。例如，Google 于 2015 年发布了张量处理单元（TPU）。有关详细信息，可访问：

```
https://spectrum.ieee.org/google-details-tensor-chip-powers
```

从那时起，我们看到了更多这样的专用硬件，它们要么来自大型企业，如 Meta 和 Nvidia，要么来自小型新兴初创公司。

2. 规模经济和成本效益

随着人工智能和自然语言处理变得越来越丰富，科技巨头和初创公司都有很大的动力来投资更高效、可扩展、更具成本效益的计算基础设施。

向云计算的过渡已经让即使是小型初创公司也能获得大量计算资源。这一趋势可能会持续下去，预计每次计算的成本将会大幅下降，从而使得自然语言处理应用程序更易于获取且价格更实惠。

3. 量子计算——下一个前沿

量子计算代表了我们理解和利用计算能力的方式的一次范式转变。量子比特（quantum bit）也称为量子位（qubit），可以通过叠加现象同时表示 0 和 1，从而有可能为特定问题提供指数级的加速。

尽管量子计算尚处于发展阶段，但它对自然语言处理的潜在影响是深远的。目前训练复杂模型需要几天或几周时间，到时候可能会缩短到仅需几小时甚至几分钟。

Google 已经成为量子计算领域的重要先锋，有关详细信息，可访问：

```
https://quantumai.google/learn/map
```

以下内容摘自上述网页：

"从大约 100 个物理量子比特开始，我们可以研究构建逻辑量子比特（logical qubit）的不同方法。逻辑量子比特使我们能够无错误地存储量子数据，存储时间足够长，以便我们能够将其用于复杂的计算。在此之后，我们将迎来量子计算的晶体管时刻，即我们证明该技术已准备好进行规模化和商业化的那一刻。"

Google 起草了一份构建纠错量子计算机（error-corrected quantum computer）的关键里程碑路线图，列出了未来关键成就的预测（详见图 10.1）。需要强调的是，Google 一直在坚持这一路线，对于如此雄心勃勃的研究领域来说，这是非常令人惊叹的。

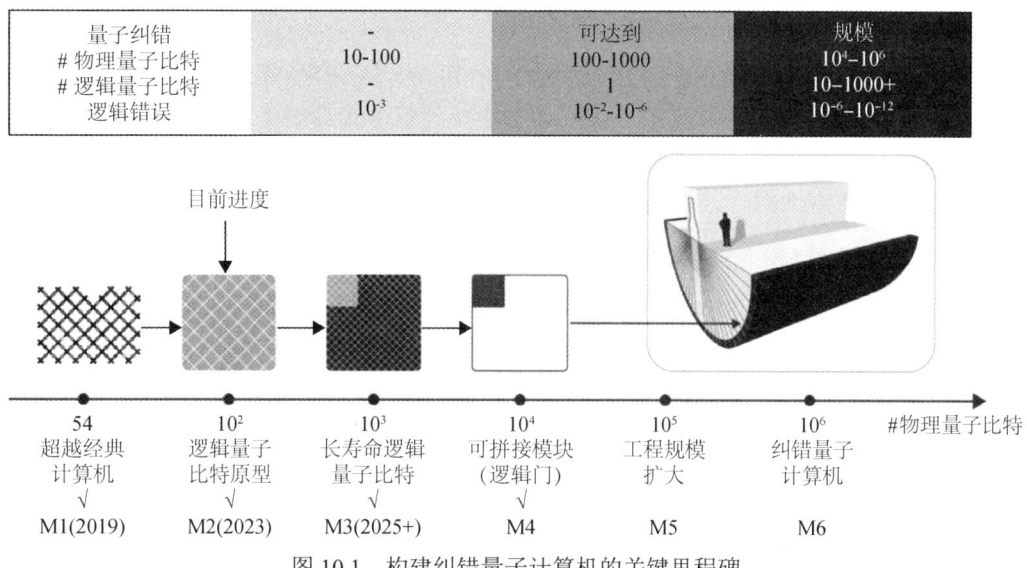

量子纠错	-	可达到	规模
# 物理量子比特	10-100	100-1000	10^4-10^6
# 逻辑量子比特	-	1	10-1000+
逻辑错误	10^{-3}	10^{-2}-10^{-6}	10^{-6}-10^{-12}

目前进度

54	10^2	10^3	10^4	10^5	10^6	#物理量子比特
超越经典计算机	逻辑量子比特原型	长寿命逻辑量子比特	可拼接模块（逻辑门）	工程规模扩大	纠错量子计算机	
√	√	√	√			
M1(2019)	M2(2023)	M3(2025+)	M4	M5	M6	

图 10.1 构建纠错量子计算机的关键里程碑

密码学是安全数据传输的关键组成部分，对基于云的自然语言处理服务至关重要。鉴于量子计算有可能破解多种现有的加密方法，密码学也将发生巨大变化。因此，量子安全密码方法的兴起至关重要。

4. 能源效率和可持续性

随着对计算能力的需求不断增长，数据中心的能源消耗也随之增加。能源效率更高的计算和为这些计算工作提供动力的可持续能源将成为双重驱动力。

在自然语言处理的背景下，这可能意味着更高效的模型架构，需要更少的能量来训练和运行，同时最大化每瓦操作（operations per watt）的硬件创新。

5. 自然语言处理专用硬件

如前文所述，我们已经看到了 Google 专门用于深度学习的张量处理单元（TPU）的兴起。未来可能会出现专门针对自然语言处理任务进行优化的硬件，以确保更快、更高效的语言模型操作。

神经形态计算（neuromorphic computing）试图模仿人类大脑的结构，这可能为自然语言处理等需要逻辑和直觉相结合的任务提供独特的优势。Davies 等人在他们的出版物 *Advancing Neuromorphic Computing With Loihi: A Survey of Results and Outlook* 中介绍了一些关键机会。

6. 高端计算的民主化

随着边缘计算（edge computing）的进步以及日常设备中也配置了大量算力超强的处理器，高端自然语言处理任务可能并不总是需要连接到集中式数据中心。高级自然语言处理功能可能会成为智能手机、智能家居设备甚至智能手表的标准配置。你将在个人设备上使用大语言模型，在本地运行并以与计算器相同的方式立即响应。

7. 云计算——自然语言处理和大语言模型发展的催化剂

云平台在计算资源方面提供了前所未有的灵活性，使得训练更大、更复杂的自然语言处理模型变得更加容易。

AWS 的 SageMaker、Microsoft 的 Azure Machine Learning Studio 和 Google 的 Vertex AI 等平台培育了协作精神，为研究人员和开发人员提供了无缝共享模型、数据集和库等的工具。

本地计算、边缘计算和云计算的结合确保了自然语言处理任务得到高效处理，平衡了延迟和计算能力。

云平台正在不断发展，使高端计算能力更容易获得，其定价模型将反映实际使用情况并以较低的成本提供临时的高性能计算访问。

8. 结论

现在总结一下我们对计算能力未来的看法。

就自然语言处理而言，目前的计算能力显然处于上升阶段。虽然仍存在很大挑战（例如有人认为高性能芯片消耗了太多的能源，质疑传统芯片的摩尔定律扩展之路已经走到了尽头，等等），但量子计算等创新有望打开新的计算能力提高的大门，从而书写新的篇章。

作为自然语言处理运行的引擎，计算能力的未来前景光明，因此接下来我们将要讨论另一个重要组成部分：数据。

10.3　大型数据集及其对自然语言处理和大语言模型的不可磨灭的影响

大数据时代与随后兴起的自然语言处理和大语言模型有着密切的联系。在讨论自然语言处理和大语言模型在今天的华丽转身和强大发展时，不能不提及可用的大量数据集。让我们来探索一下这种关系。

10.3.1 意义——训练、基准测试和领域专业知识

从本质上讲，大型数据集的出现为训练日益复杂的模型提供了所需的原材料。一般来说，数据集越大，模型可以学习的信息就越全面、越多样化。

大型数据集不仅可作为训练基础，还可为评估模型性能提供基准。这导致了标准化措施，为研究人员提供了明确的目标，并允许模型之间的同类比较。有一系列常见的基准可用于评估大语言模型。Google 创建了一个非常全面且很有名的基准，即超越模仿游戏基准（Beyond the Imitation Game benchmark，BIG-bench）。该基准旨在评估大语言模型的响应并推断其未来能力。它涵盖了 200 多项任务，例如阅读理解、总结、逻辑推理甚至社交推理。

涵盖特定领域（例如医疗保健或法律文本）的大型数据集为能够以高精度理解和操作特定领域的专用模型铺平了道路。例如，BERT 由 Google 开发，后来由 Hugging Face 免费提供。BERT 的设计采用了迁移学习方法，因此，它非常适合定制和创建专用于特定领域的新版本模型。一些最成功的版本包括 BERT-base-japanese，它是用日语数据进行预训练的；BERTweet，它是用英语推文进行预训练的；还有 FinBERT，它是用金融数据进行预训练的。

10.3.2 价值——稳健性、多样性和效率

有了更多的数据，模型就可以捕捉到人类语言的更多细微差别和微妙之处。丰富的信息使得模型可以更好地适用于各种任务。

庞大而多样的数据集确保模型能够在多种语言、方言和文化背景下进行训练。这使自然语言处理变得更加包容，能够识别和响应更广泛的受众。

大数据集在一定程度上消除了对大量手动标记的需求。本书前面介绍的无监督和自监督学习模型利用了这种丰富的资源，节省了时间和金钱。

10.3.3 影响——民主化、熟练度和新问题

随着大型数据集的开放，自然语言处理研究领域的许多准入门槛已经降低。这导致了自然语言处理的民主化，更多的个人和组织能够进行创新。

诸如 GPT-3 和 BERT 之类大语言模型的出色表现归功于它们在训练中使用的大量数

据。这些被认为是最先进的模型在各种自然语言处理任务中树立了新的标杆，这一切都归功于它们在训练中使用的丰富数据集。

由于自然语言处理多年来主要是一个研究领域，因此一些适用于商业领域的法律问题并不适用。然而，随着这些模型的广泛使用和商业化，它们所反映的大型数据集引起了深切担忧。这些数据集通常是从网络上抓取的，这引发了有关隐私、数据所有权和潜在偏见的道德问题，也促使监管机构制定有关如何合乎道德地获取和使用数据的指导方针。在撰写本书时，我们注意到不同国家采取了多种不同的行动。例如，日本迅速采取了一项非常自由的政策，允许使用现有数据训练模型，而欧盟则一直采取更为严格的措施。美国的官方指导方针似乎回避了版权争论。

接下来，让我们看看数据的未来发展及其在开发大语言模型中的作用。

10.3.4　自然语言处理中数据可用性的未来

未来我们将看到，不但数据将保持不断增长，而且各方面的问题和挑战都将得到解决。以下是一些关键要点。

1. 领域知识和专业化

由于大语言模型已经证明自己能力足够强大，并且颇受欢迎，因此人们想要让它在专业领域也变得很精通。

要增强大语言模型的专业能力，方法之一是使用包含特定领域专业知识的数据集对它进行训练，然后要求大语言模型扮演该领域专家的角色。

未来我们预计将开发更多细分领域的特定数据集。无论是医疗保健、法律、金融还是任何专业领域，开发重点都将放在数据的丰富性和特异性上，这将使模型能够获得无与伦比的领域专业知识。

自从大语言模型出现并且日益流行以来，我们已经看到了多个这样的商业案例，即定制大语言模型以服务于特定的业务领域，其中医疗保健和金融领域的定制引起了广泛关注。

与此相反，随着不同领域的重叠，也出现了综合数据集（integrated dataset）。这些数据集结合了来自多个领域的专业知识。例如，一个数据集可能将法律和人工智能伦理交织在一起，试图提出促进人工智能监管的新见解。另一个例子是将计算机代码和股票交易联系起来，以形成算法交易方案。

2. 追求多元化

随着技术覆盖范围的扩大，数据集将越来越多地涵盖鲜为人知的语言和地区方言。这将使自然语言处理能够满足更广泛的全球受众，使数字通信更具包容性。本章前面讨论过的 Meta 的 SeamlessM4T 就是能够通过大语言模型跨语言交流的一个绝佳例子。

除了简单的沟通交流之外，语言还具有文化方面的意义，例如行话或不同词语的选择。在未来的文本生成中，捕捉文化上的细微差别和背景将成为重中之重。这将带来更具文化意识和情境感知的模型。

3. 消除偏见

在认识到数字内容中存在的隐性偏见后，用于审核数据集是否存在偏见的工具和方法将激增。行业将努力获得既庞大又公平的数据集。

与盲目地抓取网络数据不同，我们将投入更多精力来整理数据，确保数据具有代表性且没有明显的偏见。这可能包括积极寻找代表性不足的声音或过滤掉潜在的有害偏见。

4. 监管环境

随着人们对数据隐私的担忧日益加剧，尤其是欧盟《通用数据保护条例》（General Data Protection Regulation，GDPR）和美国《加州消费者隐私法》（California Consumer Privacy Act，CCPA）的出台，可以合理预期，关于如何收集和使用数据集的指导方针将更加严格。

除了隐私保护之外，社会还将推动以更合乎道德的方式收集数据。这意味着确保数据收集不会造成剥削，需获得适当同意，并尊重个人和社区的权利。

本着可重复研究的精神，可能会有一种推动力，促使数据集（尤其是用于基准测试和主要模型的数据集）更加透明和开放。当然，这必须与隐私问题保持平衡。

5. 增强数据集

在数字环境中，创建真正新颖且独特的数据是一项艰巨的任务，而增强数据集则提供了一种替代解决方案。通过人为地扩展和修改现有数据集，增强技术可以迅速满足对多样化数据日益增长的需求，而无须进行巨细靡遗的新数据收集过程。

增强数据集有助于解决数据集的以下四个挑战。

- 增强领域专业知识：虽然小众数据集真实反映了领域特异性，但其规模往往受到限制。增强数据集可以弥补这一差距，人为地扩展特定领域的数据集，从而提供深度和广度。例如，在现实世界中，罕见医疗状况的数据往往是有限的，因此可以进行针对性的增强，以训练稳健的模型。
- 多样性放大：通过增强，可以大大缓解捕捉全球语言和文化的无数细微差别的困难。诸如回译（back-translation）或同义词替换（synonym replacement）之类的技术可以引入语言多样性，而基于上下文的修改则可以模拟文化细微差别，从而推动模型走向真正的全球理解。

- 偏差纠正：数据增强的突破性应用之一在于它能够平衡偏差。通过识别数据集中代表性不足的声音或主题，增强技术可以人为增加它们的样本数量，确保更均衡的代表性。可以使用对抗性训练（故意向模型呈现具有挑战性或矛盾的数据）之类的技术来消除偏差。
- 合规性：在数据监管日益严格的世界里，增强数据集提供了宝贵的优势。此外，可以设计技术来确保增强数据遵守隐私规范，从而为模型提供充足的训练数据，而不会越过监管界限。例如，在我们的医疗保健代码示例中（详见 8.7 节），实现了一个内部搜索引擎，可以基于医生的查询来查找医疗记录。为了给它提供数据库，我们通过提示 ChatGPT 生成了模拟医疗记录。

需要说明的是，虽然增强数据集为许多与数据相关的挑战提供了创新的解决方案，但它们也可能具有以下缺点。

（1）从理论上说，过度依赖增强可能会导致模型擅长识别人工模式，但无法识别现实世界的变化。

（2）如果原始数据集存在未被考虑的偏差/偏见，则增强技术可能会产生无意中放大该偏差/偏见的风险。

（3）并非所有增强技术都具有普遍适用性，对一个数据集有效的方法可能会造成另一个数据集的扭曲。

（4）围绕创建合成数据方面仍存在道德争议，特别是在敏感领域，真实数据和增强数据之间的区别可能会模糊基本事实。

6. 结论

现在总结一下在自然语言处理和 AI 背景下，我们观察到的大型数据集的可用性前景。

大型数据集的出现彻底改变了自然语言处理领域和大语言模型的发展。它们为现代自然语言处理技术的蓬勃发展奠定了基础，塑造了其意义，凸显了其价值，并对研究、应用和整个社会产生了持久的影响。

展望未来，随着大型数据集继续塑造着自然语言处理世界，我们看到的未来不仅数据丰富，而且道德意识强、与特定领域相关并具有全球包容性。这些趋势源自当前网络文章和出版物的集体智慧，这也为自然语言处理未来的数据驱动之旅描绘了一幅充满希望的图景。

现在我们已经讨论了计算能力提高对算法开发的影响，以及大型数据集对大语言模型智能的引导作用，接下来可以思考大语言模型演变本身的意义了。

10.4 大语言模型的演变——意义、价值和影响

大语言模型的兴起和发展证明了我们对更先进算法的不懈追求。这些庞大的计算语言学模型从最初的形态到现在已经历了漫长的演变，不仅规模不断扩大，而且能力也不断增强。在深入研究这些强大工具的意义、价值和影响时，我们可以清楚地发现，它们的演变与我们发掘机器驱动的通信和认知的真正潜力的愿望紧密相连。

10.4.1 意义——开发更大更好的大语言模型的动机

大语言模型开发背后的动机是弥合人机交流之间的鸿沟，探索将人类语言输入机器以进行下游处理。这源于在数字时代开启之后，人们期望机器系统不但能够流畅地掌握人类语言，而且还能理解语言中的微妙之处，具备情境感知和智能。

正如本书前几章广泛讨论的那样，深度学习的出现奠定了大语言模型开发的基础。随着计算能力的急速扩展，深度学习模型的深度和复杂性也不断增加，从而提高了它们在各种任务（尤其是自然语言处理）中的性能。

传统的深度学习模型训练依赖于需要标注数据的监督学习，而这既耗费资源又具有局限性。自监督学习和强化学习（从人类反馈中学习）等方法的出现打破了这种局面。这些方法不仅最大限度地减少了对明确标记的需求，还为模型更有机地学习打开了大门。有机学习和机械学习范式不同，它注重事物各部分之间的有机联系，会尝试进行归纳和推理，更类似人类的学习过程。

早期的自然语言处理模型只能机械性地回答问题（即，按照标准答案进行回答，如果知识库中没有现成的答案，则无法给出合理回答）或执行狭隘的任务（即，任务不能超出其既定的功能范围）。大语言模型的发展带来了范式转变，模型开始表现出推理能力，遵循思维链，并可以产生连贯的、较长的响应。这是复制类似人类风格对话的重要一步。

早期模型的通用方法有其局限性。随着技术的成熟，出现了根据特定任务定制大语言模型的能力。设置检索数据集或微调预训练模型等技术使企业和研究人员能够将通用大语言模型塑造成专用工具，从而提高其准确率和实用性。

10.4.2 价值——大语言模型优势

大语言模型经过不断演变，在多个领域带来了前所未有的价值。大语言模型变得更准

确、更高效、适应性更强、可定制性更强。

大型模型展示了掌握上下文的内在能力，从而减少了解释和输出中的错误。这种准确性可转化为聊天机器人和内容创建等各种应用的效率。它们通过利用基于人类反馈的强化学习（RLHF）等出色的技术进行适应，这使它们能够从交互和反馈中学习，从而使它们随着时间的推移更具弹性和活力。通过可定制设计，大语言模型可以满足细分行业和任务的需求，使其成为跨不同行业的宝贵资产。

大语言模型的另一个日益增长的价值是其打破语言障碍的能力，因为模型可以理解和生成多种语言，从而满足全球对通用通信的愿望。

10.4.3　影响——改变科技发展和人机交互格局

大语言模型的兴起和发展在科技领域和人机交互中留下了永久的印记。从医疗保健、金融、娱乐到教育等各行各业，大语言模型正在彻底改变运营、客户互动和数据分析。有趣的是，随着这些模型变得越来越复杂，它们的使用却变得越来越不具挑战性。技术敏锐度的要求正在降低，因为有了更直观和自然的语言界面，更广泛的人群，无论他们的技术知识如何，现在都可以利用先进计算工具的强大功能。

这些影响因素是数字生态系统兴起的一部分。随着大语言模型跨平台和服务的集成，我们见证了更有组织、更同步的数字生态系统的诞生，这些生态系统可提供无缝的用户体验。

简而言之，大语言模型未来的发展方向是令人激动的。

10.4.4　大语言模型设计的未来

大语言模型的快速发展预示着其未来将充满创新。根据当前的研究趋势、在线出版物和专家预测，我们可以预测大语言模型设计几个可能的发展方向。

1. 学习方案和深度学习架构的改进

如前文所述，自监督学习和基于人类反馈的强化学习改变了大语言模型的游戏规则。下一个前沿可能涉及结合各种学习范式或引入较新的学习范式。随着深度学习技术的进步，我们可能会看到更多的混合模型，它们将整合不同架构的最佳属性，以提高大语言模型的性能、泛化能力和效率。

Palantir 首席技术官 Shyam Sankar 在描述他们的 K-LLM 方法时，详细阐述了同时使用多个大语言模型的一个例子。他将大语言模型视为专家，并开始思考："既然可以组建一个委员会来共同回答这个问题,为什么非要让一位专家来回答这个问题?"他的意思是使用一组不同的大语言模型,这些大语言模型的优势可能是互补的,这样才能综合出一个更深思熟虑的答案。

应该强调的是,在这一思路中,每个大语言模型都承担着相同的任务。其实并不一定要如此设计,接下来我们将讨论另一种方法。有关完整视频,可访问:

```
https://youtu.be/4aKN5mCPF5A?si=kThpx8hOok1i0QWC&t=327
```

如前文所述,采用专家团队的另一种方法是模拟专业团队。在该方法中,大语言模型将被分配指定的角色。然后,每个指定角色依次处理任务。每个角色既处理自己的任务,也处理之前其他角色所做工作的遗留问题。这样就可以采用迭代方法来为复杂问题构建一个考虑到各方面因素的解决方案。在 9.6 节的示例中我们看到了该过程,使用了 Microsoft 的 AutoGen 框架来组建专家团队。

2. 提示工程的兴起

有效地提示大语言模型已经成为一门微妙的艺术和科学,为此还出现了一个新的专业术语:提示工程。

随着模型的增长,手动制作每个查询可能变得不再可行。未来可能会看到自动或半自动方法来生成提示,确保一致和理想的输出。这样做的推动力是使大语言模型更加对用户友好,最大限度地减少与它们进行有效交互的专业知识需求。

第 8 章介绍了提示工程的一些关键要点。我们解释了如何将系统提示之类的技术特性与 OpenAI 的 GPT 模型结合起来使用。有趣的是,提示工程的非技术方面对于实现最佳大语言模型结果同样重要。所谓"非技术方面",指的是诸如提示中对请求的清晰连贯描述之类的东西,就像我们向他人寻求帮助时需要先把问题说清楚一样。

可以想见的是,提示中将出现更多微妙的技术,例如提示链和软提示。

提示链(prompt chain)是指提示迭代,它可以将复杂任务分解为小任务,每个任务都反映在一个小提示中。这可以提高合规性、正确性和监控性。

软提示(soft prompt)是一种算法技术,旨在微调代表提示的向量。

在这方面一个比较有趣的例子是 C. Yang 等人撰写的 *Large Language Models as Optimizers*(大语言模型作为优化器),他们发现,通过鼓励大语言模型重视其对解决方案进行的仔细思考,可以让大语言模型获得更好的性能。该论文的网址如下:

```
https://arxiv.org/abs/2309.03409
```

如果我们要求大语言模型解一个方程,可以想见它会采用一种特定的数学技巧,但是,如果问题很复杂，需要分解成一系列的分步任务，而这些任务的结构不简单，并且每个任务的解决方法也都不简单，那该怎么办呢？通过要求大语言模型专注于优化结果和推导过程，可以改善你获得的最终结果。这可以通过使用以下提示语言来实现。

- "我们来仔细思考一下这个问题，然后一起解决它吧。"
- "让我们全力以赴计算出正确的解！"
- "让我们一步一步地解决这个问题。"

在上述论文中，最引人注目的提示是这个：

- "深呼吸，一步一步解决这个问题。"

他们的研究表明，虽然大语言模型显然不需要呼吸，但它会将提示中的这一补充理解为对推导过程重要性的强调。

简而言之，想要让大语言模型给出更好的回答，可以遵循以下 3 个要点：一是内容对齐，就是确保大语言模型听懂了你的意思，正确理解了你的请求；二是拆解步骤，让大语言模型分步骤进行思考；三是进行情感激励。例如，告诉它"这个结果对我很重要"或"我为你感到自豪，全力以赴将使你与众不同"。当然，也可以进行反向的情感绑架，例如，告诉它"如果你答错了，那么我可能就失业了"。

3. 检索增强生成模型

我们想要借此机会再次讨论自然语言处理领域中重要的新范式：检索增强生成（RAG），预计该范式将在日后大行其道。

如前文所述，由大语言模型驱动的生成式人工智能可基于大量训练来生成详细且易于理解的文本响应。但是，这些响应仅限于人工智能训练过的数据。如果大语言模型的数据过时或缺乏有关某个主题的具体细节，则它可能无法生成准确或相关的答案。例如，如果大语言模型的训练数据截止到 2024 年 8 月，那么如果你想让它回答 2024 年 8 月之后举行的球赛的问题，则它可能无法做出正确的回答，这时 RAG 就可以发挥它的优势了。

4. 检索增强生成技术再认识

RAG 技术可以通过集成有针对性的、当前的甚至是动态的信息而不改变大语言模型，增强大语言模型的功能。这种方法是在 P. Lewis 等人于 2020 年发表的一篇论文 *Retrieval-Augmented Generation for Knowledge-Intensive NLP Tasks* 中引入的，该论文的网址如下：

https://arxiv.org/abs/2005.11401

在第 8 章和第 9 章中，从实践的角度研究了 RAG，为读者提供了动手实验和实现所需的工具和知识。

在这里，当我们重新审视 RAG 时，重点将转向研究它们在自然语言处理和大语言模型开发这个更广泛叙事中的重要性。本讨论以定性的、概念性背景为框架，探讨算法进步的演变趋势和未来方向。

我们的目标是将 RAG 定位于不仅是一种技术工具，而且是大语言模型不断发展过程中的关键组成部分，在这一背景之下，强调它们在塑造下一代 AI 解决方案中的作用。

我们的探索旨在将技术与理论相结合，深入理解 RAG 如何型塑 AI 研究和应用的动态格局，同时又受该格局的影响。

为了更加容易理解，让我们以某种编程语言做类比举例，它可以是 Python、R、C++ 或任何其他通用语言。它带有其继承的"知识"，即内置库和函数。如果你构建代码来执行基本数学运算或形成排序列表，你会发现该编程语言的当前状态非常适合你，因为它具有内置代码库，其中包含你需要的所有功能。

但是，当你希望执行与通用库及其功能完全不同的某些操作（例如，你需要将中文翻译成英语、计算傅里叶变换或执行图像分类）时，该怎么办？这时应该没人会想到要开发一种全新的专用编程语言，在其内置库的内在集合中囊括他们所需的所有功能，这样做显然是不切实际的。

相反，人们可能只是构建一个专用库并将其导入他们的编程语言环境中。这样，你的代码只需检索必要的功能即可。显然，这就是通用编程语言的工作方式，也是两者中最简单的、可扩展性最高的解决方案。

这也正是 RAG 在大语言模型环境中寻求实现的意义。简而言之，大语言模型就类似于编程语言，从外部数据源检索信息就类似于导入专用库。

图 10.2 显示了典型 RAG 的流程图。

5. RAG 的工作原理

以下是 RAG 功能的核心。

- 数据集成：组织拥有各种数据类型，包括数据库、文件以及内部和外部通信源。RAG 可将这些数据编译成统一的格式，从而创建知识库。
- 数据转换：利用嵌入语言模型/大语言模型，将知识库的数据转换成数值向量，存储在向量数据库中，以便快速检索。
- 用户交互：当用户提出问题时，查询会转换为向量。此向量用于根据嵌入向量空间中的接近度（proximity）指标从数据库中识别相关信息。检索此信息并将其与大语言模型的知识相结合，以生成综合响应。

你应该比较熟悉这种机制了。我们在第 8 章和第 9 章中介绍 LangChain 的功能并设计从外部文件检索文本的管道时，实现了这种范例。

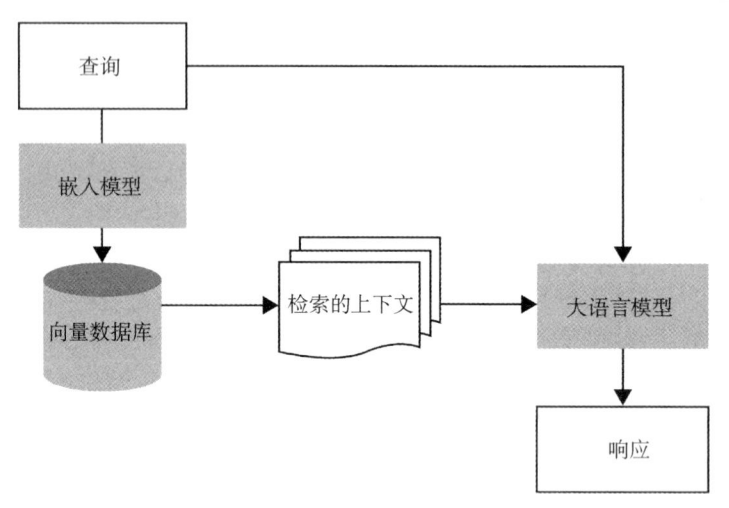

图 10.2　典型 RAG 的流程图

接下来，让我们讨论一下 RAG 的优缺点。

6. RAG 的优点

RAG 的优点如下。
- 如前文所述，RAG 可以提供比通用大语言模型更契合上下文背景的数据。
- RAG 可以提供比大语言模型训练可用数据更新的数据。
- RAG 能够持续更新知识库，且成本低廉。RAG 不仅可以利用新数据，还可以频繁更改数据。
- 由于用户控制着大语言模型可以访问的数据，因此可以开发专门用于监控结果正确性的模式。这样可以减少幻觉和错误，而幻觉和错误正是大语言模型的两个主要缺点，因此 RAG 是一个潜在的解决方案。
- RAG 非常简单，易于启动。人们可以使用公共代码免费组装一个 RAG，并且只使用笔记本电脑上尽可能少的存储空间。从概念上讲，RAG 的基本形式是预先存在的计算和数据资源之间的一组连接。

7. RAG 的挑战

由于 RAG 是一种建立在大语言模型基础上的新技术，而大语言模型本身也是一种新技术，因此这带来了各种挑战。

其中一个挑战是选择检索数据的结构设计，这对 RAG 的功能至关重要。通常的做法是提前批量处理原始数据，以便在使用大语言模型时，数据已经是适合检索过程的格式。

因此，当以检索或提示的次数来衡量时，此离线过程的复杂度为 O(1)。

向量数据库正在成为此目标的首选设计。它们是数值数据库，旨在以与大语言模型处理提示时采用的格式相似甚至相同的格式来捕获数据的最小表示。这种格式就是我们在本书中介绍的嵌入（embedding）。

应该补充说明的是，嵌入是一种有损压缩机制。虽然嵌入空间针对预定义目标进行了优化，但它在以下两个方面并不完美。

首先，它优化了特定的损失函数，该函数可能更适合某个目标，而不是另一个目标；其次，它在这样做的同时牺牲了其他方面，例如存储和运行时间。我们看到嵌入空间中的趋势是维数（嵌入向量的大小）越来越高。更高的维数可以容纳每个向量更广泛的上下文，从而为更好的检索机制打开大门，而这些机制反过来又可以适应需要深入和复杂洞察的领域，例如法律领域或新闻领域。

另一个挑战是，为了容纳外部数据源提供的附加信息，发送给大语言模型的提示需要增加大小。提示不应包含整个数据库的文本，因此，需要先应用初步机制来缩小可能相关的文本范围，正如我们在 8.7 节医疗保健领域的代码示例中看到的那样。除此之外，还必须对提示中发送的数据量进行截取处理，从而权衡大语言模型必须参考的上下文总量。

8. RAG 的应用

当你需要大语言模型能够满足特定需求时，可以采用 RAG 框架。以下是一些示例。

- 客户服务聊天机器人：这些机器人对那些寻求满足客户需求的公司很有吸引力。
- 公司知识库：这是公司员工的内部服务。典型的公司管理着若干个不同的内部引擎，每个引擎都专用于特定需求。例如，内部网站、工资单应用程序、服务请求应用程序、前端数据浏览器（通常有多个）、训练服务、法律和合规来源等。RAG 可以将各种信息整合为公司聊天机器人的后端。员工可以根据自己的各种需求之一向聊天机器人提出请求。以下是一些示例。
    - "全职员工的带薪休假政策是什么？"
    - "哪个 SQL 表在客户端名称和唯一客户端标识符之间进行映射，谁可以访问该表？"
- 特定领域的大语言模型：这可以设计成 RAG 的形式，从而消除对特定领域数据进行训练的需要。这可以服务于研究、营销和教育等领域。例如，假设你从某本书或研究论文中研究某个特定主题，则很容易使这些文档可供检索，并要求大语言模型搜索、总结、回答特定问题并进行简化。

我们认为 RAG 是可能主导内部定制开发的关键技术，因此，接下来让我们看看定制大语言模型本身的更重要、更全面的方法。

9. 定制大语言模型

大语言模型的定制化趋势将继续加强，因为定制化的大语言模型是其制造商专有的完整整体产品。我们很可能会看到与特定行业或任务相关的大语言模型成为常态。例如，针对法律术语的大语言模型、擅长医学诊断的大语言模型。简而言之，大语言模型的未来将是专业化的天下。这将涉及模型预训练、模型微调和基于检索的各种设计选择，这些设计选择均需利用专用数据集。

典型的 RAG 适合利用内部和非公开数据，而定制的大语言模型则适合需要学习和掌握整个领域的情况。例如，如果我们想要选择这两种方法中的一种作为构思和综合自然语言处理与 AI 解决方案的工具，则会选择一个在相关数据（例如出版物、学习材料和专利）上训练过的大语言模型，而不是一个简单地将这些数据提供给通用大语言模型的 RAG。定制的大语言模型将提供从其训练数据中继承的思路链，而 RAG 将利用通用大语言模型及其通用思路链（其中会有额外的数据可供参考）。

我们已经谈到了提升大语言模型性能的四大支柱。从优化提示到组建专门的大语言模型，你必须在潜在的性能提升与流程的成本和复杂性之间进行权衡。图 10.3 显示了这一概念。

图 10.3　复杂性的光谱

10. 使用大语言模型作为代码生成器进行编程

大语言模型在编码领域的前景尤其令人感兴趣。传统上，编码被视为一项专业技能，需要一丝不苟地关注细节并进行大量训练。但随着大语言模型的发展，软件开发世界民主化的潜力越来越大。我们正在见证一个长期愿景的实现，即开发人员不必仔细研究代码行，而是可以向大语言模型提供高级指令，然后由大语言模型生成所需的代码。这就像拥有一个流利的翻译，可以毫不费力地将人类意图转化为机器可读的指令。在第 9 章中即可看到这样一个例子，大语言模型承担了多个专业角色并为用户整合生成了一个编程项目。

这种转变不仅会简化编码过程，还将从根本上改变软件开发者。使用大语言模型作为代码生成器进行编程意味着，自然语言可以成为一种新的编程语言。非技术人员可以使用自然语言更直接地参与软件开发，缩小创意产生与执行之间的差距。

例如，初创公司可以迅速将他们的愿景转化为原型，加快创新周期并培育更具包容性的技术生态系统。我们预计这将彻底改变多个商业学科，例如技术产品管理。但是，这并不意味着传统的编码技能将会过时。相反，理解编程语言的复杂性始终有其价值，对于需要高度精确和进行微妙区分的任务而言更是如此。

当然，大语言模型可以充当宝贵的助理，发现错误，建议优化，甚至帮助完成一些简单而重复性的任务。

人类开发人员和大语言模型之间的这种协同可能会带来软件开发的黄金时代，在这个时代，创造力将成为中心，而技术壁垒将降低。

此外，随着大语言模型越来越善于理解和生成代码，我们还可能会看到新算法、框架和工具的开发的增加。这些进步可能受到机器解决问题的独特视角以及经过训练的大量数据和模式的推动。

总而言之，大语言模型在编程领域的未来前景是协作、包容和创新。虽然这种新生产方式的挑战不可避免，但无论是经验丰富的开发人员还是该领域的新手，对他们来说，这种变化带来的潜在好处都将是巨大的。

11. 大语言模型运维

正如开发运维（DevOps）彻底改变了软件开发一样，大语言模型运维（large language model operations，LLMOps）对于大语言模型的可扩展部署、监控和维护也变得至关重要。

随着企业越来越依赖大语言模型，确保其平稳运行、持续学习和及时更新将变得至关重要。LLMOps 可能会引入一些实践来简化这些流程，确保大语言模型保持高效和相关性。我们看到，人们以付费工具和服务的形式为这一目标做出了巨大努力。

许多公司都在设计涵盖整个运营和监控范围的解决方案。一方面，工具可以提供对大语言模型运行的基本监控；另一方面，工具可以提供对传入数据、传出数据和模型特征的可视化效果和统计见解。

LLMOps 领域的一个新趋势是创建从监控反馈到模型调整机制的反馈回路。这模仿了实时自适应模型（例如负责将阿波罗 11 号送上月球的卡尔曼滤波器）的概念。监控流可以识别出不断增长的偏差，然后将其反馈到调整模型参数的训练机制中。通过这样做，不仅可以向用户发出有关模型何时变得不理想的警报，还可以对模型进行适当的调整。

12. 结论

总结一下，大语言模型的发展历程以深度学习、创新学习技术和定制能力的飞跃为标志，体现了人类更远大的抱负：创造能够理解和改善我们世界的机器。大语言模型的发展印证了这一追求，并且随着大语言模型的不断成熟，其意义、价值和影响无疑将塑造我们数字未来的轮廓。

大语言模型设计的未来处于技术创新、以用户为中心的设计和道德考量的交汇处。随着研究的进步和用户需求的演变，未来的大语言模型可能会与我们今天想象的截然不同，它们会更强大，并且集成更丰富的功能。

至此，我们已经讨论了大语言模型的各种技术趋势，这些趋势堪称大语言模型兴起和发展的核心。接下来，我们将讨论那些远离核心的趋势，它们反映了这些模型已经产生的影响以及预计将产生的影响。

10.5　自然语言处理和大语言模型中的文化趋势

现在我们将讨论大语言模型和人工智能对商业和社会产生的一些趋势和影响点。我们将讨论我们认为最有可能蓬勃发展的一些行业，这要归功于大语言模型和人工智能带来的价值。我们将讨论企业在寻求获得优势并保持领先地位时发生的内部变化。最后，还将讨论围绕大语言模型和人工智能的一些文化方面的趋势。

有关文化趋势的讨论涉及以下两个方面。
- 商业世界中的自然语言处理和大语言模型。
- 人工智能和大语言模型引发的行为趋势——社会层面。

10.6　商业世界中的自然语言处理和大语言模型

自然语言处理和大语言模型已经证明它们在商业领域具有变革性的价值。从提高生产效率到实现新的商业模式，自然语言处理的功能已被用于自动执行日常任务、从数据中获取见解并提供高级客户支持。

最初，自然语言处理主要局限于学术界和专业领域。但是，随着数字化的兴起、数据的爆炸式增长以及开源机器学习的进步，企业开始认识到它的潜力。

计算能力的可承受性和对海量数据集的可访问性使得企业能够训练大语言模型，从而开发更复杂的自然语言处理应用程序。

我们观察到，自然语言处理向商业世界的转变发生在2018—2019年。在此期间，自然语言处理率先与传统机器学习模型相结合，可用于有限任务（例如文本分类），并且开始渗透到商业运营和分析中。

2019年，Hugging Face发布了Google的BERT（这是其开创性的语言模型）的免费版本，本书前面的章节也曾讨论过它。BERT允许使用相对较少的标记数据实现强大的分类能力，并采用了迁移学习方式，这使它很快成为许多文本驱动业务模型的首选。有关该模型的详细信息，可访问：

```
https://huggingface.co/bert-base-uncased
```

一些行业具有继承性的特征,这使得它们更有可能采用自然语言处理驱动的自动化并因此而获得蓬勃发展。在评估自然语言处理对某个行业甚至某个特定业务的潜在影响时,可考虑以下特征。

- 数据丰富性:由于自然语言处理主要涉及理解和生成人类语言,因此该行业应该能够获取大量数据,尤其是文本形式的数据。
- 数字化准备:数据应进行数字化和结构化处理。因此,已经拥有数字化文化的行业可以更轻松地利用 AI 和自然语言处理技术。
- 计算基础设施:无论是通过内部基础设施还是基于云的解决方案,处理计算密集型工作负载的能力都至关重要,因为自然语言处理模型(尤其是大语言模型)需要强大的计算能力。
- 重复性任务:执行大量手动、重复性任务(例如客户服务查询或文档审查)的行业可以从使用自然语言处理的自动化中受益匪浅。
- 依赖于洞察力的决策:如果决策通常基于从文本数据中获得的洞察力(例如来自社交媒体的市场情绪)做出,那么自然语言处理可以简化和增强决策过程。
- 高度客户互动:直接与客户互动尤其是通过数字渠道进行沟通的行业,可以使用自然语言处理技术开发聊天机器人,执行反馈分析和个性化营销。
- 个性化需求:如果需要根据用户偏好和反馈提供个性化服务或产品,则自然语言处理可以帮助企业根据个人需求定制产品。
- 持续学习和更新:需要了解最新信息、研究或趋势的行业可以利用自然语言处理技术进行自动的内容聚合、总结和分析。
- 多语言合作:在全球或多语言地区运营的行业可以受益于由自然语言处理技术提供支持的翻译服务和多语言客户互动。
- 合规性和文档编制:如果需要定期审查合规性、标准,或者维护文档,则自然语言处理技术可以协助进行自动的合规性检查和文档生成。
- 管道扩展的灵活性:由于自然语言处理需要处理时间和计算资源,因此只有当实时流程能够满足这些要求时,它才能产生效益。

接下来,让我们探讨一下特定的业务领域,看看人工智能和大语言模型如何在每个领域发挥作用。

10.6.1 业务领域

我们将讨论自然语言处理和大语言模型在医疗保健、金融、电子商务、教育、娱乐和内容消费行业的未来发展。

1. 医疗保健

医疗保健是一个严重依赖自由文本的行业。医疗保健领域中与患者治疗互动的每家企业，无论是诊所、医院还是保险公司，都有涉及自由文本的数据流。它可能是医疗笔记的转录、患者问询回复、药物相互作用和其他信息来源。其中绝大多数都是数字化的，因此是机器可读的，使其成为下游处理的合适材料。这些文本数据的处理可能包括：从放射检查报告中识别诊断、对患者详细信息进行分类以进行治疗、根据医生笔记进行临床试验、根据患者报告提醒潜在风险以及许多其他用例。

医疗保健领域出现的另一个主要用例是患者通过 ChatGPT 等生成式 AI 工具寻求医疗建议。由于大语言模型可以访问大量数据，患者发现大语言模型可能会为医学问题提供答案。需要注意的是，这样做虽然潜力巨大，但风险也很大。

在未来几年，我们预计大语言模型支持医疗保健需求的能力将得到重大改进。特别是在患者护理方面，我们将看到核心医疗能力的增强。不同层次的医疗建议、诊断和预后将在专业建议和人工智能建议之间获得不同的平衡。

例如，纵观历史，我们看到患者倾向于自我诊断轻微症状，如皮疹或疼痛，或更喜欢听取其他非专业人士的建议。此外，今天我们还可以看到患者在网上的文章和帖子中寻求建议。我们预计，对于同样被视为低风险的情况，患者将采用大语言模型寻求建议。至于官方政策，我们将看到临床系统会规定哪些病例可由人工智能处理以及在多大程度上进行处理。

2. 金融领域

金融是一个涉及广泛的行业，严重依赖文本信息。从财务文件到收益电话会议，从新闻提要到监管更新，从交易细节到信用报告，等等，都需要使用文本。金融行业被视为随着人工智能的兴起而获得加速发展的先驱。金融行业对数据处理的严重依赖使其成为人工智能的天然契合领域，并可作为其他行业可能发生的情况的案例研究。

我们看到自然语言处理和大语言模型被应用于金融领域的各个角落。还有一个新趋势是针对特定主题构建专用聊天机器人，甚至个别公司也试图以交互式聊天机器人的形式向客户提供专有服务。

我们对金融未来的总体期望是打造一个协作环境，让人工智能驱动的模型与行业专家无缝协作。我们对这一愿景最好的历史类比就是 Microsoft 公司在 Excel 软件和金融分析师之间创造的协同效应。你不妨设想这样一个场景：传统的人工智能模型绘制出财务预测，而生成模型则深入研究数据，不仅突出差异，还可根据不同的预测模型提出战略选择。

3. 电子商务

电子商务是一个始终处于客户和技术交汇处的行业。电子商务领域的典型用例之一是个性化购物体验。

随着自然语言处理技术变得越来越复杂，电子商务平台可以预测新兴趋势，根据用户情绪提供实时个性化折扣，并强化交叉销售（cross-selling）和追加销售（upselling）策略。从产品搜索方面来看，大语言模型可以理解自然语言查询，使用户能够更有效地找到产品。

电子商务的未来格局将发生重大转变。随着人工智能支持的元宇宙购物的出现，结合了视觉人工智能、增强现实和虚拟现实技术的虚拟领域正在不断扩大。这将为消费者提供一个激动人心的机会，让他们可以虚拟试用从服装到家具的各种产品，提供尽可能接近现实的购物体验。

此外，供应链管理的复杂性将继续通过人工智能驱动的预测分析来解决，从而优化库存流程。人工智能有望成为塑造电子商务行业充满活力的和高效的未来的基石。

4. 教育领域

我们想要讨论的倒数第二个行业是教育。在该行业中，我们也看到了个性化趋势。自然语言处理允许自适应学习平台满足学生的个人需求，根据他们的学习进度和风格提供资源和进行测试。由自然语言处理技术驱动的平台可以分析学生的输入、论文和反馈，以提供量身定制的学习路径。

另一个趋势与语言学习相关。大语言模型可提供实时翻译、更正，甚至文化背景，使语言学习更加身临其境。

随着生成式人工智能工具的快速发展，教育领域也日益被渗透，传统的教学模式即将发生重大变化。我们预计未来人工智能将无缝融入课堂，以前所未有的方式提高教学效率并提供个性化学习体验。

同时，我们还将看到个性化方面的进步，学生的体验就好像是聘请了一位电脑私人教师。它将调整所教授的内容和沟通方式以适应学生的节奏和感知。对于出生在当今时代的孩子来说，学习将是新颖有趣的，不再枯燥无趣。

5. 娱乐和内容消费行业

近年来，人工智能与媒体行业之间的相互关系已经非常明显。随着大语言模型和人工智能的不断发展，媒体平台已开始利用它们来优化内容的创作、分发和消费。

音乐格局正在重塑。深度学习模型在学习现有音乐模式后，可以生成一些独特的作品。例如，Spotify 等平台可通过机器学习驱动的推荐系统、分析收听历史和偏好来个性化播放列表。音频母带制作过程传统上需要专业知识，现在可结合诸如 LANDR 之类的人工智能解决方案，使音乐制作效率更高，也更加民主化。

电影制作人可以利用大语言模型进行剧本创作，从而构建独特的叙事，同时评估剧本中潜在的不确定性。华纳兄弟、二十世纪福克斯和索尼影业等公司均展现出人工智能的预测能力，它们分别使用了 Cinelytic、Merlin 和 ScriptBook 等平台。

AI 可以通过模拟逼真的非玩家角色行为和动态生成内容来丰富游戏体验。它还可以提供个性化的游戏推荐，根据玩家的喜好量身定制游戏体验。自适应难度系统会实时分析玩家的行为，调整挑战难度以确保平衡的游戏体验。

在图书出版领域，手稿提交流程可以通过人工智能进行简化，自动筛选图书选题，预测市场潜力。人工智能驱动的工具还可以确保图文的清晰度、连贯性和遵守风格指南，使得编辑工作更加轻松。

大语言模型可提供对人物和情节结构的见解，帮助作者创作引人入胜的故事。

平台中的个性化算法可根据用户的品味定制内容推荐，增强参与度。

Google AdSense 等平台可利用人工智能精准定位在线广告，优化营销推广。

人工智能还可发挥监管作用，根据用户统计数据过滤内容并确保遵守广播指南。

最后，流媒体平台可使用人工智能进行内容分类，为用户提供无缝的内容发现体验。

娱乐行业对人工智能和大语言模型的这些超级创新利用将不断增长，并塑造它们所涉及的内容创作。创作周期将变得更短、更快。不过，越来越让人担忧的问题是，由计算机模型来策划艺术创作是否会削弱作品的魅力。

接下来，我们将讨论面向客户的业务中普遍存在的特定用例。

10.6.2 客户互动和服务

自然语言处理对企业最明显的影响之一是客户互动。

大语言模型可实现响应式聊天机器人，协助进行情感分析并提供实时解决方案，从而增强用户体验。早期的聊天机器人是基于规则的，只能处理有限的查询。借助大语言模型，聊天机器人可以理解上下文、处理复杂查询，甚至进行随意对话。这一进步提高了客户满意度，减少了等待时间，并为企业节省了大量成本。

在接下来的几年里，我们可以期待看到人工智能和大语言模型继续应用于广泛的客户服务应用程序，包括聊天机器人、推荐系统、主动客户参与系统和客户服务分析系统。这些由人工智能和大语言模型驱动的应用程序将能够为企业和客户带来多种好处。我们将看到聊天机器人变得更加全面，能够处理那些目前需要人工代理介入的情况。推荐系统将进一步个性化和捕捉个人客户的兴趣。从宏观层面来看，客户服务分析系统将用于分析客户数据并识别可用于改善客户服务运营的趋势和模式。

总体而言，人工智能和大语言模型在客户服务领域的前景十分光明。这些技术有望改变企业与客户的互动，提供更具定制性、前瞻性和沉浸感的服务体验。

在探讨了人工智能和大语言模型在客户服务中的变革作用后，接下来，我们将转向另一个关键维度：组织结构。随着公司为人工智能时代做好了准备，了解它们如何重塑内部框架以整合这些技术进步至关重要。

10.6.3 人工智能的影响推动管理变革

随着人工智能（尤其是大语言模型的能力）继续迅猛发展，全球企业都感受到了连锁反应。为了保持竞争力并充分利用这些技术奇迹的潜力，许多组织正在对其内部结构和运营进行变革。这些变革包括：重新构想工作流程、引入首席人工智能官（Chief AI Officer，CAIO）之类的关键角色等。

现在我们将探讨人工智能的深远影响如何重塑当代商业范式的结构。

1. 内部业务结构和运营的转变

除了与外部客户的互动之外，大语言模型还深刻影响了企业内部的运营方式。从自动发送电子邮件到处理人力资源查询，自然语言处理简化了运营。

最初，企业只是使用简单的自动化工具来处理重复性任务。有了大语言模型之后，可自动化处理任务的范围扩大了。无论是起草报告、分析员工反馈还是预测市场趋势，自然语言处理都发挥着关键作用。

我们在组织格局中看到的一个特殊转变与技术堆栈结构有关。传统上，公司的技术堆栈可以视为一个分层蛋糕，每一层都有不同的作用。

- 决策层，推动公司业务的发展。
- 数据层是基础层，包括以下内容：
  - 数据存储库和存储
  - 运营数据
  - 数据采集和分发服务
- 核心交易层将数据从基础设施层映射到数据层。
- 基础设施层和基础层提供可能存在于本地或云中的计算资源和功能。

随着人工智能的发展，新的层和组件不断引入，从而重塑技术堆栈。

- 变革后的决策层正在不断发展，并将由利用人工智能处理多模式内容的应用程序组成。这些多模式内容包括：

- 文本和请求
        - 视频
        - 音频
        - 代码
    - AI 层是堆栈中的新层，包括以下内容：
        - AI 产品：这些是基于 AI 构建的工具和平台，面向内部或面向外部。
        - 可观察性和监控：这将确保人工智能的合乎道德和正确的使用以及性能控制。
    - 变革后的数据层：由于数据仍然是中心，因此它将包括根据人工智能要求满足上述更新的组件。

让我们来看看这些新增的层和组件。

2. 深入研究人工智能驱动的技术堆栈

这些变化是人工智能推动的快速创新的成果。例如，多模式功能正在兴起，使我们能够处理文本、图像、视频、音频和音乐，以及代码形式的信号。此外，聊天机器人、推荐系统和预测分析工具等人工智能产品对企业来说正变得至关重要。

变革之后的决策层现在由人工智能应用程序驱动。与传统软件不同，人工智能应用程序具有"思考"和"学习"的能力。它们以曾经被认为不可能的方式处理多媒体内容（如图像、视频和音乐）。例如，通过图像识别，人们可以识别照片中的物体并进行分类，而视频分析则可以分析实时镜头中的模式和异常。更令人着迷的是，其中一些应用程序能够生成新的音乐作品或艺术作品，从而弥合技术与艺术之间的差距。

下一个新层是 AI 层，其关键组成部分是人工智能产品。这里说的人工智能产品指的是建立在人工智能基础上的大量工具和平台。这些产品包括提供实时客户支持的聊天机器人，以及在电子商务平台上个性化用户体验的推荐系统。预测分析是人工智能产品的另一个支柱，它使企业能够预测趋势并做出明智的决策。总体而言，这些产品代表了从被动到主动的商业战略的范式转变，可确保企业始终领先一步。

可观察性和监控通过降低风险和实施质量控制对上述产品进行补充。人工智能虽然功能强大，但也带来了道德和运营挑战。人工智能护栏可以通过确保人工智能在规定的道德界限内运行，促进公平、透明和保护隐私，来解决这些问题。

例如，人工智能护栏可能会阻止算法根据有偏见的数据做出决策，或者可以为人工智能系统做出的决策提供解释。在一个对技术的信任至关重要的时代，这些护栏对于确保人工智能不仅聪明而且负责任至关重要。在执行护栏的同时，还可应用传统的数据和模型输出的生产监控来确保一致性和质量。

3. 结论

现在总结一下我们对技术堆栈转变的讨论。

人工智能不仅仅是一种由技术推动的发展趋势，更是新技术趋势的推动者。因此，我们预计数据和技术范式将发生变化，并将人工智能置于中心位置。

我们相信，那些调整和发展其技术堆栈以利用这些新功能的公司将更有能力在这个新的数字时代取得成功。

在讨论现代企业内部业务结构和技术堆栈的演变和重塑时，不妨看一下企业界新出现的一个特殊人物：首席人工智能官。这个职位凸显了人工智能在现代企业领域的重要性。

10.6.4 首席人工智能官的出现

由于人工智能将影响业务，因此预计它也将重塑业务。前面我们详细介绍了对通用组织技术堆栈变革的预期，这些技术堆栈将转变并为纯粹面向人工智能的组件腾出空间。按照类似的路径，领导结构也有望发生变化，为新角色腾出空间。这个新角色就是首席人工智能官（CAIO）。本小节将深入探讨 CAIO 的角色、职责以及他们为组织带来的独特价值。

1. 公司需要首席人工智能官的原因

人工智能不再是一个遥不可及的技术奇迹，现在它已经融入我们的日常生活中。随着 OpenAI 的 ChatGPT 和 Google 的 Bard 等生成工具的出现，人工智能的能力现在已适用于所有性质的企业。

人工智能的变革潜力包括构建创新服务和提高运营效率等，甚至可彻底改变整个行业。

鉴于人工智能的影响力，将其纳入核心业务战略势在必行。因此，我们认为，对 CAIO 的需求主要源于公司认识到将人工智能嵌入战略决策的重要性，这将确保公司充分利用人工智能带来的机遇。

2. CAIO 的核心职责和特质

CAIO 职责的核心是指导组织的人工智能战略，使其与组织的总体业务目标保持一致。这包括以下职责。

- 制定战略性 AI 愿景：CAIO 需领衔创建组织的 AI 愿景，该愿景不仅将融入组织的运营，还将确定 AI 可以推动变革的关键领域，例如客户体验或供应链增强。这一愿景必须与组织的更广泛目标无缝契合。

- 机会识别：CAIO 需准确定位并利用整合人工智能的机会来优化现有流程，发现由人工智能驱动的全新业务方向，并确定哪些工作流程适合自动化。
- 实施人工智能战略：除了构思之外，CAIO 还要通过促进部门间合作来确保人工智能愿景的实际执行。这包括充分理解各部门在人工智能部署中的角色，发挥人工智能潜力，有效扩展人工智能部署，并确保手段与目标一致。
- 人才和资源管理：CAIO 需确保组织拥有足够的技能、人员和资源，以有效部署和管理人工智能计划。
- 促进对人工智能的理解：作为组织的主要人工智能教育者和倡导者，CAIO 需消除误解，促进所有组织层面对人工智能的优势和微妙之处的深刻理解。
- 培育人工智能优先文化：CAIO 应倡导以人工智能为中心的创新文化，鼓励不断探索和应用前沿的人工智能研究、工具和实践。
- 保持人工智能发展的领先地位：在快速发展的人工智能领域，CAIO 需积极吸收最新的研究、工具和实践，确保组织始终处于人工智能创新的前沿，以保持竞争优势。
- 与利益相关者建立密切的关系：CAIO 应定期与不同的组织利益相关者沟通，确保他们的一致性，解决他们的问题，并强调人工智能计划的切实优势。
- 人工智能道德使用的守护者：CAIO 需保护组织免受潜在的人工智能陷阱的影响，确保人工智能实践符合用户期望，从而与客户和利益相关者建立信任。
- 合规与道德监督：在部署 AI 时，CAIO 应充当组织的护栏，确保 AI 解决方案遵守道德标准、尊重用户隐私、不存在偏见并遵守不断变化的技术法规。

由于技术敏锐度和软技能之间的平衡至关重要，因此，CAIO 应该熟练掌握 AI 工具和基础设施，并且擅长沟通，以进行良好的团队合作和时间管理。

CAIO 必须准确理解人工智能的商业意义，了解其现状，预测未来的发展。他们还必须能前瞻特定人工智能技术可能对其行业产生的影响。

在人工智能道德考量至关重要的时代，CAIO 必须成为道德支柱，应对偏见、隐私和社会影响等挑战。人们期望公司合规团队和法律团队之间建立直接、流畅的沟通渠道，以帮助识别和预测 CAIO 可能涉足的敏感领域。

总之，随着企业越来越多地将人工智能融入其运营结构，CAIO 的作用变得不可或缺。他们将充当火炬手，为组织照亮道路，以合乎道德的方式有效地利用人工智能的全部潜力。随着人工智能在商业领域的重要性不断增强，CAIO 有望成为现代高管团队的基石。

虽然人工智能和大语言模型无疑正在彻底改变商业格局，但它们的影响范围实际上已经超出了企业领域。因此，接下来，我们将探讨这些技术给社会和人们的行为带来的深远影响，这也影响到我们社会的本质。

10.7 人工智能和大语言模型引发的行为趋势——社会层面

人工智能的普及，尤其是大语言模型等先进模型的普及，对社会行为产生了深远的影响。这种影响的范围从日常任务拓展到更广泛的交流活动。随着人工智能融入日常生活，它塑造了人们的行为，引入了新的范式，有时还引发了担忧。本节将深入讨论这些行为转变。

10.7.1 个人助理变得不可或缺

随着 Siri、Alexa 和 Google Assistant 等人工智能虚拟助理的增多，人们越来越依赖这些工具来完成日常任务。无论是安排约会、查看天气，还是控制智能家居设备，人工智能助理都已成为许多人的首选，这改变了我们与人工智能技术互动的方式，有时甚至导致我们将这些工具拟人化。

未来，我们将看到人工智能个人助理成为日常生活中不可或缺的一部分。以数字日历这一简单功能为例，它可以使我们有效地规划和安排活动，确保我们履行承诺并在个人活动和工作之间保持平衡。此外，跨设备的自动提醒和同步减轻了牢记每个约会的压力，让我们可以安心地专注于更紧迫的事情。

如果你聘请一个人担任专职助理，确实可以将事情安排得井井有条，但其成本也是很高的。现在由人工智能驱动的个人助理同样可以将事务安排提升到一个新的水平，它可以与其他个体同步，确定优先级，提供建议，收集信息，并执行其他常见的日常任务。这在以前是只有人类助手才能自信完成的工作。我们很快就会看到，自动化模型能够以很低的成本和很少的监督完成这项工作。

简而言之，AI 虚拟助理很快就会像高度近视者佩戴的眼镜，须臾不可离。近视者摘下眼镜会觉得到处都是一片模糊，而习惯使用虚拟助理者在缺少它时，可能会觉得无所适从。

10.7.2 轻松沟通，消除语言障碍

大语言模型改进了我们的交流方式，尤其是在书面内容方面。人们可以使用它们来进行语法检查、内容建议，甚至直接生成整个文本。当然，这虽然带来了更完美的交流，但也引发了关于真实性的质疑。

人工智能驱动的实时翻译工具正在彻底改变我们跨文化交流的方式。谷歌翻译等平台使个人能够无缝互动，促进全球范围内的联系。但是，对这些工具的日益依赖可能会降低一些人学习新语言的动力。

不久的将来，在先进的大语言模型和人工智能创新的推动下，沟通的边界将进一步拓展。我们很快就会看到这样的愿景：两人通话，每个人都说着自己的母语，但他们却可以进行无缝对话，因为人工智能会即时翻译他们说的话。这意味着，当一个人说普通话时，他的通话对象可能会实时听到西班牙语，并且几乎感觉不到延迟。这样的进步可以有效地消除语言障碍，实现真正的全球人际连通性。

此外，交流的范围不仅仅局限于口头表达。尖端研究正在探索将神经信号直接转换为语音的可能性。神经传感器将检测和解释大脑活动，使人们无须动嘴唇就能"说话"。这可能是一项突破性的进步，特别是对于那些有言语障碍或交流障碍的人来说，这将让他们能够以前所未有的方式发出声音。

除了这些功能之外，触觉层面的沟通也可能出现创新。我们预计可穿戴设备将允许人们"感受"信息，将文字或情绪转化为特定的触觉。这将开辟新的理解渠道，尤其是对视力或听力受损的人而言。

人工智能与增强现实将重新定义我们的临场感。Meta 的元宇宙（Metaverse）概念正在发酵，通过虚拟临场感进行互动的概念将会出现产生需求。你将能够将你的化身投射到远处，与他人交流，就像你亲临现场一样。面部表情、肢体语言和手势的细微差别将被捕捉和传递，为远程对话增添深度。

10.7.3 授权决策的伦理影响

随着人们逐渐习惯于人工智能的推荐（从购物到阅读），过度授权决策的风险也随之而来。这可能会导致批判性思维能力下降，使个人更容易受到算法偏见或操纵的影响。

随着我们更进一步迈入人工智能时代，个人对自动化系统过度信任的可能性越来越大，这可能会导致个人责任和自主权的削弱。人们越来越担心，随着越来越多的决策实现被自动化，社会可能会见证个人在没有算法输入的情况下做出明智判断的能力下降。

此外，随着行业越来越依赖人工智能做出关键决策，这些算法的透明度和理解将变得至关重要，因为我们需要防止无意的系统性偏见。人工智能有可能通过数据或设计延续甚至放大现有的社会偏见，这带来了深远的伦理影响。

作为一种反应，我们预计对人工智能伦理课程、透明算法框架和监管监督的需求将激增，以确保人工智能系统符合人类价值观和社会规范。

总而言之，人工智能和大语言模型正在以多方面的方式重塑社会格局。虽然它们带来了便利和新奇的体验，但也带来了社会必须应对的挑战。随着人工智能在日常生活中的作用不断演变，在其带来的好处和潜在陷阱之间取得平衡将至关重要。

接下来，我们将讨论重点转移到人工智能的两个特定方面，即道德和风险。这两个方面的讨论已引起了每个寻求使用人工智能的个人和实体的兴趣。

10.7.4 道德和风险——人们对人工智能实现的担忧日益加剧

本节将重点讨论与人工智能相关的两个争议最大的主题：道德和风险。

人工智能（尤其是大语言模型）融入了我们的生活，为我们带来了无与伦比的便利和潜力。然而，这些进步也带来了一系列从个人层面到社会层面的道德问题和风险。随着这些技术的日益成熟，理解和驾驭这些领域变得至关重要。

人工智能的道德指的是指导人工智能设计、部署和使用的道德原则。它与确保人工智能系统的公平性、透明度、隐私性和责任制相关。早期的人工智能应用处于初级阶段，因此很少出现道德困境。随着人工智能的复杂性不断增加，其决策产生的影响也随之增大，由此将人工智能的道德问题推到了风口浪尖。大语言模型的出现及其生成类似人类写作风格文本的能力进一步加剧了这些担忧。

简而言之，人工智能主要的道德问题如下。

- 偏见与公平：人工智能模型可能会无意中学习训练数据中存在的偏见。这可能导致歧视性的输出，对个人或整个群体产生不利影响。
- 透明度和可解释性：随着人工智能模型变得越来越复杂，其决策过程变得越来越不透明。一些模型的"黑箱"性质在问责方面带来了挑战。
- 隐私：人工智能处理大量数据的能力引发了人们对数据隐私和滥用的担忧。这也延伸到对大语言模型的态度，因为它们生成的内容可能无意中泄露了敏感信息。
- 依赖性和自主性：过度依赖人工智能会削弱人类的自主性。例如，盲目遵循人工智能的建议而不进行批判性评估可能会产生问题，甚至危及道德方面。

人工智能解决方案的主要风险如下。

- 安全性：人工智能系统可能成为对抗性攻击的目标，恶意行为者会提供欺骗性输入以获得所需的输出。
- 幻觉和错误信息：大语言模型可以产生表面上令人信服却完全虚假的信息，从而扩大错误信息的传播。
- 社会经济：过度自动化可能导致各种下游后果，例如某些行业的就业机会急速流失，影响经济和社会稳定。

随着人工智能的快速发展，这些担忧也迅速增加。虽然快速发展意味着进步和新的可能性，但它们也给政策制定者和伦理学家带来了挑战。

此外，随着人工智能系统变得越来越复杂和强大，它们的发展速度往往快于道德准则和监管措施的发展。这意味着，当我们利用最新的人工智能突破时，可能会在没有道德指南针或安全网的情况下进入未知领域。

人工智能进化的敏捷性也给企业和政府带来了挑战。它们必须不断适应，以确保它们的实践、法规和标准跟上最新的发展。

另一个审视这些问题的视角是社会层面。从微观上来说，就是它对个人的影响，人们的担忧围绕着隐私、数据滥用和个人偏见。个人发现自己很难区分人工智能生成的内容和人类生成的内容。

我们目睹的一个日益严重的问题是错误信息的传播，无论是有意的还是无意的。这种现象有可能动摇人们对政府官员、法律程序和其他社会支柱的信心。

在公司层面，组织面临着确保其人工智能系统公平、透明和合规的挑战。它们还可能因存在偏见或可疑的人工智能输出而面临声誉受损的风险。

从宏观角度来看，社会必须解决人工智能带来的更广泛影响，从自动化造成的潜在失业到人工智能的歧视性决策都可能引起社会和人群的撕裂。

10.7.5　未来展望——道德、监管、意识和创新的融合

我们即将迎来一个人工智能的影响几乎渗透到我们生活方方面面的时代，有几个关键趋势正在塑造我们共同的未来。

首先，为人工智能开发和部署建立道德准则和框架的呼声从未如此强烈。在新的数字时代，建立人类福祉的意识非常重要，在创建和开发人工智能系统时，应优先考虑和保护人类利益。这不仅仅是出于合规或经济方面的考虑，更是要确保未来的人工智能系统与我们共同的人类价值观产生共鸣，并为更大的利益做出贡献。

其次，在强调道德的同时，各国政府和全球实体正准备采取更加实际的做法。自由贸易或对人工智能不干预的时代正在消逝。相反，人们期待制定强有力的法规，不仅能跟上人工智能的发展步伐，还能确保负责任和公平地使用人工智能。这些法规可能会涵盖一系列问题，从数据隐私和安全到透明度和公平性，从而确保企业和个人都遵守一套全球公认的最佳实践。

2023年，OpenAI首席执行官Sam Altman在美国国会发表演讲，分享他对监管不断扩大的人工智能领域的必要性的看法。他强调谨慎的重要性，指出人类历史上如此具有影响

力的转变需要适当的保障措施,以确保负责任和有益的实现。Altman 论点的核心是,他相信 AI 模型的力量很快就会超出我们最初的预期,使它们既成为无价的工具,也成为前所未有的挑战的潜在来源。他积极倡导政府采取主动的监管干预,声称这些措施对于解决和减轻日益复杂的与模型相关的风险至关重要。

纽约大学名誉教授 Gary Marcus 则提出了另一种观点,认为应该建立更强大的监督机制。他提议成立一个新的联邦机构,专门负责审查人工智能项目。该机构的职责是审查这些项目,确保其安全性、符合伦理道德和有效性。Marcus 提醒人们注意人工智能的快速发展,并对不可预见的进步提出警告,他打了个比方,"林子大了,什么鸟都有。"

我们将看到以护栏形式采取的重大行动,无论是社会治理还是组织管理,都可能会规定要执行和维护的边界。这将解决一些敏感领域的问题,例如将大语言模型用于医疗保健相关事务、财务决策、未成年人使用以及其他需要高度责任感的事务。特别是,我们希望明确哪些数据可用于训练模型以及在什么情况下使用。

当然,法规和道德框架虽然至关重要,但只是其中的一部分。最终用户(这里指的是普通大众)在塑造人工智能的发展轨迹方面也发挥着关键作用。随着人工智能技术成为从智能家居到个性化医疗保健的日常生活中不可或缺的一部分,迫切需要就其伦理考量和相关风险展开公开讨论。这种对话将培养出一个更加知情和有权力的用户群体,使他们能够对自己使用的人工智能工具做出明智的选择。此类教育活动、研讨会和公开辩论可能会激增,从而创造一个环境,让每个人不仅仅是被动的消费者,还是一个知情的利益相关者。

最后,技术前沿将见证某种复兴。专注于创建最强大或最高效的人工智能模型的日子已经一去不复返了。研究人员和开发人员现在越来越多地致力于创建本质上更透明、更公平、更能抵御潜在威胁的人工智能系统。该愿景很明确:人工智能模型不仅在任务上表现出色,而且应以可理解、公平和不受恶意攻击的方式完成任务。

从本质上讲,人工智能的未来不仅仅是技术奇迹,还应该是将创新与责任、权力与透明度、进步与道德融为一体的产物。放眼未来,我们将看到一个由人工智能加持的生活丰富、人类价值观得到维护、社会整体进步的世界。

总而言之,人工智能、道德和风险之间的关系是多方面的。虽然人工智能,尤其是大语言模型,具有巨大的潜力,但我们必须认识到并解决随之而来的道德困境和风险。只有通过综合权衡,我们才能在保护个人和社会利益的同时,充分利用人工智能的好处。

10.8 小　　结

本章全面讨论了塑造人工智能世界的关键趋势,并特别强调了大语言模型。这些模型的核心是计算能力，它将充当驱动引擎，实现突破并放大其潜力。随着计算能力的进步，我们不仅进步得更快，而且还产生了新的效率，重新定义了可能性领域。

庞大的数据集补充了这种计算能力，为自然语言处理和大语言模型留下了不可磨灭的印记。我们在本章中介绍了它们的重要性，并了解了它们发挥的关键作用。展望未来，自然语言处理中数据可用性的未来将是一个动态的格局，随着这些挑战而不断发展。

大语言模型本身也经历了重大的演变；每次迭代都旨在实现更大的规模和能力。我们回顾了这些模式所产生的影响，并从商业世界和社交互动等视角讨论了它们带来的改变，这些改变也为未来的创新铺平了道路。

自然语言处理和大语言模型的文化印记在商业世界中显而易见，它不但重塑了客户互动，重新定义了企业内部业务结构，甚至还导致了CAIO等专业角色的出现。这些进步虽然令人印象深刻，但也预示着社会行为转变的新时代。从日常任务到高层业务决策，人工智能对社会结构的影响是深远的。

当然，与这些进步交织在一起的是人们对人工智能符合道德的实施和相关风险的日益担忧。人工智能发展的快速步伐、决策过程的不透明性以及数据滥用的可能性都凸显了建立相应的道德准则、健全法规和提高公众意识的迫切需要。

最后，随着人工智能继续不懈前进，我们必须既热情地对待它的潜力，又谨慎地应对它的挑战，确保未来技术以最负责任和最有益的方式服务于人类。

第 11 章 独家行业见解：来自世界级专家的观点和预测

本章不仅将总结前文探索的主题，也将预测自然语言处理和大语言模型领域尚未开发的潜力，讨论一些迫在眉睫的挑战。我们将描绘自然语言处理从基础概念到大语言模型架构的演变过程，剖析机器学习策略、数据预处理、模型训练以及改变行业和社会互动的实际应用的复杂性。

本章的写作动机源于对自然语言处理和大语言模型技术发展速度的敏锐认识，以及它们对我们数字社会结构产生的多方面影响的思考。当我们探索这些先进模型的复杂性及其引发的趋势时，寻求那些走在创新、研究和道德思考前沿的人的指导至关重要。与不同领域（法律、研究和行政）专家的对话，可以帮助我们理解大语言模型与专业实践的各个方面的相交方式，了解未来轨迹的可能面貌。

本章讨论的主题反映了一些更广泛的主题，更深入地探讨大语言模型所面临的具体挑战和机遇。从减轻数据集中的偏见到协调开放研究与隐私保护问题，从人工智能兴起后的组织重构到大语言模型内部学习范式的演变，本章的每个讨论都是拼图的一部分，将它们合起来就全面描绘了当前状态和未来道路。

本章包含以下主题：
- 专家介绍
- 我们的问题和专家的回答

11.1 专家介绍

让我们先来认识一下参与本章讨论的各位专家。

11.1.1 Nitzan Mekel-Bobrov 博士

Nitzan Mekel-Bobrov 是 eBay 的首席人工智能官（CAIO），负责全公司的人工智能和技术创新战略。Nitzan 是一名受过培训的研发科学家，他的职业生涯一直致力于开发机器智能系统,并将其直接集成到关键任务产品中。

Nitzan 曾领导过多个行业企业的人工智能组织,包括医疗保健、金融服务和电子商务等。他是一位业界思想领袖,通过大规模的实时人工智能带来变革性影响,改变了公司的商业模式和对客户的核心价值主张。

Nitzan 获得了芝加哥大学的博士学位,目前居住在纽约市,担任 eBay NYC 的总经理。

11.1.2　David Sontag 博士

David Sontag 是麻省理工学院电气工程与计算机科学教授,隶属于医学工程与科学研究所以及计算机科学与人工智能实验室。他的研究重点是推进机器学习和人工智能,并利用它们改变医疗保健模式。此前,他是纽约大学计算机科学和数据科学助理教授,隶属于计算机智能、学习、视觉和机器人(Computer Intelligence, Learning, Vision, and Robotics,CILVR)实验室。他还是 Layer Health 的联合创始人兼首席执行官。

11.1.3　John D. Halamka 医学博士和理学硕士

John D. Halamka 医学博士和理学硕士是梅奥诊所平台(Mayo Clinic Platform)总裁,他领导了一项变革性的数字健康计划,该计划在 2023 年影响了约 4500 万人。他在医疗信息战略和急诊医学领域拥有 40 多年的经验,曾服务于贝斯以色列女执事医疗中心(Beth Israel Deaconess Medical Center,BIDMC),后者位于美国马萨诸塞州波士顿,是哈佛医学院主要的教学医院之一。他还曾为从乔治·布什到巴拉克·奥巴马的历届政府提供咨询,并担任过哈佛医学院教授。

Halamka 是斯坦福大学、加州大学旧金山分校和加州大学伯克利分校的校友,也是梅奥诊所医学与科学学院的急诊医学教授。他著有 15 本图书和数百篇文章,并于 2020 年当选为美国国家医学院院士。

11.1.4　Xavier Amatriain 博士

Xavier Amatriain 最近担任了 LinkedIn 的 AI 产品战略副总裁,领导全公司从平台和基础设施到产品功能的生成式 AI 工作。他还是 Curai Health 的董事会成员,Curai Health 是一家医疗保健/AI 初创公司,他是联合创始人并担任首席技术官,任期至 2022 年。在此之前,他领导过 Quora 的工程工作,并担任过 Netflix 的研究/工程总监,在该公司他创立并领导算法团队,构建了著名的 Netflix 推荐系统。

Xavier 的职业生涯从学术界和行业界的研究员开始。他发表了 100 多篇研究论文（获得 6000 多次引用），以其在人工智能和机器学习方面的工作（尤其是推荐系统）而闻名。

11.1.5　Melanie Garson 博士

Melanie Garson 博士是英国托尼·布莱尔研究所网络政策与技术地缘政治负责人，她深入研究网络政策、地缘政治人工智能、计算和互联网、科技公司作为地缘政治参与者的崛起、数据治理，另外还从事有关颠覆性技术、外交政策、国防和外交的交汇性研究。在伦敦大学学院，她是一名副教授，教授新兴技术对冲突、谈判和技术外交的影响。

Melanie 经常在国际论坛和媒体上发表演讲，她曾是富而德律师事务所（Freshfields Bruckhaus Deringer）的认证调解员和律师。她拥有伦敦大学学院的博士学位和弗莱彻法律与外交学院（The Fletcher School of Law and Diplomacy）的硕士学位。

11.2　我们的问题和专家的回答

我们有机会向这些经验丰富的人士请教，了解他们的职业生涯与人工智能和大语言模型的交集。我们针对每个人量身定制了问题，以便他们充分阐释自己的见解和观点。我们发现这些讨论很有价值，对任何阅读本书的人来说都颇有启发。

让我们开始吧。

11.2.1　Nitzan Mekel-Bobrov 博士

Nitzan 带来了 CAIO 的观点，他和 eBay 都在试图发掘 AI 和大语言模型带来的巨大潜力。他分享了 CAIO 必须解决的问题和做出的抉择。

让我们来看一下这些问题和回答。

1. 大语言模型的未来——混合学习范式：鉴于学习方案的不断发展，您认为在大语言模型中结合不同学习范式的下一个突破是什么

当思考大语言模型中结合不同学习范式的潜在突破时，我认为存在以下可能。

- 过渡到大型基础模型（large foundation model，LFM）：学习范式演变的下一步显然是转向完全多模态模型或 LFM。这些模型可同时集成和处理多种形式的数据（例如文本、图像、音频），提供更全面的理解并生成更贴近上下文的响应。预计这一转变的发生将先于当前模型底层架构的任何重大变化。
- 可扩展性和模型大小优化：部署大语言模型的主要挑战之一是可扩展性。未来的发展可能会侧重于创建规模显著减小同时又保持高性能的模型。这涉及减少超参数的数量并优化模型以使用更少的计算资源高效工作。
- 实时模型分类：实时为每个特定提示选择最佳模型的能力预计将成为一个重要改进领域。这涉及优化给定的约束，例如计算资源、响应时间或性能。它允许根据手头的任务动态选择最合适的模型，而不是仅仅依赖于可用的最大模型。
- 通过多个大语言模型缓解出现幻觉的问题：模型的通用性越强，产生幻觉（不准确或捏造的信息）的风险就越高。要缓解此问题，一个比较有效的方法是使用多个大语言模型，即同时使用多个大语言模型来检查彼此的答案以验证响应。这不仅可以提高准确率，还可以利用各种模型之间的协同效应，让每个模型都发挥专门的作用。
- 模仿人类能力以发挥广泛作用：要使大语言模型具有广泛用途，它们需要更接近地模仿人类智能。这不仅包括生成准确的信息，还包括以更贴近上下文的方式进行推理，而不仅仅是二元真/假输出。向能够理解和解释类似于人类思维过程的复杂模糊逻辑的模型发展是未来突破的关键领域。

这些想法指向的未来是，人工智能模型不仅更加高效和可扩展，而且更加智能，能够进行细致入微的理解和推理。对多模态性、可扩展性、实时优化和增强推理能力的重视，凸显了人工智能朝着更全面、更像人类的智能和实用性方向发展的趋势。

2. 在同时使用多个大语言模型的情况下，如何优化这些"专家"模型之间的协同，实现更优化、更全面的输出

使用多个大语言模型不仅仅是相互验证和减少幻觉那么简单。一个更开阔的思路是，可以利用多个大语言模型来回答问题或创建复杂的解决方案。

有人将此方法称为 K-LLM。其中一种方案是，每个模型检查彼此的答案以验证响应；还有一种方案则是为它们分配角色，每个角色都有其特定的专业（例如，产品经理、设计师、前端工程师、后端工程师和 QA 工程师），然后由这些模型对解决方案进行迭代，形成一个专家团队。这样做还有一个好处是可以使用更小、更专业的大语言模型，因此训练起来成本更低、处理速度更快、计算要求更小。

3. 随着首席人工智能官被纳入企业高管层级，您认为在弥合人工智能潜力与实际商业应用之间的差距方面，企业将面临哪些独特挑战，CAIO 的角色应如何演变以满足这些挑战

作为首席人工智能官，我的职责包括引导人工智能在我们组织内各个领域产生的广泛影响。以下是我最关注的一些领域。

- **人工智能影响的广度**：人工智能在大型企业的各个领域都具有广泛的影响力，这要求 CAIO 深入了解后台和前台的需求。这需要整个公司的广泛参与，以发现并优先考虑让人工智能发挥变革性影响的机会。
- **工作的优先事项排序**：由于不太可能参与大型企业的每个方面，因此 CAIO 职位需要思考自己工作的优先事项。这涉及利用有限的数据做出决策，确定投资回报最大的领域，借鉴其他公司的经验，以及了解企业内部运作，以衡量人工智能可以在哪些方面产生重大影响。
- **快速产生影响的压力**：对于 CAIO 来说，在现有技术、流程和人员限制下，迅速产生切实成果的压力非常大。在不彻底改变现有流程的情况下，将人工智能创新融入当前生态系统是一项巨大的挑战。

4. 作为关于 CAIO 角色问题的延续，您能否告诉我有关监管方面的情况以及 CAIO 的角色如何满足这些要求

在监管方面，我花了大量时间与我们的法律团队、法律法规事务主管和信息安全人员进行讨论。人工智能监管当前的格局在很大程度上还是一个空白领域，这意味着需要在先例稀少的情况下制定指导方针和护栏。理想情况下，我会寻求建立明确的准则，但一般来说，制定这些准则需要合作努力。这样的持续努力侧重于管理风险、保护我们的客户和推进创新，同时最大限度地降低风险敞口。

我们设立了负责任人工智能办公室（Office of Responsible AI，ORA），其任务是定义人工智能应用的适当业务环境。这项工作的大部分内容涉及超越单纯的法律合规性的道德考量，特别是因为法律法规往往针对高风险领域。当然，大约 90% 的典型公司运营不属于这些高风险类别，这使我们处于监管的灰色地带。在这种情况下，道德判断变得至关重要。虽然我支持新兴的全球法律法规，但我认识到它们提供的只是一个框架，而不是一个完整的解决方案。这些法律法规主要关注高风险领域，仍然需要在日常运营中细化应用。

从本质上讲，首席人工智能官的职责要求是综合平衡技术专业、道德远见和战略规划。这要求我们负责任地利用人工智能的潜力，有效地驾驭人工智能在整个业务中的广泛适用性以及不断变化的人工智能道德和法律法规格局。

5. 基础模型和主要科技公司对开源的策略如何影响数据所有权及其对企业的价值

作为首席人工智能官，我经常需要思考专有数据所有权在当前由人工智能驱动的商业模式中不断变化的意义。一方面，基础模型正在使人工智能民主化，大大降低了缺乏大量专有数据集的公司的进入门槛。这些模型提供的性能似乎与使用专有数据进行训练的模型

一样强大。这一趋势可能表明,拥有独特数据集的价值可能正在降低,因为强大的人工智能功能可供更广泛的没有大量数据资产的实体使用。

当然,现在的情况有点微妙。我们正目睹微调和额外预训练等技术的兴起,这些技术可以根据特定需求定制这些通用模型,巧妙地恢复了独特数据的重要性。这种定制能力暗示着数据所有权可能会演变而不是减弱,成为新的竞争优势或进入壁垒。

此外,Meta 等大型公司将 AI 解决方案开源的战略重点并非纯粹出于利他主义,而是旨在打破现状,挑战微软和谷歌等巨头的主导地位。这种开源举措正在重塑行业,迫使这些巨头围绕其模型建立更全面的、面向企业的生态系统,以增强其产品。最终的价值主张不再仅仅是模型本身,而是整个套件——支持它们的生态系统,使它们对企业应用更具吸引力。

在此过程中,监管机构的作用以及国际上对数据隐私和共享的不同立场开始发挥作用,可能会将市场引向不同的方向。这创造了一个复杂的环境,企业不仅必须应对技术进步,还必须应对可能影响数据所有权战略价值的监管环境。

总之,虽然通过基础模型和开源计划实现的人工智能民主化挑战了传统的数据所有权观念,但同时也为竞争差异化开辟了新途径。企业必须保持敏捷思维,根据这些发展重新评估其数据战略,以有效利用人工智能,同时应对这一不断变化的环境中的监管和战略差别。

11.2.2 David Sontag

David 拥有丰富的学术研究经验,并注重将研究成果与行业参与和合作相结合。在本小节中,他分享了他对大语言模型一些新兴发展的见解。

让我们来看一下这些问题和回答。

1. 我们需要创建更加公平和无偏见的数据集,您认为什么策略最能有效识别和减轻大型数据集内的隐性偏见

在医疗保健领域,机器学习的应用已不仅限于预测分析,还有助于从根本上改变患者护理和治疗结果。这一领域的复杂性在于,需要捕捉影响健康的细微社会决定因素(例如生活条件、食品安全和心理状态等变量),这些因素对健康结果有重大影响。但是,当前的数据收集和模型训练往往忽视了患者生活中这些关键但难以量化的方面,导致机器学习预测的个性化应用存在差距。

一个主要问题源于对数据集中替代物或代理物的依赖,而这些替代物或代理物无法完全囊括个人的复杂性。这种依赖可能会掩盖每个患者固有的细微差别,从而削弱机器学习在医疗保健环境中产生有意义变化的潜力。

数据模型的训练依据与它们所应用的现实环境之间的差异进一步加剧了这个问题。例如，在通用文本数据上训练的大语言模型不会考虑实际应用的丰富背景，例如根据个人社交情况量身定制医疗保健建议。

这种脱节不仅妨碍了模型在提供相关见解方面的实用性，而且还引入了意想不到的偏见。当模型缺乏背景知识或不了解其训练数据的局限性时，就会出现这些偏见，从而将广义的预测错误地应用于个别案例。

要解决这一问题，需要共同努力，丰富数据收集流程，以更全面地了解患者的社会决定因素，并确保模型能够有效地解释和应用这些信息。

为了减轻大型数据集中的隐性偏见并朝着更公平的机器学习模型迈进，必须采取一种多方面的方法，重点关注数据收集、分析和模型优化。

关键策略是，将歧视指标分解为偏见、方差和噪声（即，搞清楚"为什么模型会具有歧视性？"）以识别不公平的具体来源，强调具有丰富背景知识且大小合适的训练样本在提高公平性和准确率方面的关键作用。

此外，通过增加更具代表性的样本和相关变量来扩充数据集，可以解决不同群体之间预测性能差异的问题（例如，思考"机器学习中可能存在的偏见以及健康保险公司解决这一问题的机会"）。实施这些策略需要对模型输出和影响进行严格、持续的评估，确保它们不会延续现有的偏见或引入新的偏见。

通过行业协作努力实现算法的警惕性、敏感数据的道德使用以及在模型开发过程中纳入不同的观点也是至关重要的。通过将公平性作为模型准确率和实用性评估的基本因素，即可利用机器学习提供跨领域的更公正和更公平的结果。

总之，在深入研究创建公平和无偏见数据集的策略（如前文所述）之前，必须认识到机器学习在医疗保健领域面临的基本挑战。这些挑战包括：需要更深入地了解患者的社会决定因素，以及必须弥合数据模型的训练内容与部署环境之间的差距。解决这些问题是充分利用机器学习技术改善医疗保健结果并确保机器学习创新对患者护理事业做出积极和公平贡献的先决条件。

2. 您如何看待自然语言处理技术的发展和增强其实用性与公平性策略的演变？您设想的在大语言模型中结合不同学习范式的下一个突破是什么

随着自然语言处理技术的不断发展，增强其实用性和公平性的策略也在不断进步，尤其是在麻省理工学院 David Sontag 团队领导的工作中。David 分享了他们在实验室中领导的 3 项研究进展。

（1）透明度：该研究的基石是开发有效的方法，为自然语言处理模型输出的每条信息提供全面的归因。这涉及追溯训练数据以识别影响模型预测的来源。这种方法不仅增强了自然语言处理应用程序的可信度和可靠性，还使用户能够验证呈现给他们的信息的来源。通过实现从输出到输入的清晰追溯，用户可以了解模型决策背后的原理，从而增强对自然语言处理系统的信任。

（2）将通用大语言模型用于特定领域：该团队正在探索创新方法，使通用大语言模型（如 GPT-4）适应专业领域，而无须进行大量的再训练或微调。这是通过一种允许这些模型协作的方法实现的，利用它们的通用能力以及具有特定领域知识（如医学）的模型来提供更准确、更相关的输出。

这一策略标志着更灵活、更有效地利用现有的自然语言处理资源，确保该领域的进步可以很容易地应用于各种专业环境，而不会产生过高的成本或时间延迟。

需要说明的是，该策略其实是我们已经介绍过的两个用例之一，这两个用例都与同时使用多个大语言模型相关。

第一个是 K-LLM 方案（在 11.2.1 节的问题 2 中对此也有介绍），其中多个模型在模拟专家委员会的环境中相互协作。每个模型都有自己的角色（例如，软件开发人员与 QA 工程师合作，或项目经理与设计师合作），他们轮流完善最终输出。在这里，每个角色都可以由同一个模型扮演。例如，每个角色都可以由 OpenAI 的 GPT 表示，或者可以由不同的模型承担不同的角色，其中每个模型所承担的角色是根据模型的优势和劣势来选择的。

第二种方案是使用若干种不同的模型，每种模型都有自己的优点和缺点（例如，一种模型运行速度很快，但不会产生高质量的见解；另一种模型速度很慢，但非常精确），并且将根据输出优化决策过程来选择能很好地适应给定约束条件的"正确"模型。例如，如果只是需要对给定的一些句子进行二元"是/否"推理，则选择使用简单的大语言模型即可，而需要执行法律判断任务时，则有必要选择最新的 GPT 版本。

（3）高效微调大语言模型：他们研究的另一个重点是解决如何以数据和计算效率兼具的方式对大语言模型进行微调的问题。这涉及确定大语言模型架构中需要调整的最有影响力的超参数，确定哪些应该保持不变，哪些应该调整以使模型适应特定需求。这里的目标是在针对特定应用进行优化的同时保持原始模型的完整性和强度，从而以最少的资源支出将大语言模型的实用性扩展到各个领域。

这些进步凸显了研究人员对提高自然语言处理技术的灵活性、透明度和适用性的更广泛承诺。David Sontag 在麻省理工学院的研究正是专注于这些关键领域，旨在推动该领域的健康发展，确保自然语言处理工具不仅功能更强大，而且对各个领域的用户来说更易使用和理解、更合乎道德。这种方法符合学术和实践两方面的最高标准，有望塑造医疗保健和其他领域的下一代自然语言处理应用。

3. 我们正在见证有关人工智能的法律法规在训练数据和模型使用方面的不断发展。在受监管的环境下，这对大语言模型的未来发展有何影响

人工智能技术和应用的监管环境不断演变对大语言模型的未来发展产生了重大影响。随着监管不断进步，重点关注人工智能安全（包括对国家安全威胁和人工智能的道德使用的担忧），大语言模型的开发和部署框架正在重塑。

（1）不断演变的法律法规：人工智能的监管将不断加强，强调人工智能技术应用中安全性和适当性的重要性。这种不断演变的监管环境需要开发者采取积极主动的合规方法，也就是说，大语言模型的开发人员必须确保他们的模型不仅有效，而且还符合新兴的法律和道德标准。这些法律法规旨在减轻与人工智能相关的风险，引导行业走向负责任的创新。

（2）数据和模型的质量：业界和学术界都在积极提高用于训练模型的数据的质量。这种对质量的追求是开发更准确、更可靠的大语言模型的基础，因为模型可以从精心策划且具有代表性的数据中受益。

研究表明，数据使用效率具有潜力，选择"正确"的数据可以大大减少对大型数据集的需求，而不会损害模型的性能。这种效率不仅符合监管机构对透明度和问责制的要求，而且还为更可持续的模型开发流程开辟了道路。

（3）元数据和模型监控：将元数据纳入训练过程代表着大语言模型向更高的责任制和可解释性转变的关键。通过将详细的元数据附加到模型训练中使用的数据点上，开发人员可以提供清晰的审计线索，阐明模型如何得出结论。

此功能对于监控模型性能和确保大语言模型在道德和法律界限内运行至关重要。它还反映了行业更广泛地采用机器学习可解释性方法的趋势，这使得利益相关者能够审查和了解大语言模型的决策过程。

David Sontag 的见解预测了这些发展，强调了未来大语言模型不仅技术先进，而且需要考虑道德伦理并符合监管规定。这一发展确保了随着大语言模型越来越深入各个领域，它们会以优先考虑安全、公平和透明的方式进行。这种方法不仅符合学术上的最高标准，而且还将使大语言模型能够对社会产生积极和负责任的影响。

11.2.3 John D. Halamka

John 主要谈论的是执行层面的东西。他提出了一系列见解和行动，公司和组织可以采用这些见解和行动，以便在高度受监控和负责任的方向上推动人工智能技术的进步。

让我们来看一下这些问题和回答。

1. 梅奥诊所如何制定政策来协调自然语言处理中开放的可重复研究需求与严格的隐私保护之间的关系？它将如何应对复杂的国际法律法规监管格局

为了兼顾自然语言处理中开放的可重复研究的需求和严格保护个人隐私的需要，梅奥诊所平台（Mayo Clinic Platform）首创了"玻璃背后的数据"（Data Behind Glass）模型，提供了一种令人信服的解决方案。该模型代表了敏感健康数据处理方式的范式转变，体现了一种以平台为中心的方法，可在确保数据质量的同时保证合规性。最重要的是，在整个数据生命周期中维护患者的信任。

从本质上讲，Mayo Clinic Platform Connect 是一个分布式数据网络，发挥了联合架构的功用。在这个网络中，合作伙伴可以贡献他们独特的数据集，同时严格控制他们的数据，保护组织 IT 边界内的隐私和机密性。这种联合方法为数据共享与利用提供了一个协作且安全的环境。

Data Behind Glass 模型成功的关键在于细致的数据去标识化过程。通过采用符合隐私法律法规的业界认可的统计方法，数据被匿名化，确保在保护个人隐私的同时保留数据对研发的价值。该模型使用了哈希、统一日期转换和标记化等技术来混淆数据，便于其在联合学习中使用，同时又不损害患者隐私。

此外，Connect 所秉承的安全设计理念确保数据和知识产权（intellectual property，IP）仍处于各自所有者的控制之下，只有获得授权后才能访问。这种方法不仅可以保护隐私，还可以让梅奥诊所平台的客户在去识别之后的数据队列上开发、训练和验证算法，以此来促进创新。严格的控制（包括代码存储库审查）、严密的访问管理以及禁止数据导入和导出，进一步加强了平台对隐私和安全的承诺。

Data Behind Glass 模型具有独特的优势，可以应对不断变化的监管环境。随着国际监管机构加强对人工智能和机器学习应用的审查，梅奥诊所平台的适应性框架旨在应对全球隐私法律法规的复杂组合。无论是欧盟的《通用数据保护条例》（GDPR）、巴西的《通用数据保护法》（General Data Protection Law，LGPD），还是中国的安全和隐私法律法规，该模型都能确保合规性，同时实现全球协作。

总之，Data Behind Glass 模型为自然语言处理社区提供了一条可行的途径，以实现促进开放研究和保护隐私的双重目标。通过去识别、安全保护和联合数据，梅奥诊所平台在不损害患者隐私的情况下实现了其使用的民主化，在透明度和隐私之间的平衡至关重要的时代为负责任的数据处理树立了先例。该模型体现了技术创新与对道德标准的坚定承诺，为医疗保健和其他领域的变革性进步铺平了道路，确保在数字健康计划的最前沿，维护患者信任仍然处于最重要的位置。

2. 目前这种监管环境对于大语言模型的未来发展有何影响

让我们首先来看一个由健康人工智能联盟（The Coalition of Health AI，CHAI™）发布的指南，该指南旨在促进医疗保健领域有关使用大语言模型和人工智能的政策制定工作。

CHAI 在其网站上讨论了以下举措：

"健康人工智能联盟（CHAI™）正在努力制定指导方针，通过采用可信、公平和透明的健康人工智能系统来推动高质量的医疗保健。我们为医疗保健提供了一份值得信赖的人工智能实施指导和保证蓝图草案，供公众审查和评论。"

CHAI 组织的网址如下：

```
https://coalitionforhealthai.org/
```

CHAI 通过制定采用可信、公平和透明的医疗 AI 系统的指南，为医疗保健行业做出了贡献。它为可信 AI 实施和保证起草的蓝图强调了与美国国家标准与技术研究所（National Institute of Standards and Technology，NIST，隶属于美国商务部）的 AI 风险管理框架保持一致的重要性，并将这些概念扩展到医疗保健领域。

其主要贡献如下。

- 框架协调：构建与 NIST 定义平行的指导，重点关注验证、可靠性以及人工智能风险管理的映射、测量、管理和治理功能。
- 可信要素：在人工智能设计、开发和部署中强调专业责任和社会责任，以积极和可持续地影响社会。
- 医疗保健中的实用性：倡导人工智能算法不仅有效可靠，而且对患者和医疗保健服务有用且有益，需要临床验证和持续监测。
- 验证和可靠性：强调软件验证在受监管的人工智能/机器学习技术中的重要性，这些技术包括软件即医疗设备（Software as a Medical Device，SaMD），并确保人工智能系统的准确性、可操作性和预期用途。
- 可重复性和可靠性：解决人工智能/机器学习对硬件和软件变化的敏感性，强调整个医疗保健环境中可靠性和可重复性的需求。
- 监测和测试：倡导对人工智能工具进行持续监测和测试，以确保可靠性，检测输入数据或工具输出的变化，并保持人机协作的质量。
- 可用性和效益：将可用性定义为依赖于模型的上下文、最终用户的观点、简单性和工作流集成，并衡量算法对预期结果的影响。
- 安全措施：确保人工智能系统不会对人类的生命、健康、财产或环境构成风险，重点是防止出现比现状更糟糕的结果。

- 问责制（accountability）和透明度：强调可审计性的重要性，尽量减少危害，报告负面影响，并明确设计权衡和补救机会。
- 可理解性（interpretability）和可解释性（explainability）：人工智能系统在操作上应该具有可理解性，而在输出上则应该具有可解释性，这对于建立用户对健康人工智能的信任至关重要。
- 公平和偏见管理：解决特定群体的差异性表现或结果，并确保人工智能不会加剧偏见或具有产生不公平结果的风险。
- 安全性和弹性：强调人工智能系统需要抵御不利事件，维持功能，并且确保机密性、完整性和可用性。
- 隐私增强：遵守医疗保健领域隐私的既定标准，例如美国《健康保险流通与责任法案》（Health Insurance Portability and Accountability Act，HIPAA），同时适应其他司法管辖区的规则，例如欧盟的《通用数据保护条例》（GDPR）。

💡 提示

可理解性可以被认为是可解释性的更强版本。可理解性为模型的预测提供了基于因果关系的理解，而可解释性则用于解释黑盒模型所做的预测，至于模型为什么做出这些预测则是人类不可理解的。

CHAI 的努力旨在确保医疗保健领域的人工智能系统以符合道德标准、加强患者护理和维护公众信任的方式开发和部署。

3. 人工智能驱动的组织结构——您预测人工智能将以哪些方式继续重塑公司的组织结构，以最大限度地发挥人工智能的优势

"人工智能确实重塑了公司。特别是在梅奥诊所，我们问自己一个问题，我们应该将人工智能工作集中化，还是在组织内分散化？我观察到许多采用不同方法的案例。在梅奥，我们的方法是将绝大多数人工智能工作分散化，只将数据治理和决策工作集中化。这使我们能够毫无顾虑地进行创新。"

让我们看看这种工作模式的一些主要优点。

（1）去中心化 AI 带来的优势。

- 增强创新和敏捷性：通过分散人工智能工作，诸如梅奥诊所之类的组织营造了一种环境，各个部门可以根据自己的特定需求和挑战进行创新并应用 AI 解决方案。这种灵活性可以更快地适应和实施 AI 技术。
- 赋能和所有权：去中心化 AI 赋予各个团队和部门自主探索人工智能应用和解决方案的权力。这种所有权意识可以推动团队更多地参与并提高团队的积极性，从

而带来创新解决方案并改善运营。
- 多样化的应用和解决方案：分散式方法可以在组织的不同方面更广泛地探索人工智能应用。不同的部门可以尝试使用人工智能解决各种各样的问题，从而产生一系列针对不同组织需求的人工智能驱动的解决方案和应用程序。
- 快速实验和学习：通过去中心化 AI，团队可以快速测试、学习和迭代 AI 项目，而不受集中决策的瓶颈限制。这种快速实验可以更快地发现新事物，并更有效地从成功和失败中学习。

（2）集中进行数据治理的优势。
- 数据安全和隐私：集中进行数据治理可确保组织制定一致的策略和协议来保护敏感信息并遵守与隐私相关的法律法规。这对于医疗保健和其他特别需要保护数据隐私的行业来说至关重要。
- 数据质量和完整性：集中式数据治理方法有助于维护整个组织的高数据质量和完整性。通过制定统一的标准和策略，组织可以确保 AI 模型在准确、干净和可靠的数据上进行训练。
- 高效的资源管理：集中式数据治理可以更有效地管理数据资源，避免重复，并确保整个组织的数据资产得到最佳利用。这不但可以节省成本，而且还可以更有效地利用数据存储和计算资源。
- 合规性：通过集中数据治理，组织可以更有效地确保遵守不断变化的法律法规要求。统一的数据策略制定方法可以帮助驾驭复杂的法律环境并降低不合规风险。

总之，通过采用分散人工智能工作、集中进行数据治理和决策的模式，梅奥诊所等组织可以促进 AI 应用的创新和适应性，同时确保数据的安全、质量和合规性。这种平衡的方法可以实现"无忧创新"，从而以负责任和有效的方式探索和实施 AI 解决方案。

4. 过度授权的道德问题和应对策略——随着人工智能不断渗透到日常决策过程中，您认为应该采取哪些策略来防止过度依赖人工智能系统，并保持人类批判性思维和自主性的健康水平

美国医保与医助服务中心（Centers for Medicare & Medicaid Services，CMS）拟定的规则在有关人工智能的作用方面提供了很好的指导。John 解释说："该提案称，所有人工智能都应该只是增强而不是取代人类的决策能力。"

我们深入研究了美国医保与医助服务中心提案的在线版本，其网址如下：

https://www.govinfo.gov/content/pkg/FR-2022-08-04/pdf/2022-16217.pdf

特别是，我们重点关注了第 47 880 页的 Use of Clinical Algorithms in Decision_Making

(§92.210)（临床算法在决策中的应用）部分，并得出了以下结论。

- 通过临床算法实现非歧视：CMS 强调临床算法不应导致基于种族、肤色、国籍、性别、年龄或残疾的歧视。临床算法的使用不应被禁止，但应受到监控以防止出现歧视性结果。
- 增强，而不是替代：CMS 建议临床算法应该只是增强而不是替代人类的临床判断。过度依赖算法而不考虑其潜在的歧视性影响可能会违反现有法律法规。
- 基于临床算法的决策的责任：虽然实体无须对其未参与开发的算法负责，但如果这些决策导致歧视，则它们可能要对基于此类算法做出的决策负责。
- 意识到可能存在算法偏见：CMS 强调临床算法中普遍存在"种族矫正"或"种族规范"做法，这可能导致基于种族或民族的歧视性待遇。他们提倡使用没有已知偏见的更新工具。
- 适当使用种族和民族变量：虽然种族和民族变量在某些情况下可以用来解决健康差异问题，但 CMS 警告不要以任何可能导致歧视的方式使用它们。
- 对残疾和年龄的担忧：算法也可能歧视残疾人和老年人，尤其是在公共卫生紧急情况下的危机护理标准和资源分配决策中。
- 拟议规则§92.210：这项新规定明确禁止通过使用临床算法进行歧视，旨在确保这些工具不会取代临床判断或导致歧视性结果。
- 指导和技术援助：CMS 表示致力于提供技术援助以支持遵守民权义务，并就条款的范围、缓解措施和所需的技术援助类型征求意见。

总之，CMS 的方法强调，在利用人工智能改善医疗保健的同时，应确保这些工具不会破坏人类判断或延续歧视。他们提出了规则并向社会广泛征求意见，反映了他们为人工智能在医疗保健决策中的作用制定相应指导方针的持续努力。

11.2.4　Xavier Amatriain

让我们来看一下 Xavier Amatriain 对于以下类似问题的回答。

1. 大语言模型的未来——混合学习范式：鉴于学习方案的不断发展，您认为在大语言模型中结合不同学习范式的下一个突破是什么

需要牢记的最重要的一点是，我们在大语言模型研究领域还处于非常早期的阶段，这是一个快速发展的领域。虽然基于注意力机制的 Transformer 已经让我们走得很远，但许多其他方法也有很大的发展空间。例如，在预训练方面，现在有很多有趣的后注意力（post-attention）方法研究，例如结构化状态空间模型（Structured State Space Models，SSM 或 S4）。

同样，混合专家（MoE）模型虽然并不新鲜，但最近证明了它们拥有惊人的能力，能够推出效率极高的小型模型，例如 Mistral AI 的 Mixtral。而且这还只是在预训练领域。对于对齐问题，我们已经看到诸如直接偏好（Direct Preference，DP）或 Kahneman Tversky（KT）之类的方法很快就显示出很大的希望。更不用说使用自我对弈作为改进和对齐的机制了。

我在这里要传达的主要信息是，我们应该坚持下去，并期待未来几年大量创新的快速到来。我认为几年后，当我们回首往事时，会觉得 GPT4 架构是一种过时且完全低效的东西。非常重要的是，其中一些改进将使大语言模型的准确性更高，在成本和规模方面也更加高效，因此我们应该期待在手机上运行类似 GPT4 的模型。

2. **大语言模型的未来——在集成方法中使用专业大语言模型：以 K-LLM 方法为例，它可以发挥多个大语言模型的互补优势，在选择和组合大语言模型来解决复杂任务时，您认为应该遵循哪些具体标准**

在大语言模型的背景下，有许多方法和场合都可以使用集成技术。选择和组合这些技术的标准取决于具体用途以及组合发生的位置。

以下是组合大语言模型有用的 3 个场合。

（1）在预训练阶段，混合专家就是一种很有效的集成形式，它可以将不同的深度神经网络组合在一起以改善输出。选择和权衡不同专家（即模型）的权重是在预训练期间学习的。重要的是，其中一些权重为零，这使得推理更加高效，因为并非所有任务都需要所有专家。

（2）另一种将不同的大语言模型结合起来的方法是在知识蒸馏（distillation）阶段。在某些方法中，例如教师/学生蒸馏（teacher/student distillation）中，大语言模型可用于生成数据，然后训练更小或更具体的模型。在学生模型的训练阶段，则会学习每个大语言模型的选择和权重。

（3）最后，我们可以将每个大语言模型实例视为一个代理，从而在应用层组合大语言模型。这引出了多代理系统的概念，由大语言模型驱动的、专门用于某项任务的代理将组合起来，以完成更复杂的任务。

3. **人工智能驱动的组织结构——您预测人工智能将以哪些方式继续重塑企业内部运营，企业应如何准备调整其组织结构，以最大限度地发挥人工智能的优势，特别是在决策和运营效率方面**

生成式 AI 将彻底改变组织的各个方面。我强烈预测人工智能将成为组织的另一个成员。例如，软件工程师将在日常工作中与 AI 模型（或多个 AI 代理）合作，这将使他们的效率提高 10 倍甚至 100 倍。

当然，这种革命性力量将改变我们组织团队、聘用人员或评估其绩效的方式。我认为，我们必须为即将到来的世界做好准备，在这个世界中，组织中每个人的一项重要技能就是与人工智能协作的能力。

11.2.5 Melanie Garson

Melanie 在法律和监管领域拥有丰富的工作经验。随着人工智能和大语言模型的发展，监管部门越来越需要制定相应的法律政策和指导方针，此类主题专业知识的价值正变得越来越清晰和重要。

让我们来看一下 Melanie Garson 对于以下问题的回答。

1. 本书的主要读者是机器学习和人工智能领域的技术从业者，您认为了解各种法律法规和监管方面的知识会给他们带来什么价值

了解与人工智能相关的地缘政治格局，包括监管、法律和风险考虑因素，对于技术从业者（包括开发人员和主题专家等）来说至关重要。在人工智能领域，当公司进行战略和政策讨论时，让精通技术的个体参与这些对话是必不可少的。决策者越来越认识到技术视角在谈判桌上的价值，因为这样可以确保决策周全，并考虑到技术的可能性和局限性。

知识渊博的技术专业人员可以有效地传达他们的见解，弥合技术潜力与高管愿景之间的差距。这种能力不仅可以增强决策过程，还可以确保战略稳健、合规并了解不断变化的人工智能监管环境。

此外，随着组织努力使其运营符合监管要求并降低潜在风险，它们可能会建立专门的团队，负责开发和实施符合这些新战略方向的技术解决方案。熟悉影响人工智能行业的法律法规和监管动态的技术专家将发现自己具有显著优势，可以为这些团队做出有意义的贡献。他们的专业知识不仅使他们成为宝贵的成员，而且还将使他们为担任这些战略计划中的领导角色做好准备，从而在严格监管的全球市场中推动合规、创新和竞争优势。

2. 从法律专家的角度来看，我们如何对与人工智能技术的蓬勃发展相关的各种风险进行分类

从法律角度来看，人工智能技术的快速发展带来了一系列风险，这些风险可分为若干类，每一类都有其独特的挑战和影响。

这些风险包括以下类别。

- 技术风险：这些风险源自人工智能算法的固有缺陷，例如招聘流程中的偏见或针对意外有害结果进行优化的系统。

  一个比较有名的例子是谷歌的 Gemini，它被发现生成了不准确的历史图像。

Gemini 创造了各种各样的历史人物形象，它所描绘的人物的性别和种族与历史事实完全相悖。
- 道德风险：人工智能技术的道德考量至关重要，尤其是涉及面部识别等技术时，因为这些技术对个人隐私构成重大威胁。

  此外，大型数据集对人工智能模型的训练做出了重要贡献，手动标注数据也被认为是一项工作量极大、过程极其枯燥且耗时的过程，但是不少数据标注公司却被传出对数据标注师个体进行压榨和剥削的丑闻。
- 社会风险：人工智能传播虚假信息或侵蚀社会信任的能力体现了其社会风险。虚假信息的传播和可靠信息来源的破坏会对公众话语和社会凝聚力产生深远影响。
- 经济风险：人工智能的经济影响巨大，包括侵犯知识产权、可能增加市场集中度和失业率等。这些风险凸显了人工智能对竞争格局和劳动力市场的变革性影响。
- 安全风险：恶意行为者滥用人工智能是一个重大的安全隐患。这包括利用人工智能制造化学神经毒剂或进行数据提取攻击，大语言模型可能被用来访问私有个人信息，从而危及数据隐私和安全。
- 生存风险：也许最严重的风险还是超越人类智能的人工智能系统所带来的生存威胁。如果这些系统与人类价值观和目标不充分一致，那么它们可能会以对人类造成灾难性后果的方式追求其目标。

认识到这些风险的广度和深度对于国家、开发者和整个社会来说至关重要，人类必须确保以最大限度减少潜在危害的方式部署人工智能技术。这需要采取积极主动的治理、开发、实践和社会参与方式，以负责任的方式应对人工智能发展的复杂局面。

3. 如何指导人工智能和大语言模型的开发和部署，以减轻歧视和偏见等道德问题，并确保在决策过程中负责任地使用它们，特别是在高风险和受监管的行业

为了减轻人工智能开发和应用中的歧视和偏见等道德问题，并确保在决策过程中负责任地使用人工智能和大语言模型，特别是在高风险和受监管的行业，需要采取多方面的方法。这种方法应该解决人工智能系统融入商业和社会关键领域所带来的技术和社会挑战。以下战略可以指导人工智能系统的开发和部署。

- 发展重点转变：人工智能系统的设计应旨在增强而不是复制人类思维。这种重点转变有助于维持公众对人工智能的信任，确保人工智能系统只是支持和增强人类决策而不是取代人类决策。信任对于人工智能长期融入决策过程至关重要，而维持信任需要明确展示人工智能对人类能力的补充作用。
- 合规性和偏见缓解：遵守新出台的法律法规［例如 2024 年通过的《欧盟人工智能法案》（EU AI Act）］以及旨在限制高风险用例中偏见的商定标准至关重要。开发

人员还应注意偏见的更广泛影响，而不仅仅是法律法规合规性。我们应努力使数据集和算法多样化，以反映全球人口结构并减少固有偏见。

- 压力测试和安全措施：人工智能系统，尤其是大语言模型，应该经过严格的压力测试，以确保它们能够处理具有更确定性结果的高风险用例。应制定安全和缓解策略来应对潜在的人工智能故障，重点是防止可能产生广泛影响的灾难性"脆弱"故障。
- 人类监督：将人类纳入战略瓶颈环节，可以有效防止人工智能决策的意外后果。这一策略将确保人工智能系统持续受到人类判断的监控和指导，尤其是在人工智能决策产生重大影响的情况下。
- 构建人工智能基础设施：政府和组织应投资创建人工智能基础设施，以支持合乎道德和负责任地部署人工智能。这包括促进私营部门、学术界和政府之间的合作，为开发既创新又符合社会价值观的人工智能工具做出贡献。
- 技能和文化发展：在劳动群体中推广实验和安全使用人工智能技术的文化至关重要。这包括培训公务员和行业专家合乎道德地使用人工智能，包括了解其局限性和潜在偏见。
- 长期战略规划：建立长期机制来识别、试点和部署前沿人工智能应用至关重要。这一规划应考虑人工智能技术的道德伦理、社会和经济影响，以充分利用人工智能造福公众，同时最大限度地降低对公民和社会的风险。

通过采用这些策略，人工智能开发人员和政策制定者可以应对歧视和偏见的挑战，并确保人工智能和大语言模型得到负责任和有效的使用，特别是在那些影响深远和极具变革潜力的领域更应如此。

4. 人工智能从业者可以实施哪些策略来从传统角色转变为人机协作的人工智能团队，确保在工作场所整合人工智能的同时发展人类专业知识

对于人工智能从业者来说，要从传统角色过渡到人机协作团队，并确保在工作场所整合人工智能的同时发展人类专业知识，采取多方面的方法至关重要。此类策略包括以下内容。

- 开辟技能发展的新途径：要解决自动化带来的初级职位被取代的风险，就需要建立新的职业发展和专业发展途径。这涉及利用生成式人工智能（generative AI，GenAI）工具的潜力，同时探索人工智能对工作职能的更广泛影响。

正如斯坦福大学和麻省理工学院的研究证明的那样，有效利用生成式 AI 工具可以提高工人的生产力。同时，对工人的教育和培训计划也至关重要，这些计划将帮助工人做好准备，使他们可以胜任更高层次的分析工作，完成角色的转变，确

保中小企业随着人工智能的进步而发展。
- 促进对人工智能输出结果的批判性参与：为了抵消对人工智能和自动化的过度依赖，需要进行文化上的转变，鼓励员工批判性地评估人工智能决策。实施能够提供更高可解释性的系统（所谓"可解释性"，就是指需要清晰了解人工智能之所以做出某项决策的底层原因），从而让员工更好地理解或质疑 AI 做出的决定，有效地与人工智能工具合作。这确保了人类认知技能与人工智能能力的平衡整合，增强了决策过程和对人工智能应用的信任。
- 强化工作场所整合评估机制：将人工智能有效地整合到工作场所中，并不像创建一个基准数据集那样简单。它需要全面了解现实世界的工作流程和潜在的限制，制定管理特殊情况的策略。这意味着需要开发评估方法，评估人工智能系统如何在特定的操作环境中补充人类角色，充分认识到自动化可以处理任务，但并不能完全取代人类工作的复杂性。
- 促进人机协作：未来的商业需要采用一种人类与机器协作以实现共同目标的模式。这种方法强调两者的互补优势，利用人工智能提高效率和扩大规模，同时利用人类的专业知识实现创造性、考量道德和解决复杂问题。实现这种协同效应需要战略性组织规划、持续的学习机会，以及营造一种技术增强而不是取代人类贡献的环境。

通过解决这些关键问题，组织可以营造一种环境，让人工智能工具能够巧妙地融入工作场所。这将确保人类的专业知识不仅得到保留，而且还可增强，为未来人机协作团队以合乎道德的方式推动创新、提高生产力和实现可持续增长铺平了道路。

11.3 小　　结

本章我们有幸与各个领域的专家进行交流，了解了自然语言处理和大语言模型发展的动态。他们富有洞察力的见解阐明了大语言模型的复杂发展方向、法律法规因素、运营方法、监管影响和新兴能力等。通过他们的专业视角，我们看到了一些紧迫问题，例如创建公平的数据集、推进自然语言处理技术、在研究中引导隐私保护、围绕人工智能重构组织等。此外，他们还预测了一些学习范式的突破。

与这些杰出人物的对话强调了一个共同的主题：技术创新与道德、法律和组织因素的交集。当我们思考减轻数据集偏见的策略、展望混合学习范式的未来以及评估基础模型对数据所有权的影响时，很明显，自然语言处理和大语言模型的发展不仅仅是一次技术之旅，而是一次多学科的冒险，它促使我们深入思考这些进步的更广泛影响。

本章将各章讨论的广泛主题联系在一起，谈到了自然语言处理的基础知识、与机器学习的集成、大语言模型的复杂设计、人工智能应用，以及它们的未来趋势等。专家们强调了学术界和业界之间的合作，以及对道德和法律环境的透彻理解，这对于充分发挥大语言模型的潜力至关重要。

本章是本书的结束，但专家们分享的见解并未终结，他们为该领域未来的探索和创新指明了方向。今天的我们正站在自然语言处理和大语言模型新时代的前沿，无论你是来自学术界还是业界，我们希望本书能为你提供对自然语言处理和大语言模型的发展的全面理解，也鼓励你通过自己的研究和开发为这个不断演变的故事续写新篇。